海上平台仪器仪表理论与技术

张海翔　编著

中国石化出版社
·北京·

图书在版编目（CIP）数据

海上平台仪器仪表理论与技术 / 张海翔编著 . -- 北京 : 中国石化出版社 , 2024.7

ISBN 978-7-5114-7527-5

Ⅰ . ①海… Ⅱ . ①张… Ⅲ . ①海上平台 – 仪器②海上平台 – 仪表 Ⅳ . ① TE951

中国国家版本馆 CIP 数据核字（2024）第 107017 号

中国石化出版社出版发行

地址:北京市东城区安定门外大街 58 号

邮编:100011 电话:(010)57512500

发行部电话:(010)57512575

http:// www. sinopec-press. com

E-mail:press@sinopec. com

北京捷迅佳彩印刷有限公司印刷

全国各地新华书店经销

*

787 毫米 ×1090 毫米 16 开本 12.5 印张 286 千字

2024 年 7 月第 1 版 2024 年 7 月第 1 次印刷

定价：62.00 元

前言

preface

随着油气资源开发重心由陆地向海洋转移，海洋油气工程技术对海洋油气资源勘探开发的决定性作用日益凸显。海洋油气开发作业须在海上平台完成，平台仪器仪表及其控制系统价格昂贵、操作技术复杂，如操作不当可能造成巨大经济损失。为确保平台安全平稳运行，提高生产作业效率，海上平台多采用自动控制和智能管理模式，通过智能仪器仪表直观反映设备运行情况并及时做出调整。由于海上平台操作具有复杂化、连续化、规模化特征，生产技术人员需要掌握必要的检测技术及自动化方面的知识，具备熟练操作仪器仪表的能力，这是海洋油气生产实现高效、优质、安全、低耗的基本前提和重要保证。基于当前海洋油气工程专业人才培养和行业生产需求，我们精心编写了本书，旨在满足广大师生及相关从业人员学习海洋仪器仪表知识的需要。

本书共分为 5 章：第一章，海上仪器仪表概述；第二章，检测仪表；第三章，控制仪表；第四章，海上仪表的故障处理；第五章，海上平台控制系统。书中既有理论介绍，又有相关案例分析，内容较为丰富。全书文字简洁，并辅以大量图表，实用性强，可供从事海上平台生产的科研、技术管理人员阅读参考，也可作为海洋油气工程专业教材使用。

本书由东北石油大学张海翔任主编；东北石油大学王殿举、吕云舒，中海油安全技术服务有限公司靳彦、姚玉利，以及大庆油田有限责任公司技术监督中心赵霖任副主编。编写人员分工如下：张海翔撰写第一章及第二章第一～第四节，吕云舒撰写第二章第五、第六节，吕云舒、赵霖撰写第三章，张海翔、靳彦、姚玉利撰写第四章，王殿举撰写第五章。张海翔负责全书统稿；靳彦、刘淑芬主审第一章，靳彦、李吉主审第二章，姚玉利、冯加志主审第三章，赵霖、李占东主审第四章，姚玉利、李占东主审第五章。

在书稿编撰过程中，承蒙中海油安全技术服务有限公司提供的大力帮助，中国石化出版社、东北石油大学、大庆油田有限责任公司技术监督中心的大力支持，谨此致以谢忱。本书与中海油安全技术服务有限公司、大庆油田有限责任公司技术监督中心联合编著，内容组织注重理论与实践结合，期望能够帮助广大读者掌握相关专业所需知识、技能，学有所获。

限于编者水平，书中难免存在疏漏，欢迎读者批评指正。

目录
contents

第一章

海上仪器仪表概述

第一节　仪器仪表在海上油气发展中的作用及意义

海上油田的生产过程，都是在海上平台完成，整个海上生产平台，聚集各种油田生产设备和设施，在自动控制和管理的模式下运行，达到提高生产效率的目的。为了保证各种生产装置的正常运行，必须有合适仪器仪表的支持。通过各种仪器仪表的监测，能够明确海上生产平台的各项生产参数，通过合理的调节和管理，保证海上生产平台安全平稳地运行，达到预期的油田生产效率。

由于海上油田生产的特点以及受海洋气候及环境因素的影响，各种仪器仪表均需要承受较大的潮湿的气候条件，因此，减少由于环境因素而引起的误差、提高测量的精准度，有利于更好地管理海上生产平台，实现海上石油生产的经济效益。

海上石油生产平台上的设备和工艺流程，也需要进行控制和管理，因此必须有各种仪器仪表的支持。主要的仪器仪表包括压力测量仪器仪表、温度测量仪器仪表、液位测量仪器仪表以及流量测量仪器仪表等，只有通过对海上石油生产平台的自动控制和管理，才能保证海上生产平台的安全，不断提高海上石油生产的效率。

第二节　海上常见仪器仪表简介

一　温度仪表

温度仪表是企业生产设备的温度指示及控制装置。在石油化工企业中，在产品生产时，一般要求生产设备的温度≥-200℃，且≤1800℃。为了满足这一温度需求，温度仪表一般选用双金属温度计采取接触式测温方法，避免使用水银温度计测温。在进行远传测量时，石油化工企业一般选取热电阻以及热电偶测量器件。另外，以上测量器件在石油化工生产过程中主要应用于乙烯裂解、催化裂化等生产装置反应的测量。

二　液位测量仪表

石油化工企业的产品在生产时，还需要明确液体液面的位置，因此需要液位测量仪表辅助测量。例如，在分析油罐油液位置、化工生产的反应塔溶液液面位置时，都需要进行液位测量工作。具体测量方法：首先选用可浮性测量仪表，其次利用液面浮子或浮筒等浮力原理来进行测量工作。如今我国现代化石油化工企业的液位测量仪器使用方式主要包括电容式测量、静压式测量以及放射线式测量等三种。

三 执行器

执行器作为自动化控制系统中的重要组成部分，其作用主要是接收控制器传输的信号。一般的执行器包括气动、液动、电动三种，在石油化工企业中普遍使用的是气动执行器。气动执行器以空气中气体作为运行动力，主要包括气动活塞、气动调节阀、气动长行程执行机构等。在气动执行器中气动调节阀在整个系统中占据主要位置，这是由于调节阀一旦出现失效、故障现象，就会给企业带来巨大的经济损失。据相关资料报道，一级气动调节阀门失效能造成一千万美元的经济损失，二级失效故障可造成至少十万美元的经济损失。因此，保障气动调节阀的执行质量是一项重要工程。另外，石油化工企业应用的气动执行器具有较大优势，如使用成本低、结构简单、较容易应用和掌握、维护方便等。

四 流量仪表

流量仪表也称流量计，流量计是测量企业产品生产质量的标准之一。通常说的流量定义只是简单地规定单位时间内封闭管道有效界面流经的总流体量，因此，流体量还分为体积流量以及质量流量。根据上述定义，若石油化工企业要计算生产流体量，就需要掌握同一管道内同等时间累计流量的体积和质量。现如今，自动化仪表流量仪表在此背景下受到了广大企业的关注。就目前来说，自动化仪表流量仪表主要包括浮子流量计、电磁流量计、涡街流量计、科氏力质量流量计以及热式质量流量计等。

五 压力仪表

压力仪表主要用于测量气体、液体及蒸汽的压力情况，其压力的正常与否紧密关系着石油化工生产的安全。因此，压力仪表的合理使用非常重要。目前，在我国石油化工企业中，压力仪表也得到了高度重视。在一般情况下，压力仪表的使用范围压力不得大于 300MPa。现阶段，石油化工企业常使用的压力仪表为电子式压力仪表、弹性式压力仪表以及活塞式压力效验仪三类。这三类压力仪表不仅能满足液体状、固体状物质温度较高的压力测量，还能保证其测量精准度高达 0.1 级。

第三节　海上仪器仪表应用的发展历程

随着国家对海洋资源越来越重视，海洋经济在国民经济中的比重越来越大，这也要求我国海洋监测仪器仪表的发展需要不断突破。海洋监测仪器仪表可用于保障海上减灾、海上交通设置和海洋经济的发展。近几年，其发展可以说十分迅速。

我国海洋仪器仪表设备的起步始于“863”计划的提出，该计划提出之后，海洋探测与监测技术得到了足够的重视。研究人员逐渐开始设计、研发海洋监测仪器仪表。但由于我国刚开始起步，关键性技术落后于西方国家，以至于研发的少数成型产品仍然无法满足高强度的海洋监测工作。可以说，在起步阶段，技术的落后是制约我国海洋监测仪器仪表水平的主要因素。

随着国家政策的扶持，更由于我国全球海洋实时观测网重点项目的提出，海洋监测仪器仪表技术得到快速发展。这段时间，首先，研发了多种全新的海洋监测仪器仪表，推动了我国海洋动力环境监测的发展。其次，研发了多种超越国际水平的观测平台。最后，建立了真正有意义的海洋观测网系统。海洋观测网系统一直都属于一个庞大的系统，想真正达到完美监测，必须借助系统性的网络。第四次全球海洋实时观测网重点项目的提出，更是突破了我国海洋仪器仪表以往的发展，实现了合作发展的新形势。

由于技术的发展和政策的扶持，我国海洋监测仪器仪表已经可以保障我国海洋经济的稳步运行，但同时也存在着一些不足。首先，当前进口产品仍然占据着主要市场，我国仪器仪表虽然处在不断研发、创新的道路上，但始终与国外先进技术有着一定差距。尤其是在海洋仪器设备上，其需要的是小、精、快的仪器仪表，而目前，我国的技术水平还难以完美达到。因此我国仍需要加快研发进度，提升创新力度，依靠政策扶持，提升科技实力。其次，我国研究人员必须加强对海洋知识的学习，海洋监测仪器仪表必须应用于海洋，因此在实际运用上会有所偏差，必须强化海洋知识来弥补。

海洋仪器仪表的发展必然会牵动着海洋经济的变迁。我们必须加快海洋观测设备和基础设施的研发速度，提升市场竞争力；加强人才的培养和素质的提升；强化交流与学习能力。使我国海洋仪器仪表设备再上一个台阶，提高海洋经济占国民经济的比重。

第四节　海上仪器仪表控制系统前景

一　仪器仪表控制系统从多元化到智能化

自中国海油成立以来，海上仪器仪表控制系统的发展已经从多样化向智能化转变。早期的船舶控制系统主要基于继电器。随着科学技术的不断进步，海洋石油平台对仪器仪表控制系统的要求越来越高。近年来，采用 DCS（分散控制系统）、PLC（可编程逻辑控制器）和单片机的综合控制系统也出现了。目前，船舶控制系统基本完成了智能化改造，实现了控制网络与安全网络的“分离”。在过去，工业控制只能由调节器或 DCS 来完成，但现在 PID 模块被植入智能变送器或执行器中。相关仪表的现场独立调整减轻了 DCS 主机的负担，实现了控制的完全分散，调整更加及时，提高了整个平台仪器仪表控制系统的可靠性。在工业安全系统中，对静电放电（ESD）和火灾与毒气泄漏（F&G）系统的控制器依赖度较高。一旦出现问题，ESD 和 F&G 系统将会同时出现故障导致安全隐患，如今 ESD 和 F&G 系统可以实现分离独立供电，每块 I/O 卡控制器冗余及通道万能化，通信控制器冗余，通过标准协议的安全网络连接极大程度地提高了系统的可靠性和稳定性。

二 控制系统的灵活性、高精度化

现代工业生产对成品的质量要求越来越高，国家政策和法规对节能减排的要求也越来越高，因此，有必要改进海上平台的高精度仪表控制系统。控制系统的灵活性需要提高，以便于设计、建造、扩展和日常维护。控制系统的复杂性需要降低，以便于操作和维护，比如艾默生 Delta VPCS+SIS+F&G。一个组态环境的完整性，有无缝系统集成的特点：都有独立控制器 SIS、PCS、F&G 系统、独立 I/O，通过安全网络连接共享同一数据服务器及上位机。

三 提高可靠性，降低设备维护成本

海上石油平台数字控制系统的实现可以提高可靠性，降低设备维护成本：第一，智能仪表和阀门的预维护；第二，安全仪表健康安全阀 PST 实验；第三，平台设备建立数字账户，控制系统的自动化程度；第四，为了防止人员丢失检查位置，海上采油平台使用电子检查设备提供更准确和实时的数据。

四 网络化和通信协议标准化

现场的总线技术通常是采取计算机网络化的通信设备，将控制系统和现场的设备进行网络联通，作为平台的网络基础，使智能化的仪表发挥效果；并且使通信协议标准化，以实现信息的统一化标准。

五 数字化仪表

满足现代化的同时还应降低线缆工程造价，过程控制系统应采取总线方法，如此可以节约 80% 的电缆与桥架以及 I/O 卡件。采用有效的手段，能够把许多的监控点都转成无线连接。将无线技术作为平台之间或者平台与陆地之间的通信形式，不仅灵活便捷，还可以有效地减少成本，技术方法安全、可靠，能够有效解决平台受空间与电缆位置的影响而导致仪表选择的困难。

第二章

检测仪表

第一节　仪器仪表基础

在石油加工生产过程中，为了正确地指导生产操作，保证安全生产及产品质量，实现生产过程自动控制，需要对工艺生产过程中的压力、物位、流量、温度等变量进行自动测量。用来测量这些变量的仪表称为过程测量仪表。

一　测量方法

1. 测量概念

测量是用实验的方法或专门的设备，将被测变量与该变量的已知测量单位（标准量）进行比较以求得二者比值，进而求得被测变量的量值。被测变量量值与测量单位的关系可用式（2–1）表示：

$$g \approx \frac{A}{U_x} \tag{2-1}$$

式中　A——被测变量；

U_x——测量单位；

g——比值。

比值与测量单位的大小有关。为了准确地表达被测变量的量值，在其比值结果上均须乘以测量单位，即：

$$A \approx gU_x \tag{2-2}$$

上式取近似相等是因为任何测量都必然存在误差。

2. 测量方法

测量方法就是实现被测变量与其单位比较的方法。对某一变量的测量来说，测量方法的选择十分重要。若方法不当，即使有精密的测量仪表和设备，也往往得不到理想的结果。

测量方法从不同的角度出发，有不同的分类。

1）按测量方式分类

（1）直接测量。

将被测变量与标准量直接进行比较或用预先按标准量定度好的仪器直接得出测量值的方法。例如：用尺子量长度，用温度计测体温等。

（2）间接测量。

对几个与被测变量有确定函数关系的物理量进行直接测量，然后通过函数关系式求得被测变量的结果。例如求矩形面积 $A=L$（长）$\times B$（宽），只要将直接测得的 L 和 B 代入算式就可得到面积 A 的值。

2）按接触方式分类

（1）接触式测量。

在测量过程中测量仪表的传感元件直接与被测介质接触，得到测量结果的方法。例如用水银温度计测量温度。此类方法一般精度较高，测量范围广，使用方便。

（2）非接触式测量。

在测量过程中测量仪表的任何部分都不与被测介质接触便可得到测量结果的方法。例如光学、超声波、放射线等仪表，它们不干扰被测对象，特别是在一些接触式测量方法不能胜任的场合，如运动对象的参数测量、腐蚀性介质及危险场合下的参数测量等，使用非接触式测量方法就更为方便、安全和准确。

3. 测量仪表的组成

测量仪表是进行测量的基本工具之一。

由于工业生产过程被测变量种类繁多，生产条件各有不同，应用的各种测量仪表工作原理和结构也各有不同。但是，从测量仪表的组成结构来看，不论是模拟量仪表还是数字量仪表，基本上是由检测（传感）元件、传送放大和显示三个基本部分组成。检测元件直接感受被测变量的变化，并将它变换成便于测量的位移、电量或其他物理量信号；传送放大是对检测信号进行转换、放大，以推动后级显示部分；显示部分将测量结果以指示记录或图像的形式显示出来。而各部分往往是由若干个环节按一定方式连接而成，根据连接方式可分为两种结构形式。

1）开环结构

如图 2–1 所示。开环结构仪表的特点是前一个环节的输出是后一个环节的输入，首尾衔接成一串，信号从仪表的输入端到其输出端经过各个环节全部沿着同一方向传递。

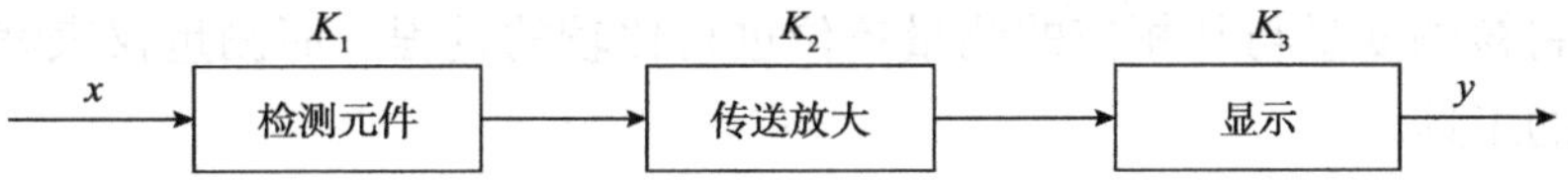

图 2–1 开环式测量仪表

设各部分的传递系数分别为 K_1、K_2 和 K_3，则对整个仪表而言，有下列关系：

$$y=K_1K_2K_3x=Kx \tag{2-3}$$

式中 x——整个仪表的输入；

y——整个仪表的输出；

K——整个仪表的传递系数或灵敏度，它是各个环节传递系数的乘积。

由式（2–3）可知，各个环节的传递系数变化均会引起整个仪表传递系数 K 的变化，而且各个环节受到干扰时，同样均会改变输出与输入的关系。除非各个环节的稳定性和抗干扰能力较好，否则开环结构的仪表很难获得较高的精度。因此精度较高的仪表应当采用下述闭环结构。

2）闭环结构

如图 2–2 所示，它是在某几个串联环节上又并联了一个反馈环节。所以，闭环式结构仪表也称反馈式仪表。

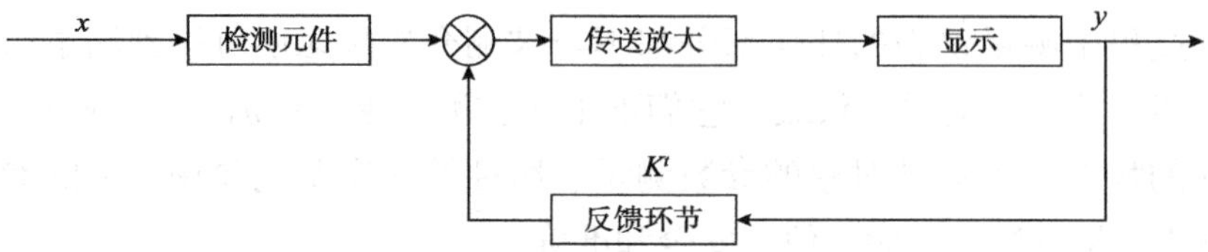

图 2–2　闭环式测量仪表

$$y=\frac{K_1K_2K_3}{1+K_2K_3K_f}x=\frac{K_1K^t}{1+K^2}x \tag{2–4}$$

当 $K^t\gg 1$ 时，则：

$$y\approx\frac{K_1}{K_f}x \tag{2–5}$$

由式（2–5）可知，对于闭环结构仪表，只要保证传递系数 K^t 足够大，则闭环结构仪表的特性仅取决于反馈环节及检测元件的传递系数，而与其他环节的特性无关，或者说在很大程度上消除了其他环节的影响。因此，与开环结构仪表相比，闭环结构仪表的性能、测量精度都得到了大幅提高。

综上所述，测量仪表无论采用哪种原理和结构，它们的共性在于被测变量都要经过一次或多次的信号能量形式变换，最后通过指针的位移或数字、图像形式显示出来。所以各种测量仪表的测量过程，实质上就是将被测变量的信号形式经一次或多次不断变换和传送，并将被测变量与其相应的测量单位进行比较的过程。而测量仪表就是实现这种变送和比较的工具。

二　仪表的性能指标

1. 测量误差

1）误差的概念

所谓误差就是某一量值的给出值与客观真实值之差。测量的目的是能正确地反映被测变量的真实值。但是无论怎样努力（包括测量原理、方法、精确度等方面的努力），因为在测量过程中始终存在着各种各样的影响因素，使得测量结果不可能绝对准确，而只能尽量接近真实值。测量值与真实值之间始终存在着一定差值，这一差值称为测量误差。一个测量结果，只有当知道它的测量误差或指明其误差范围时，这种测量结果才有意义。

2）*误差分类*

在测量过程中，测量误差按其产生原因的不同，可以分为三类。

（1）系统误差。

在同一条件下，多次测量同一被测变量时，测量结果的误差大小与符号均保持不变或在条件变化时按某一确定规律变化的误差。它是由测量过程中仪表使用不当或测量时外界条件变化等所引起的。

必须指出，单纯地增加测量次数是无法减少系统误差对测量结果的影响的，但在找出产生误差的原因之后，便可通过对测量结果引入适当的修正值而加以消除。系统误差大小体现了测量结果偏离真实值的程度，即决定测量结果的准确程度。

（2）随机误差。

在相同条件下，对某一参数进行重复测量时，测量结果的误差大小与符号均不固定，且没有一定规律的误差。产生随机误差的原因很复杂，是许多微小变化的复杂因素共同作用的结果。

对单次测量来说，随机误差是没有任何规律的，既不可预测，也无法控制，但对于一系列重复测量结果来说，它的分布服从统计规律。因此，可以取多次测量结果的算术平均值作为最终的测量结果，以算术平均值均方根误差的 2~3 倍作为随机误差的置信区间，相应的概率作为置信概率，可减小误差对测量结果的影响。随机误差的大小表明对同一测量值多次重复测量结果的分散程度，即决定测量结果的精密度。

（3）疏忽误差。

测量结果显著偏离被测实际值的误差，没有任何规律可循。产生的主要原因是工作人员在读取或记录测量数据时的疏忽大意，带有这类误差的测量结果毫无意义，因此应加强责任感，细心工作，避免发生这类误差。

2. 仪表的性能指标

仪表的性能指标是评价仪表性能好坏、质量优劣的主要依据，也是正确地选择和使用仪表以进行准确测量所必须具备和了解的知识。若仪表选择和使用不当，即使选用性能好、质量高的仪表，也不能得到准确的测量结果。相反，如果选择使用得当，精度稍差的仪表往往也可以满足测量要求。因此，掌握了解反映仪表性能的主要指标，根据要求正确地选择和使用仪表，对于使用人员来说是十分重要的。

仪表的性能指标很多，概括起来不外乎技术、经济及使用方面的指标。

仪表技术方面的指标：基本误差、精度等级、回差、灵敏度、反应时间等。

仪表经济方面的指标：功耗、价格、使用寿命等。

仪表使用方面的指标：操作维修是否方便、能否安全可靠运行以及抗干扰与防护能力的强弱、重量体积的大小、自动化程度的高低等。

显然，上述性能指标的划分也是相对的。在未加说明的情况下，有关性能指标一般指仪表在规定的正常工作条件下而言。正常工作条件即电源电压、频率、温度、压力、湿度、振动、外界磁场及安装位置等，应符合仪表出厂时的规定要求。下面对仪表的一些重要性能指标分别进行介绍。

1）绝对误差和相对误差

（1）绝对误差。

仪表的测量值与真实值之间的代数差称为绝对误差。可表示为：

$$a = x - x_0 \tag{2-6}$$

式中 a——绝对误差；

x——被测变量的测量值；

x_0——被测变量的真实值。

在工程上要知道被测变量的真实值是困难的，一般采用标准表（精确度较高的仪表）的指示值作为测量的“真实值”。应注意绝对误差不是误差的绝对值。

（2）相对误差。

测量值的绝对误差与其真实值之比的百分数称为相对误差。即：

$$r = \frac{x - x_0}{x_0} \times 100\% \tag{2-7}$$

式中 r——相对误差；其他参数意义同式（2-6）。

因为相对误差随被测变量的变化而变化，故相对误差可反映测量值在某一点上的准确度，而不能全面反映仪表在整个测量范围内的准确度。事实上，仪表的准确度不仅与绝对误差有关，而且与仪表的测量范围有关，工业上一般采用引用误差来衡量仪表的准确度。

2）引用误差

测量值的绝对误差与测量仪表的量程之比的百分数称为引用误差。

$$q = \frac{a}{L}100\% = \frac{x - x_0}{L_{max} - L_{min}} \times 100\% \tag{2-8}$$

式中 q——引用误差；

L——仪表的量程，即仪表测量范围的上限值 L_{max} 与下限值 L_{min} 之差。

显然，具有相同绝对误差的两台仪表，量程大的仪表的引用误差要小于量程小的仪表。

通常在规定的工作条件下，当被测变量平稳地增加或减少时，仪表测量范围内各点绝对误差的最大值 a_{max} 与量程 L 之比的百分数称为该仪表的最大引用误差 q_{max}，即：

$$q_{max}=\frac{a_{max}}{L}\times 100\% \tag{2-9}$$

最大引用误差是仪表基本误差的主要形式，常称为仪表的基本误差。它也是仪表的主要性能指标之一，可以比较准确地反映仪表的测量精度。

3）回差（又称变差）

在外界条件不变的情况下，使用同一仪表对某一被测变量进行正、反行程（被测变量由小到大和由大到小）测量时，所得仪表示值之间的差值，称为回差的绝对值。回差的大小，一般用在同一被测变量数值下，正、反行程时仪表示值之间的最大绝对误差值与仪表量程之比的百分数表示。即：

$$h=\frac{\Delta_{max}}{L} \tag{2-10}$$

式中 h——回差；

Δ_{max}——仪表的正、反行程最大绝对误差值。

造成回差的原因很多，例如传动机构的间隙，运动部件的摩擦，弹性元件的弹性滞后的影响等。回差的大小反映了仪表的精密度，因此要求仪表的回差不能超出仪表精度等级所限定的允许误差。测量仪表的回差示意图如图 2-3 所示。

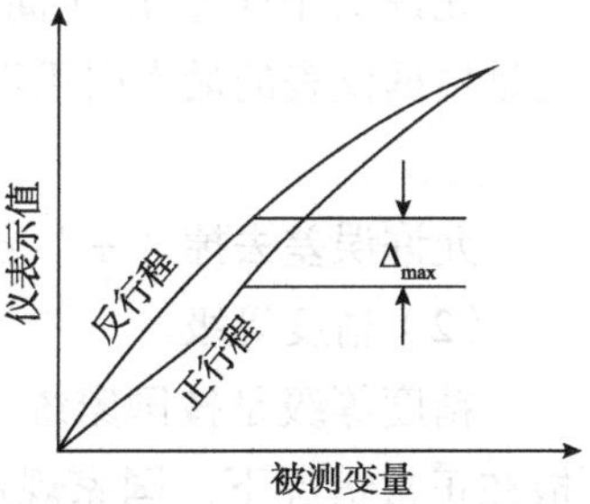

图 2-3 测量仪表的回差

4）灵敏度及分辨力

（1）灵敏度。

灵敏度反映了仪表示值变化对被测变量变化的灵敏程度。一般用于模拟量仪表。它是指仪表到达稳态后，输出增量与输入增量之比，一般用仪表的输出变化量（例如指针的线位移或角位移）与引起此变化的被测变量变化量之比来表示，即：

$$S=\frac{\Delta a}{\Delta x} \tag{2-11}$$

式中 S——仪表的灵敏度；

Δa——指针的线位移或角位移；

Δx——引起 Δa 所需的被测变量变化量。

测量仪表的灵敏度可以用增大放大系统（电子或机械）的放大倍数的办法来提高。仪表灵敏度高，仪表示值读数精度就可以提高，但是必须指出，仪表的性能指标主要取决于仪表的基本误差，如果想单纯地通过提高灵敏度来达到更准确的测量是不合理的。相反灵敏度过高，会出现虚假现象，反而使精确度降低，因此，为防止虚假灵敏度，通常规定仪表标尺刻度上的最小分格值不能小于仪表允许的绝对误差。

（2）分辨力。

在数字式仪表中，往往用分辨力来表示仪表灵敏度的大小。数字式仪表的分辨力是指仪表在最低量程上最末一位数字改变一个字所表示的物理量。例如：七位数字式电压表，若在最低量程时满度值为 1V，则该数字式电压表的分辨力为 0.1 μV。

数字仪表能稳定显示的位数越多，则分辨力越高。

分辨率是指数字仪表显示的最小数值与最大数值之比。例如：最小测量范围为 0~999.9℃的数字温度显示仪表，最小显示 0.1℃（末位跳变 1 个字），最大显示 999.9℃，则分辨率为 0.01%。显然，分辨力为分辨率与最低量程的乘积，即该仪表的分辨力为 0.01% × 999.9℃ ≈ 0.1℃。

5）精确度及精度等级

（1）精确度。

精确度（简称精度）是精密度和准确度的综合，表示正常使用条件下所得结果的可靠程度。一般用允许引用误差作为确定精度的尺度。

允许引用误差 $q_{允}$（简称允许误差）是仪表出厂时所规定的引用误差的最大允许值。它是根据仪表的最大引用误差 q_{max} 与国家规定的精度等级综合后所确定的，即

$$q_{允} \geqslant q_{max}$$

允许误差去掉“±”号与“%”号，其数值即为仪表的精度。

（2）精度等级。

精度等级是按国家统一规定的允许误差大小而划分的。某一等级仪表的允许误差是指在正常情况下，国家规定这类仪表所允许具有的最大引用误差。例如：精度等级为 1 级的仪表，其允许误差为 ±1%，也就是说该仪表在测量范围内各点处的引用误差均不允许超过 ±1%。

目前，我国规定生产的仪表精度等级有：0.005、0.02、0.05、0.1、0.2、0.25、0.4、0.5、1.0、1.5、2.5 等。无论哪种仪表，凡属于同一等级的仪表均应满足它所规定的全部精度要求。

下面举例说明如何确定仪表的精度等级。

例 1 某仪表厂生产测温仪表，测温范围为 200~700℃，校验某表时得到的最大绝对误差为 ±4℃，试确定该仪表的精度等级。

解：该表的最大引用误差为

$$q_{max} = \frac{a_{max}}{L}100\% = \frac{\pm 4}{700-200}100\% = \pm 0.8\%$$

如果将该仪表的最大引用误差去掉“±”号与“%”号，其数值为 0.8。由于国家规定的精度等级中没有 0.8 级仪表，而该仪表的最大引用误差又超过了 0.5 级仪表的允许误差（±0.5%），所以，这台仪表的精度等级应定为 1.0 级。故该表的允许误差为 ±1%。

例 2 某台测温仪表的测量范围为 0~1000℃，根据工艺要求，温度指示值的误差不允许超过 ±7℃，试问应如何选择仪表的精度等级才能满足以上要求？

解：根据工艺要求，仪表允许的最大引用误差应为：

$$q_{\max}=\frac{\pm 7}{1000-0}\times 100\%=\pm 0.7\%$$

如果将仪表的允许误差去掉“±”号与“%”号，其数值为 0.7。此值介于 0.5 级和 1.0 级之间，若选择精度等级为 1.0 级的仪表，其允许误差为 ±1.0%，这就超过了工艺要求的允许误差，故应选择 0.5 级的仪表才能满足工艺要求。

由以上两个例子可以看出，根据仪表校验数据和工艺要求来选择仪表精度等级，其要求是不同的。根据仪表校验数据来确定仪表精度等级时，仪表的允许误差应大于或至少等于仪表校验结果所得的最大引用误差；根据工艺要求来选择仪表精度等级时，仪表的允许误差应该小于或至多等于工艺上所允许的最大引用误差。

（3）数字仪表的精度表示方法。

上述介绍的精度及精度等级的概念是对模拟量仪表而言，而数字式仪表的精度表示方法则有所不同，经常采用下列两种方法表示：

$$\Delta=\pm a\%U_x\pm n$$

$$\Delta=\pm a\%U_x\pm b\%U_m \tag{2-12}$$

式中 Δ——测量误差；

U_x——被测变量的读数；

U_m——被测变量的满度值；

n——最末一位的数字变化，一般为 1；

a、b——系数，系数 a 取决于仪表内部的基准电源和测量线路的传递系数等因素；系数 b 则取决于数字仪表的量化误差零漂和噪声等因素。

实际使用时，第二种方法用得较多。如果将第二种方法用相对误差 r 来表示，则可以写为：

$$r=\pm a\%\pm b\%\frac{U_m}{U_x} \tag{2-13}$$

例如：某数字电压表满量程 U_m =2V，a=0.02，b=0.01，如果被测电压 U_x =0.2V，则相对误差 $r=\pm 0.12\%$；若 U_x =1V，则相对误差 $r=\pm 0.04\%$；若 U_x =2V，则相对误差 $r=\pm 0.03\%$。由此可见，数字仪表的相对误差随测量值的增大而减小。因此，在使用中必须正确选择量程。

仪表的精度等级是衡量仪表质量优劣的重要指标之一，它反映了仪表的准确度和精密度。其数值越小，表示仪表的精度等级越高。仪表的精度等级一般可用不同的符号形式标注在仪表面板或铭牌上。

6）反应时间

当用仪表对被测变量进行测量时，在被测变量变化以后，仪表指示值总要经过一段时间后才能准确地显示出来。反应时间就是用来表示测量仪表能不能尽快反映出被测变量变化的性能指标。反应时间长，说明仪表需较长时间才能给出准确的指示，这就不宜用来测量变化频繁的变量。因为在这种情况下，当仪表尚未准确显示出被测变量时，参数本身却早已改变了，使仪表始终显示不出被测变量瞬时值的真实情况，将会导致显著的动态误差。所以，仪表的反应时间长短，实际上是反映了仪表动态特性的好坏。

仪表的反应时间有不同的表示方法。当输入信号突然（阶跃）变化一个数值时，仪表的输出（指示值）从一个稳态变化到一个新的稳态需要一定的时间，可用仪表的输出由开始变化到达到新稳态值的 63.2% 所用的时间来表示反应时间，也有用变化到新稳态值的 95% 所用的时间来表示反应时间的。

7）可靠性

现代工业生产的自动化程度日益提高，仪表不仅要提供检测数据，而且要以此为依据，直接参与生产过程的控制，因此仪表在生产过程中的地位越来越重要。仪表出现故障往往会导致严重的事故，为此必须加强仪表可靠性的研究，提高仪表的质量。

衡量仪表可靠性的综合指标是有效度，其定义为：

$$有效度=\frac{平均无故障工作时间}{平均无故障工作时间+平均修复时间}$$

对使用者来说，当然希望平均无故障工作时间尽可能长，同时又希望平均修复时间尽可能短，即有效度的数值越接近于 1，仪表工作越可靠。

第二节　压力检测仪表

一　概述

1. 压力测量的基本概念

在工业生产过程中，压力是重要的操作参数之一。特别是在化工、炼油等生产过程中，经常会遇到压力和真空度的测量，其中包括比大气压力高很多的高压、超高压和比大气压力低很多的真空度的测量。如高压聚乙烯，要在 150MPa 或更高压力下进行；聚合氢气和氮气合成氨气时，要在 15MPa 或 32MPa 的压力下进行；而炼油厂减压蒸桶，则要在比大气压低很多的真空下进行。如果压力不符合要求，不仅会影响生产效率，降低产品质量，有时还会造成严重的生产事故。此外，压力测量的意义还不局限于它自身，有些其他参数的测量，如物位、流量等往往是通过测量压力或差压来进行的，即测出了压力或差压，便可确定物位或流量。压力表如图 2–4 所示。

图 2–4　压力表

由于压力是指均匀垂直地作用在单位面积上的力，故可用式（2–14）表示，压力示意图如图 2–5 所示。

$$p=\frac{F}{S} \tag{2–14}$$

式中　p——压力；

F——垂直作用力；

S——受力面积。

在压力测量中，常有表压、绝对压力、负压（真空度）之分，其关系如图 2–6 所示。

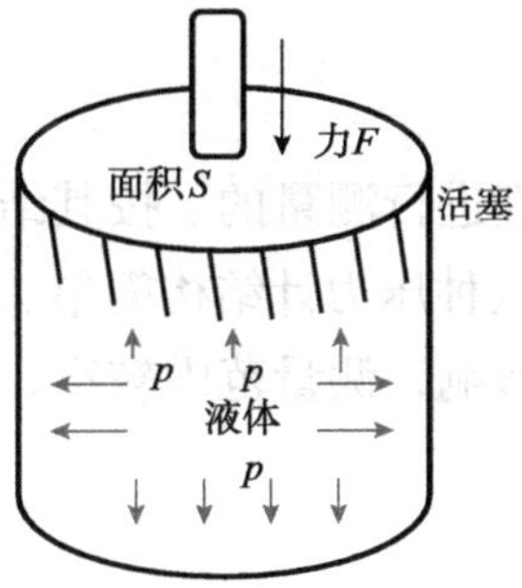

图 2–5　压力示意图

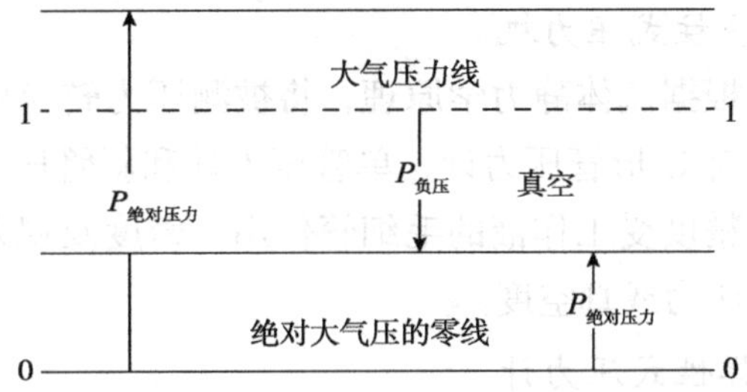

图 2–6　表压、绝对压力和负压（真空度）关系

工程上所用的压力指示值，大多为表压（绝对压力计的指示值除外）。表压是绝对压力和大气压力之差。即：

$$P_{表压}=P_{绝对压力}-P_{大气压力} \tag{2–15}$$

当被测压力低于大气压力时，一般用负压或真空度来表示，它是大气压力与绝对压力之差，即：

$$P_{真空度}=P_{大气压力}-P_{绝对压力} \tag{2–16}$$

因为各种工艺设备和测量仪表通常是处于大气之中，本身就承受着大气压力。所以，工程上经常用表压或真空度来表示压力的大小。以后所提到的压力，除特别说明外，均指表压或真空度。

2. 各种压力单位换算（见表 2-1）

表 2-1　各种压力单位换算

压力单位	帕（Pa）	兆帕（MPa）	工程大气压（kgf/cm^2）	物理大气压（atm）	汞柱（mmHg）	水柱（mH_2O）	磅 / 英寸（1b/in）	巴（bar）
帕（Pa）	1	1×10^{-6}	1.0197×10^{-5}	9.869×10^{-6}	7.501×10^{-3}	1.0197×10^{-4}	$1\ 450\times10^{-4}$	1×10^{-5}
兆帕（MPa）	1×10^{6}	1	10.197	9.869	7.5×10^{3}	1.0197×10^{2}	1.450×10^{2}	10
工程大气压（kgf/cm^2）	9.807×10^{4}	9.807×10^{-2}	1	0.9678	735.6	10.00	14.22	0.9807
物理大气压（atm）	1.0133×10^{5}	0.10133	1.0332	1	760	10.33	14.70	1.0133
汞柱（mmHg）	1.3332×10^{2}	1.3332×10^{-4}	1.3595×10^{-3}	1.315×10^{-3}	1	0.0136	1.34×10^{-2}	1.3332×10^{-3}
水柱（mH_2O）	9.806×10^{3}	9.806×10^{-3}	0.1000	0.09678	73.55	1	14.22	0.09806
磅 / 英寸（1b/in）	6.895×10^{3}	6.895×10^{-3}	0.07031	0.06805	51.71	0.7031	1	0.06895
巴（bar）	1×10^{5}	0.1	1.0197	0.9869	750.1	10.197	14.50	1

3. 压力检测仪表分类

1）*液柱式压力机*

它是根据流体静力学原理，将被测压力转换成液柱高度进行测量的。按其结构形式的不同，有 U 形管压力计、单管压力计和斜管压力计等。这种压力计结构简单、使用方便。但其精度受工作液的毛细管作用、密度及视差等因素影响，测量范围较窄，一般用来测量低压力或真空度。

2）*弹性式压力计*

它是将被测压力转换成弹性元件变形的位移进行测量的。例如弹簧压力计、波纹管压力计及膜式压力计等。

3）*电气式压力计*

它是通过机械和电气元件将被测压力转换成电量（如电压、电流、频率等）来进行测量的仪表，例如电容式、电阻式、电感式、应变片式和霍尔片式等压力计。

4）*活塞式压力计*

它是根据水压机液体传送压力的原理，将被测压力转换成活塞上所加平衡砝码的重量进行测量的，它的测量精度很高，允许误差可小到 0.02%。但其结构较复杂，价格较贵。一般作为标准型压力测量仪器，可检验其他类型的压力计。

二 弹性式测压仪表

弹性式压力计是利用各种形式的弹性元件，在被测介质压力的作用下，使弹性元件受压后产生弹性变形。通过测量该变形即可测得压力的大小。这种仪表结构简单，牢固可靠，价格低廉，测量范围宽（102 ~103MPa），精度可达 0.1 级，若与适当的传感元件相配合，可将弹性变形所引起的位移量转换成电信号，实现压力的远传、记录、控制、报警等功能。因此在工业上是应用最为广泛的一种测压仪表。

1. 弹性元件

弹性元件不仅是弹性式压力计感测元件，也经常用来作为气动仪表的基本组成元件，应用较广。当测压范围不同时，所用的弹性元件也不同，常用的几种弹性元件的结构如图 2–7 所示。

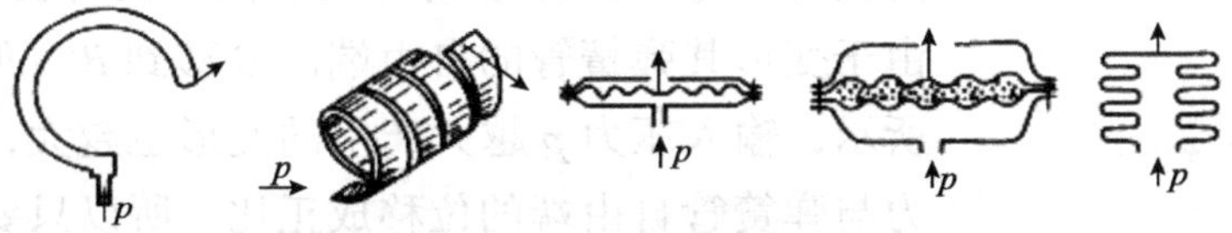

（a）单圈弹簧管 （b）多圈弹簧管 （c）膜片式弹性元件 （d）膜盒 （e）波纹管式弹性元件

图 2–7 常用的弹性元件结构

弹性元件大多采用铍青铜、磷青铜、不锈钢等材料制成，也有采用非金属材料（如橡胶膜片）制作。

1）弹簧管式弹性元件

单圈弹簧管是弯成圆弧形的金属管。它的截面积为扁圆形或椭圆形，如图 2–7（a）所示，当通入压力后，它的自由端会产生位移。这种单圈弹簧管自由端位移量较小，测量压力范围较高，可测量高达 1000MPa 的压力。为了增加自由端的位移，可以制成多圈弹簧管，如图 2–7（b）所示。

2）薄膜式弹性元件

薄膜式弹性元件根据其结构不同还可以分为膜片与膜盒等。它的测压范围较弹簧管式的要低。如图 2–7（c）所示为膜片式弹性元件，它是由金属或非金属材料做成的具有弹性的一张膜片（平膜片或波纹膜片），在压力作用下能产生变形。有时也可以由两张金属膜片沿周口对焊起来，成一薄壁盒，内充液体（例如硅油），称为膜盒，如图 2–7（d）所示。

3）波纹管式弹性元件

波纹管式弹性元件是一个周围为波纹状的薄壁金属筒体，如图 2–7（e）所示。这种弹性元件易于变形，而且位移很大，常用于微压与低压的测量或制作气动仪表的基本元件。

2. 弹簧管压力表

1）弹簧管的测压原理

弹簧管压力表是工业生产上应用广泛的一种测压仪表，并以单圈弹簧管的应用为最多。

单圈弹簧管是弯成圆弧形的空心管，如图 2–8 所示。它的截面积呈扁圆形或椭圆形，椭圆形的长轴 a 与图面垂直、与弹簧管中心轴 O 平行。A 为弹簧管的固定端，即被测压力的输入端；B 为弹簧管的自由端，即位移输出端；γ 为弹簧管中心角初始角；$\Delta\gamma$ 为中心角的变化量；R 和 r 分别为弹簧管弯曲圆弧的外半径和内半径；a 和 b 为弹簧管椭圆截面的长半轴和短半轴。

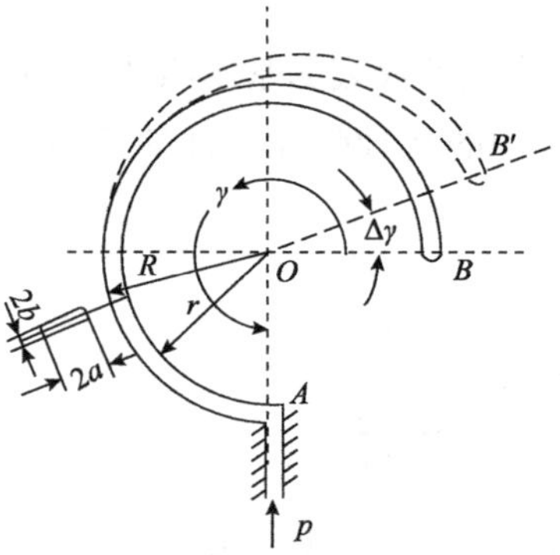

图 2–8　弹簧管测压原理

作为压力位移转换元件的弹簧管，当它的固定端通入被测压力后，由于椭圆形截面在压力 p 的作用下将趋向圆形，弯成圆弧形的弹簧管随之向外挺直扩张变形，由于变形其弹簧管的自由端由 B 移到 B'，如图 2–8 虚线所示，输入压力 p 越大产生的变形也越大，由于输入压力与弹簧管自由端的位移成正比，所以只要测得 B 点的位移量，就能反映压力 p 的大小，这就是弹簧管压力表的基本测量原理。

2）弹簧管压力表的结构

弹簧管压力表如图 2–9 所示。被测压力由接头通入后，弹簧管由椭圆形截面胀大趋于圆形，由于变形，使弹簧管的自由端 B 产生位移，自由端的位移量一般很小，直接显示有困难，所以必须通过放大机构才能指示出来。放大过程：自由端 B 的弹性变形位移通过拉杆使扇形齿轮做逆时针转动，于是指针通过同轴的中心齿轮带动而顺时针偏转，从而在面板的刻度标尺上显示出被测压力 p 的数值。由于自由端的位移与被测压力成正比，因此弹簧管压力表的刻度标尺是线性的。

游丝用来克服因扇形齿轮和中心齿轮的间隙所产生的仪表变差。改变调整螺钉的位置（改变机械转动的放大系数），可以实现压力表一定范围量程的调整。

弹簧管的材料，一般在 $p<20$MPa 时采用磷铜，$p>20$MPa 时则采用不锈钢或合金钢。但是，使用压力表时，必须注意被测介质的化学性质。例如测量氧气时，应严禁沾上油脂或有机物，以确保安全。

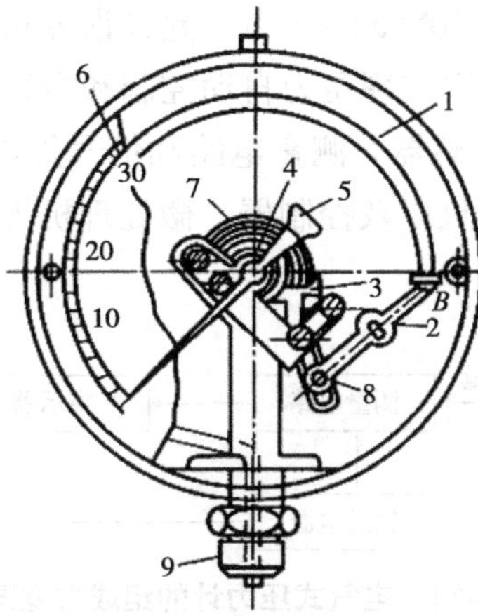

图 2–9　弹簧管压力表

1—弹簧管；2—拉杆；3—扇形齿轮；4—中心齿轮；5—指针；6—面板；7—游丝；8—调整螺钉；9—接头

3. 电接点压力表

在工业生产过程中，常常需要把压力控制在一定范围内，即当压力超出规定范围时，会破坏正常工艺操作条件，甚至造成严重生产事故，因此希望在压力超限时，能及时采取一定措施。

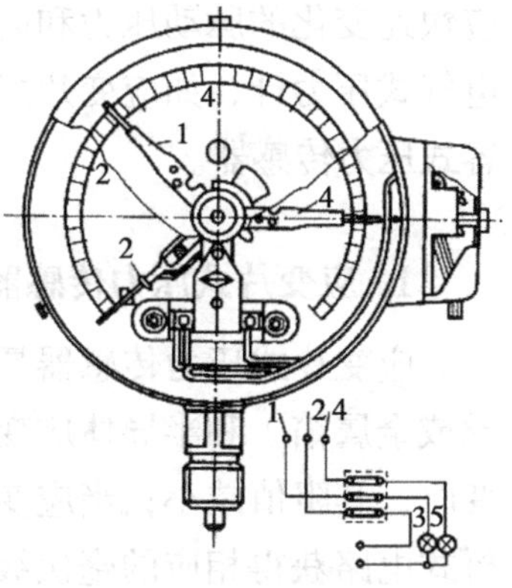

图 2–10　电接点压力表

1、4—静触点；2—动触点；3—绿灯；5—红灯

电接点压力表如图 2–10 所示。它是在普通弹簧管压力表的基础上附加了两个静触点 1 和 4，静触点的位置可根据要求的压力上、下限数值来设定。压力表指针 2 为动触点，在动触点与静触点之间接入电源（220V 交流或 24V 直流）。正常测量时，工作原理与弹簧管压力表相同，动、静触点并不闭合，不形成报警回路，无报警信号产生。当压力超过上限值时，动触点 2 与静触点 4 闭合，上限报警回路接通，红色信号灯亮（或蜂鸣器响）发出报警信号；当压力过低时，则动触点 2 与静触点 1 闭合，下限报警回路接通，绿色信号灯亮（或蜂鸣器响）。

电接点压力表能简便地实现在压力超出给定范围时，及时发出报警信号，提醒操作人员注意，以便采取相应措施。另外，还可通过中间继电器实现某种联锁控制，以防止严重事故发生。

三　电气式压力计

把压力转换为电信号输出，测量电信号的压力表叫电气式压力计。这种压力计的测量范围较广，可测 $7\times10^{-5}\sim5\times10^{8}$ Pa 的压力，允许误差可至 ±0.2%。由于可以远距离传送信号，在工业生产过程中可以实现压力自动控制和报警，并可与工业控制机联用。

电气式压力计一般由压力传感器、测量电路和信号处理装置所组成。常用的信号处理装置有指示器、记录仪、应变仪以及控制器、微处理机等。图 2–11 是电气式压力计的组成方框图。

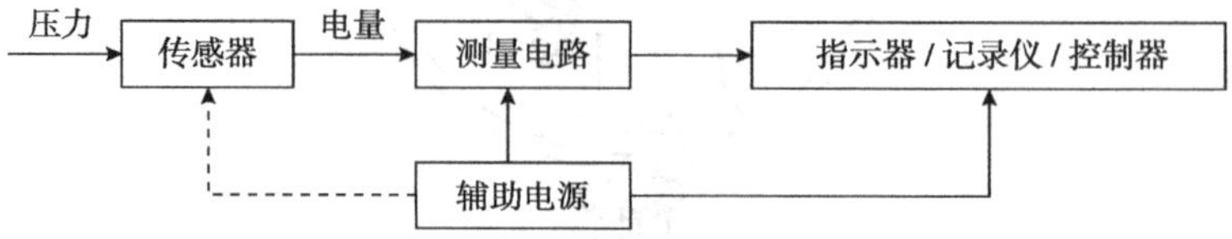

图 2–11　电气式压力计的组成方框图

压力传感器的作用是把压力信号检测出来，并转换成电信号输出。为此，常在弹簧管压力计中附加一些变换装置，把弹簧管自由端的机械位移转换为某些电量的变化，从而构成各种弹簧管式的电气压力计，如电阻式、电感式和霍尔片式等。但是，这类压力计都是先经弹簧管把压力变换成位移后再转化为电量而进行测量的。所以，它们不能适应快速变化的脉动压力和高真空、超高压等场合下进行检测的需要，因而出现了另一类电气式压力计，如应变片式、压阻式和电容式等。下面简单介绍应变片式、压阻式和电容式压力传感器。

1. 应变片式压力传感器

应变片式压力传感器是利用电阻应变原理构成的。电阻应变片有金属应变片（金属丝或金属箔）和半导体应变片两类，被测压力使应变片产生应变。当应变片产生压缩应变时，其阻值减小；当应变片产生拉伸应变时，其阻值增加。应变片阻值的变化，通过桥式电路获得相应的毫伏级电势输出，并用毫伏计或其他记录仪表显示出被测压力，从而组成应变片式压力计。

图 2–12（a）是 BPR-2 型应变片式压力传感器的示意图。应变筒的上端与外壳固定在一起，下端与不锈钢密封膜片紧密接触，两片康铜丝应变片 r_1 和 r_2 用特殊胶黏剂（缩醛胶等）粘紧在应变筒的外壁。r_1 沿应变筒轴向贴放，作为测量片；r_2 沿径向贴放，作为温度补偿片。应变片与筒体之间不发生相对滑动，并且保持电气绝缘。当被测压力 p 作用于膜片而使应变筒作轴向受压变形时，沿轴向贴放的应变片 r_1 也将产生轴向压缩应变 ε_1，于是 r_1 的阻值变小；而沿径向贴放的应变片 r_2，由于本身受到横向压缩将引起纵向拉伸应变 ε_2，于是 r_2 阻值变大。但是由于 ε_2 比 ε_1 要小，故实际上 r_1 的减少量将比 r_2 的增大量大。

应变片 r_1 和 r_2 与两个固定电阻 r_3 和 r_4 组成桥式电路，如图 2–12（b）所示。由于 r_1 和 r_2 的阻值变化而使桥路失去平衡，从而获得不平衡电压 ΔU 作为传感器的输出信号，在桥路供给直流稳定电源最大为10V时，可得最大 ΔU 为5mV的输出。传感器的被测压强可达25MPa。由于传感器的固有频率在255000Hz以上，故有较好的动态性能，适用于快速变化的压力检测。传感器的非线性及滞后误差小于额定压力的1%。

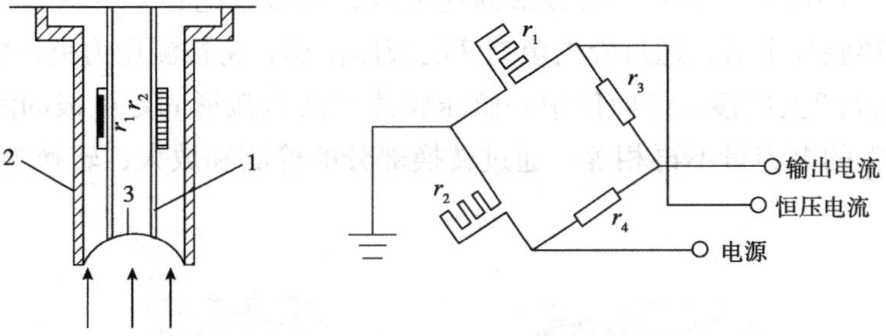

（a）传感器　　（b）测量桥路

图2-12　应变片式压力传感器示意图

1—应变筒；2—外壳；3—密封膜片

2. 压阻式压力传感器

压阻式压力传感器是由单晶硅的压阻效应而构成。其工作原理如图2-13所示。采用单晶硅片为弹性元件，在单晶硅膜片上利用集成电路的工艺，在单晶面的特定方向扩散一组等值电阻。并将电阻接成桥路，单晶硅片置于传感器腔内。当压力发生变化时，单晶硅产生应变，使直接扩散在上面的应变电阻产生与被测压力成比例的变化，再由桥式电路获得相应的电压输出信号。

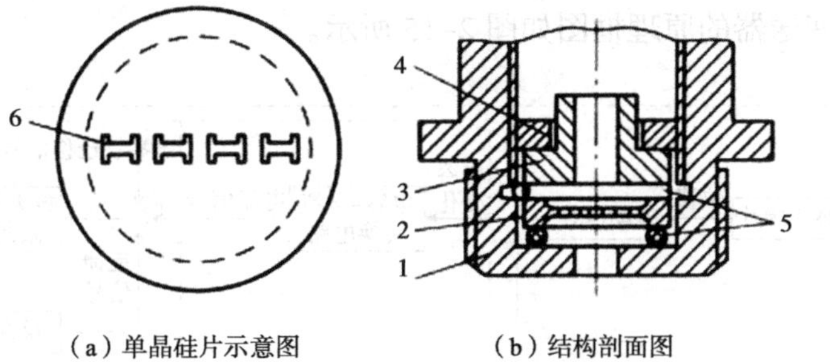

（a）单晶硅片示意图　　（b）结构剖面图

图2-13　压阻式压力传感器

1—基座；2—单晶硅片；3—导环；4—螺母；5—密封垫圈；6—等效电阻

压阻式压力传感器具有精度高、工作可靠、频率响应高、迟滞小、尺寸小、重量轻、结构简单等特点，可以适应恶劣的工作环境条件，便于实现显示数字化。压阻式压力传感器不仅可以用来测量压力，稍加改变，还可以用来测量差压、高度、速度、加速度等参数。

3. 电容式压力传感器

电容式压力传感器是将压力的变化转换为电容量的变化，然后进行测量的。如图 2–14 是 CECY 型电容式压力变送器的测量部分。测量膜盒内充以填充液（硅油），中心感应膜片（可动电极）和其两边弧形固定电极分别形成电容 C_1 和 C_2。当被测压力加在测量侧的隔离膜片上后，通过腔内填充液的液压传递，将被测压力引入中心感压膜片，使中心感压膜片产生位移，进而使中心感压膜片与两边弧形固定电极的间距不再相等，从而使 C_1 和 C_2 的电容量不再相等。通过转换部分的检测和放大，转换为 4~20mA 的直流电信号输出。

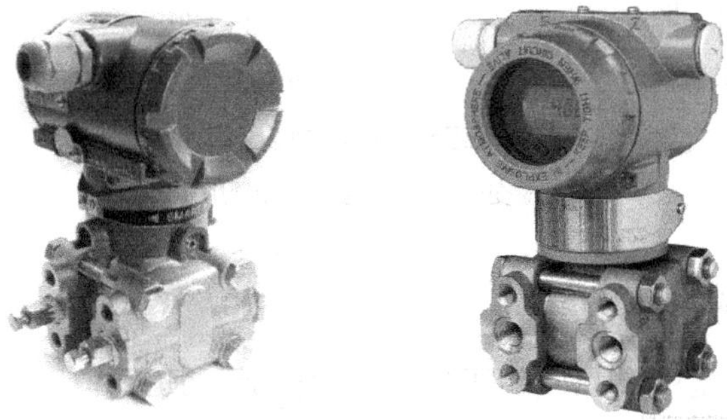

图 2–14　压力变送器

电容式压力传感器的精度较高，允许误差不超过量程的 ±0.25%。由于它的结构性能可经受振动和冲击，其可靠性、稳定性高，当测量膜盒的两侧通过不同压力时，便可以用来测量差压、液位等参数。

电容式差压变送器的原理框图如图 2–15 所示。

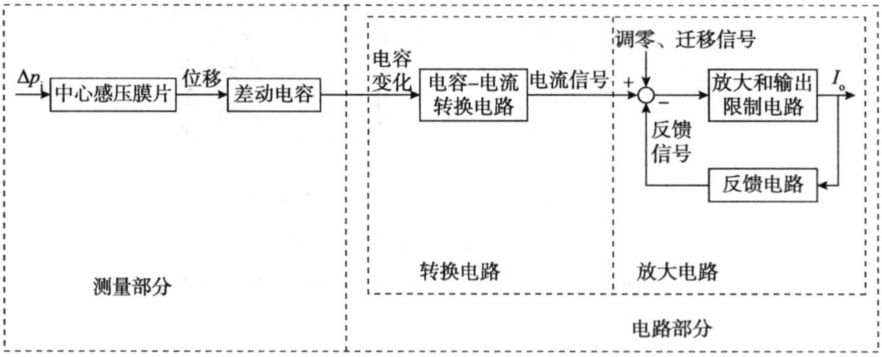

图 2–15　电容式差压变送器的原理框图

电容式差压变送器的零点和量程调整螺钉位于变送器铭牌后面，上方为调零螺钉，标记为 Z，下方为调量程螺钉，标记为 R，顺时针转动调整螺钉，变送器输出信号增大，逆时针转动调整螺钉，变送器输出减小。如果需要进行零点迁移，在变送器电路板上设有跳线，改变跳线的连接方式，可进行“无迁移”、“正迁移”和“负迁移”设置；变送器有两根输出导线，在输出反映被测压力大小的4~20mA直流电信号的同时，也为变送器传递所需的24V直流电源，即变送器与控制室仪表之间只有两根导线，故称两线制连接；电容式差压变送器为安全火花型（在任何形态下产生的火花都是不能点燃爆炸性混合物的安全火花）防爆仪表。

四 压力、差压变送器

变送器的任务是把各种非电量的工艺参数（如压力、流量、温度、液位等），变换成统一标准信号，然后根据系统的需要，传送到有关仪表进行控制、显示或记录。

根据被测变量的不同，可分为压力变送器和差压变送器。

1. 压力变送器

1）分类（见表2–2）

表2–2 压力变送器分类

类型	精度	输出信号	原理及特点	主要制造厂
DDZ-Ⅲ	0.5 1.0	4~20mA	矢量机构力平衡式，力变成位移。两线制，电源24V DC，体积大，隔爆型、本安型	上仪一厂 川仪七厂 西安仪表厂
1151系列	0.2 0.25	4~20mA Hart数字信号	电容传感器，力的变化转成电容的变化。两线制，电源12~45V DC，小型、抗振，智能型、隔爆型、本安型	罗斯蒙特 ABB 上仪一厂 西安仪表厂
固态压阻硅系列	0.15 0.25 0.5	4~20mA Hart数字信号	硅应变电阻传感器，力变成电阻。两线制，电源12~45V DC，小型、抗振，智能型、隔爆型、本安型	罗斯蒙特（2088、3051） FOXBORO
EJA系列	0.075 0.1 0.2	4~20mA Hart数字信号	单晶硅谐振式传感器，力变成频率。两线制，电源16.4~42V DC，稳定，智能型	日本横河 横河川仪

智能型压力变送器就是在普通压力传感器的基础上增加微处理器电路而形成的智能检测仪表。压力变送器由两部分组成：传感器部分和变送器部分。压力传感器的作用是把压力信号检测出来，变送器部分是把检测出来的信号转换成电信号进行输出，且输出的电信号能够被进一步变换为标准信号。例如直流电流4~20mA。

智能型压力变送器的特点是可进行远程通信。利用手持通信器，可对现场变送器各种运行参数进行选择和标定；其精确度高，使用与维护方便。通过编制各种程序，使变送器具有自修正、自补偿、自诊断及错误方式报警等多种功能，因而提高了变送器的精确度，简化了调整、校准与维护过程，促使变送器与计算机、控制系统直接对话。

智能型压力变送器所用的手持通信器符合 HART 协议，通过在 4~20mA 直流输出信号上叠加高频信号来完成远程通信。它可以接在现场变送器的信号端子上，就地设定或检测，也可以在远离现场的控制室中，接在某个变送器的信号线上进行远程设定及检测。为了便于通信，信号回路必须有不小于 250Ω 的负载电阻。其连接示意图如图 2–16 所示。

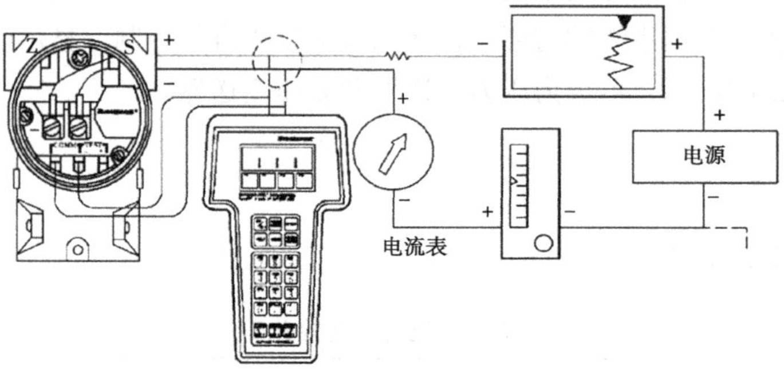

图 2–16　手持通信器的连接示意图

手持通信器能够实现下列功能。

（1）组态：组态可分为两部分。首先，设定变送器的工作参数，包括测量范围、线性或平方根输出、阻尼、时间常数、工程单位选择；其次，可向变送器输入信息性数据，以便对变送器进行识别与物理描述，包括给变送器指定工位号、描述符等。

（2）测量范围的变更：当需要更改测量范围时，不需要到现场调整，可直接由手持通信器变更。

（3）变送器的校准：包括零点和量程的校准。

（4）自诊断：3051C 型变送器可进行连续自诊断。当出现问题时，变送器将激活用户选定的模拟输出报警。手持通信器可以询问变送器，确定问题所在。变送器向手持通信器输出特定的信息，以识别问题，从而可以快速地进行维修。

由于智能型压力变送器有好的总体性能及长期稳定的工作能力，所以每五年才需校验一次。智能型压力变送器与手持通信器结合使用，可远离生产现场，尤其是危险或不易到达的地方，给变送器的运行和维护带来了极大的方便。

2）压力变送器安装

安装分为过程连接和电气连接。

过程连接需要注意密封性，使用四氟带或仪表管，注意密封，避免泄漏。安装表阀，注意方向。

系统的正确安装包括取压口的开口位置、连接导管的合理铺设和仪表安装位置的正确等，具体压力测试点安装示意图如图 2–17 所示。

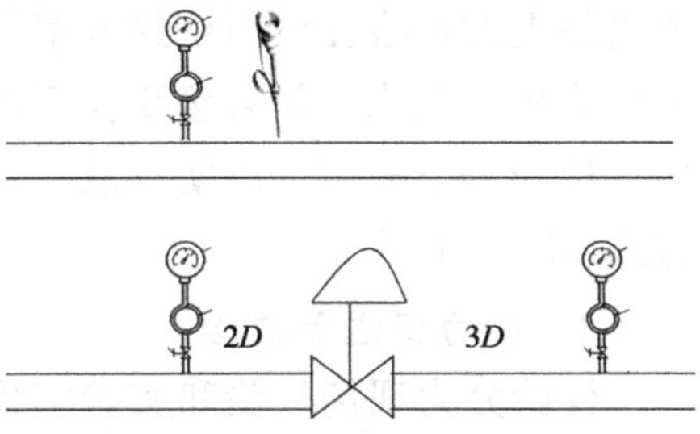

图 2–17　压力测试点安装示意图

（1）取压口的位置选择。

①避免处于管路弯曲、分叉及流束形成涡流的区域。

②当管路中有突出物体（如测温元件）时，取压口应取在其前面。

③当必须在调节阀门附近取压时，若取压口在其前，则与阀门距离应不小于 2 倍管径，若取压口在其后，则与阀门距离应不小于 3 倍管径。

④对于宽广容器，取压口应处于流体流动平稳和无涡流的区域。

总之，在工艺流程上确定的取压口位置应能保证测得所要选取的工艺参数。

（2）连接导管的铺设。

连接导管的水平段应有一定的斜度，以利于排放冷凝液体或气体。当被测介质为气体时，导管应向取压口方向低倾；当被测介质为液体时，导管则应向测压仪表方向倾斜；当被测参数为较小的差压值时，倾斜度可再稍大一点。此外，如导管在上下拐弯处，则应根据导管中的介质情况，在最低点安置排泄冷凝液体装置或在最高处安置排气装置，以保证在相当长的时间内不致因在导管中积存冷凝液体或气体而影响测量的准确度。冷凝液体或气体要定期排放。

（3）测压仪表的安装及使用注意事项。

① 仪表应垂直于水平面安装。

② 仪表测定点与仪表安装处在同一水平位置，否则考虑附加高度误差的修正。

③ 仪表安装处与测定点之间的距离应尽量短，以免指示迟缓。

④ 保证密封性，不应有泄漏现象出现，尤其是易燃易爆气体介质和有毒有害介质。扳手用力时，需要两个扳手同时使用，具体安装示意见图 2–18。

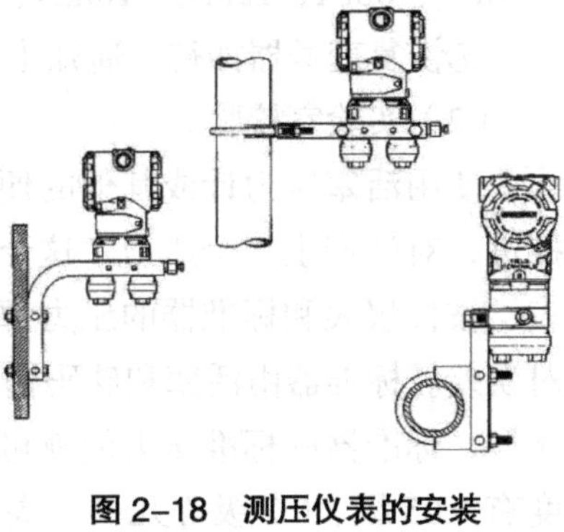

图 2–18　测压仪表的安装

（4）接线方法。

电源—信号端子位于电气壳体内的接线侧。接线时，将铭牌上标有“接线侧”的盖子拧开，下部端子是电源—信号端子，上部端子为测试或指示表的端子，也可用作毫伏输出端子。测试端子有与电源—信号端子相同的电流信号 4~20mA DC，它用于连接指示仪表或测试用。电源是经过信号线传送到变送器的，不需要附加线。注意，不要把电源—信号线接到测试端子上。信号线不需要屏蔽，但用两根扭在一起的线效果最好。信号线不要与其他电源线一起通过导线管或明线槽，也不可以在大功率设备附近穿过。电气壳体上的接线孔应当密封或塞住，以防在电气壳体内积水。如果接线孔不能密封，电气壳体应朝下安装，以便排液。具体的接线方式如图 2–19 所示。

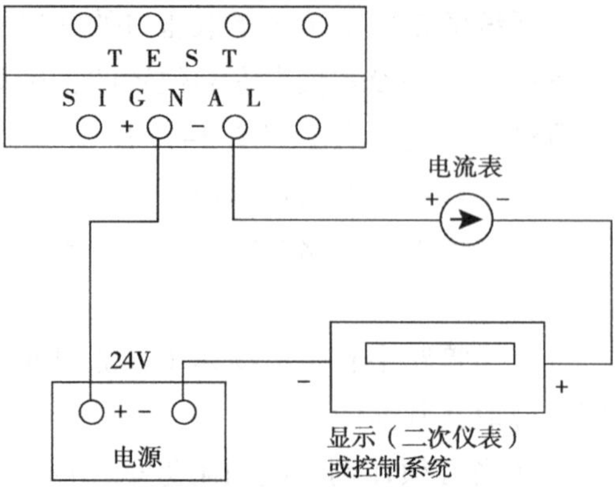

图 2–19　接线图

3）压力变送器校验

校验分为现场校验和实验室校验，校验内容包括指示值误差、变差和线性调整。

（1）现场校验。

①开冷工作业许可证，如果变送器和调节阀构成控制回路，则将变送器控制的调节阀根据流程需要打为手动控制。

②通知中控，与操作人员联系，进行相关隔离。

③现场关闭截止阀，打开放气孔泄压。

④连接打压泵，压力表或者 FLUKE744 与压力模块。连接打压泵与压力变送器的排气口。

⑤零点压力时，输出信号应为 4mA，否则调节零点调节钮使输出信号为 4mA；满量程压力时，输出信号应为 20mA，否则调节量程调节钮使输出信号为 20mA（这里根据变送器的不同，方法不一。智能变送器可以使用手持通信器来进行调整）。

⑥校验好零点和量程后，观察量程的 0%、25%、50%、75%、100% 处输出是否满足 4mA、8mA、12mA、16mA、20mA。

⑦恢复变送器如初，通知中控，调节阀恢复自动状态，撤销许可证。

（2）实验室校验。

使用活塞压力计或其他的便携式校验仪。以活塞压力计为例，转动手轮使活塞向前推进，对油产生一个压力，这个压力在密闭的系统内向各个方向传递，所以进入标准仪表、被校仪表和标准器的压力都是相等的。因此利用比较的方法便可得出被校仪表的绝对误差。标准器由活塞和砝码构成。活塞的有效面积和活塞杆、砝码的重量都是已知的。这样，标准器的标准压力值就可根据压力的定义准确地计算出来。活塞式压力计的精确度有 0.05 级、0.2 级等几种。高精确度的活塞式压力计可用来校验标准弹簧管压力计。校验时，为了减少活塞与活塞之间的静摩擦力的影响，用手轻轻拨转码盘，使活塞旋转。另外，使用时要保持活塞处于垂直位置，为此，应调整仪器底座螺钉，使底座上的水气泡处于中心位置。如被校压力计的精确度不高，则可不用砝码校验，而采用被校仪表与标准仪表比较的方法校验。这时要关闭针阀。

实验室校验除了可以使用活塞压力计，还可以有其他选择项。目前，有很多厂家生产便携式的气动校验仪，如 Fluke、Druke 都是多功能校验仪，不仅可以输出压力，而且可以输出 24V DC，在一台机器上便可以实现压力变送器的校验。

注意由于回路中电阻值满足不了手持通信器的使用要求，要用一个 250Ω 左右的电阻串联在变送器和电源之间以满足手持通信器的通信要求，然后将 HART 手持通信器并联在智能压力变送器一端，手持通信器才能识别变送器。具体示意如图 2-20 所示。

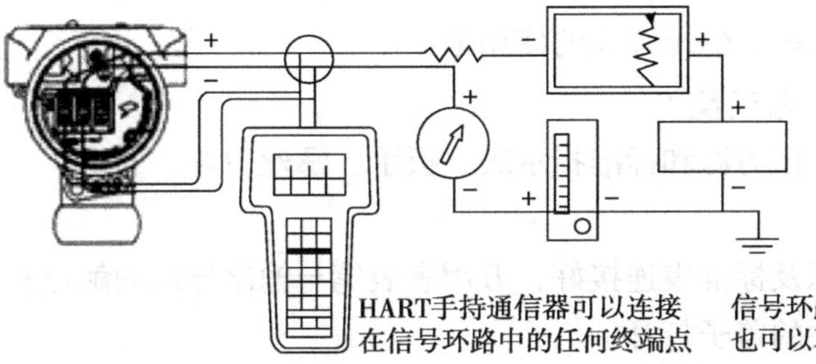

图 2-20　电阻串联在变送器和电源之间

（3）误差计算。

进行压力变送器校验的目的就是判断压力变送器能否正常工作，精度是否仍然能够满足要求，同时便于在故障处理过程中提供一个真实的依据。

$$q_{max} = \frac{a_{max}}{L}$$

根据实际校验的结果，计算出该变送器的最大绝对误差。然后根据公式计算出该变送器允许最大误差，如果实际最大误差小于允许最大误差，则该表合格，反之，不合格。

例题　某台压力变送器的精度等级为 0.2 级，经过校验，得出该表的实际最大误差为 0.04mA，请问该表是否合格？

该表的最大允许误差 =0.2% × (20.00mA − 4.00mA) = 0.032mA

经校验，该表的最大实际误差 0.04mA > 0.032mA，因此该表不合格，超差。

4）压力开关

压力开关是另外一种压力检测仪表，如图 2-21 所示。压力开关检测的是压力的变化，它利用弹性元件由于受压而产生的形变来驱使开关动作。压力开关分为高压开关和低压开关，高压开关是当压力升高至设定压力时，进行开关动作；低压开关是当压力降低至设定压力时，进行开关动作。压力开关的输出信号是一个开关量，因此，压力开关的输出信号常用来作为报警关停信号。大多数压力开关提供两组触点：常开点（NO）和常闭点（NC）。在压力开关

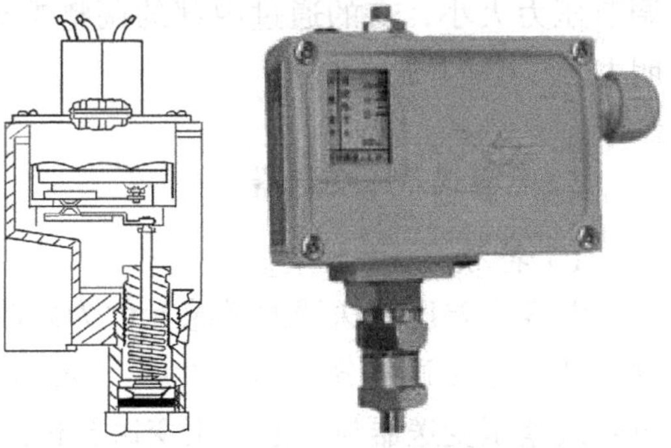

图 2-21　压力开关示意图

不受压（放空）的情况下，与公共端（C）不相通的触点是常开点（NO），与公共端相通的触点是常闭点（NC）。对于生产控制，可以利用不同的触点用于不同的需要。在生产现场，根据本质安全的原则，低压开关一般使用常开触点，高压开关一般使用常闭触点，这样，工艺生产正常时，开关为闭合状态，异常报警时开关为断开状态，因此在安装、维修及校验时应特别注意高、低压开关的使用触点。

5）压力开关的调校（带电调校）

调校所需工具：万用表、压力源和标准指示表、扳手、螺丝刀等。

调校步骤：

（1）将压力开关与压力源及标准表连接好，万用表表笔与输出导线的触点相连。

（2）用螺丝刀将压力开关的盖子打开。

（3）用压力源打压，查看标准表的指示值，当达到开关设定值时，观看万用表指示（开关带电调校时，万用表用直流电压挡，电源是24V），正常时候，当压力开关动作时，电压应由0V变为24V。

（4）如果压力值达到而压力开关没有动作，则可用扳手调节开关的调节螺钉直到开关动作报警。

（5）在线校验时，需要通知中控，旁通该点。

校验压力开关时需要注意，校验低压开关时应该先打压超过低压设定点，然后慢慢降压至压力开关动作，记录当时动作的压力值即为低压的动作点；校验高压开关时相反，从正常压力慢慢加压至压力开关动作，记录当时动作的压力值即为高压的动作点。校验低压开关或低低压开关时，先给开关打压到压力开关复位，然后逐渐降低压力观察压力开关的动作值。当压力开关动作后，再升高压力，当压力开关再次动作时的标准压力就是压力开关的复位值。

压力开关的不带电调校则是使用万用表的蜂鸣器挡位，表笔与输出线的触点相连，查看标准表的指示值，当达到开关设定值时，万用表蜂鸣器停止响声（注：所有开关的调校均考虑开关为低压选择常开点，高压选择常闭点）。

目前工艺中使用的压力开关类型较多，调整方法不一，有的通过调整外部设定螺钉调节压力大小，有的通过内部的调整螺母调节压力大小。具体的方法需要关注仪表说明书。

2. 电容式差压变送器

1）特点

电容式差压变送器的敏感元件为差动式电容。将差压的变化转换为电容量的变化。这个变化经传送部分运算放大后，变送器输出与被测差压呈线性的4~20mA直流信号。电容式差压变送器与其他差压变送器相比有下列优点：当测量膜盒一侧承受单向过载压力时，具有单向保护机构；在变送器中因没有杠杆系统，所以静压误差的问题比较容易解决，比较耐振耐冲击，其可靠性、稳定性高。整个差压变送器的精度较高，允许误差不超过量程的 ±0.25%；电容式差压变送器是二线制变送器，供电电压为 24V DC，当负载电阻过大达 1650Ω 时，供电电压可提高到 45V DC，在无负载时，变送器供电电压可降到 12V DC，所以电容式差压、压力变送器被广泛用于生产过程中。

2）工作原理

电容式差压变送器的原理方框图如图 2–22 所示。它由检测部分和传送部分组成，检测部分是将被测的差压经活动电极转换为静电容量变化。传送部分是将静电容量变化经测量电路转换为电压，再经将电压转换成电流的运算放大电路，输出与被测差压呈线性的直流电流信号。

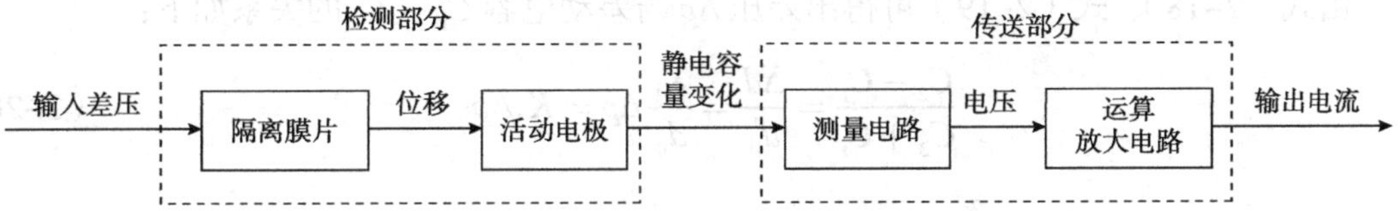

图 2–22 电容式差压变送器原理方框图

（1）检测部分。

检测部分的结构原理如图 2–23 所示。测量膜盒充以填充液（硅油），测量膜片（可动电极）和两边弧形固定电极分别形成电容 C_1 和 C_2。被测的差压通过导压管进入变送器的正、负压室，分别加于左右两个隔离膜片上，通过填充液将压力传送到测量膜片上，在两边压力差的作用下，测量膜片的中心可左右移动 0.1mm 的距离，从而使 C_1 和 C_2 的电容量不再相等，这一静电容量变化经引出线送往传送部分放大，转换为 4~20mA DC 信号输出。

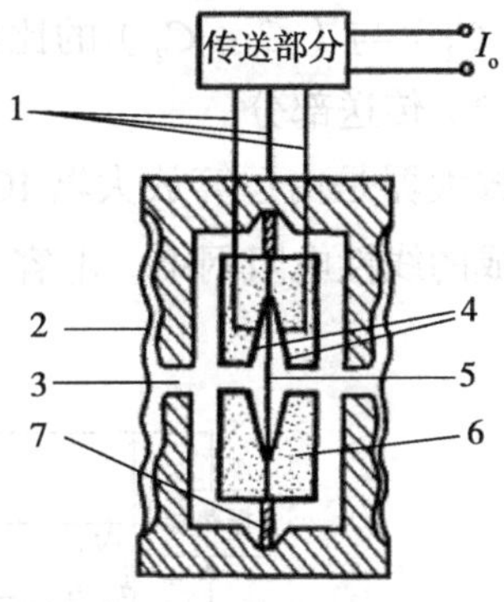

图 2–23 检测部分结构原理图

1—导线；2—隔离膜片；3—填充液；4—固定电极；5—测量膜片（可动电极）；6—刚性绝缘体（陶瓷）；7—浮动膜片

在正常输入差压作用下，浮动膜片基本上是不动的。当膜盒一侧承受单向过载压力时，浮动膜片产生位移，这样就使测量膜片的变形量减小，由于检测部分的核心体是随单向过载压力浮动的，因此，在承受单向压力时隔离膜片与基座波纹间挤出的填充液被吸收，测量膜片不会紧贴到对面的球形固定电极上，而是紧贴在与其吻合的基座保护波纹上，因此能顶住外加压力，起到过载保护的作用。

下面我们讨论检测部分的静态特性。

假设测量膜片在差压 Δp 的作用下移动距离为 Δd，由于位移量很小，可近似认为 Δp

与Δd成比例变化，即：

$$\Delta d = K_1 \Delta p \tag{2-17}$$

式中　K_1——比例示数。

这样可动电极（测量膜片）与左、右固定极板间距离由原来的d_0变为$d_0+\Delta d$和$d_0-\Delta d$，根据平行板电容公式，两个电容可分别写成：

$$C_1 = \frac{K_2}{d_0 + \Delta d} \tag{2-18}$$

$$C_2 = \frac{K_2}{d_0 - \Delta d} \tag{2-19}$$

式中　K_2——由电容器极板面积和介质介电常数决定的系数。

由式（2–18）、式（2–19）可得出差压Δp与差动电容C_1、C_2的关系如下：

$$\frac{C_2 - C_1}{C_2 + C_1} = \frac{\Delta d}{d_0} = \frac{K_1}{d_0}\Delta p = K_3 \Delta p \tag{2-20}$$

式中　K_3——常数，$K_3 = \frac{K_1}{d_0}$。

由式（2–20）可知，电容C_1、C_2与Δp呈正比关系。因此传送部分的任务是将（C_1-C_2）与（C_1+C_2）的比值转换为电压或电流。

（2）传送部分。

放大器是由运算放大器IC_3和晶体管组成的电流放大器；反馈部分是由电阻和电位器组成的线性电阻网络。电容式差压变送器的结构方框图如图2–24所示。

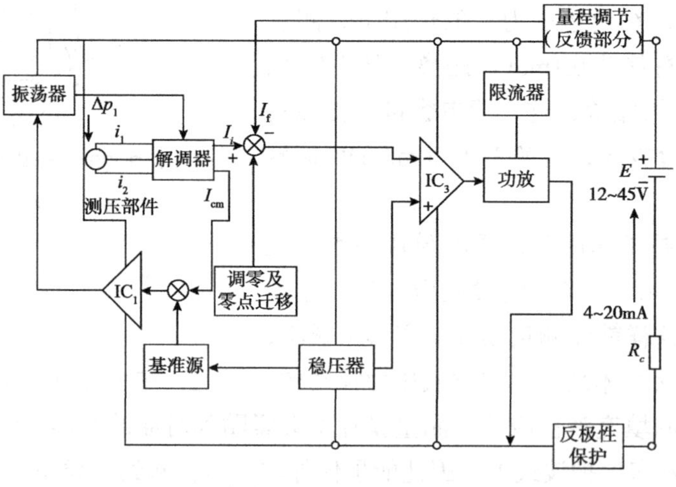

图2–24　电容式差压变送器的结构方框图

当p_1和p_2分别引入正、负压室，两者之差即被测差压$\Delta p(\Delta p = p_1 - p_2)$使差动电容敏感元件中的电容 C_1 的容量减小，电容 C_2 的容量增加。由于差动电容敏感元件是由高频振荡器供电，因此两个电容量变化，被转换为电流变化，其中流过 C_1 的电流为 i_1，流过 C_2 的电流为 i_2。经相敏整流（解调）后输出两组信号，一组（i_2-i_1）称为差动信号，即变送器检测部分的输出信号 I_i $(I_i=i_2-i_1)$；另一组（i_2+i_1）为共模信号 $I_{cm}(I_{cm}=i_1+i_2)$。I_i 与反馈信号 I_f 进行比较，其差值经电流放大器放大成4~20mA DC输出。输出电流 I 流过变送器负载 R，并通过反馈部分的电阻网络，转换成与 I_0 成正比的直流电流信号 I_f，反馈至电流放大器的输入端，从而保证了 I_0 与 I_f 之间的线性关系。

共模信号 I_{cm} 反馈到两对标准电阻上，与基准源在这两对标准电阻上所产生的压降进行比较，作为振荡放大器的输入信号，以控制高频振荡器的供电电压，使得 I_{cm} 保持不变，从而保证了 I_i 与被测压差 Δp 之间呈单一的比例关系。

3）变送器输出与被测变量的对应关系

对于压力或差压变送器输出与变量之间的对应关系，可以根据变送器的测量范围、工作能源、输出信号范围求得。

$$I_0=\frac{x-L_{min}}{L_{max}-L_{min}}(I_{上}-I_{下})+I_{下} \tag{2-21}$$

式中　I_0——变送器的输出信号值；

x——被测变量的测量值（单位量纲与变送器量程一致）；

$I_{上}$、$I_{下}$——变送器输出的上限值、下限值（电动变送器一般为4~20mA，气动变送器为20~100kPa）；

I_{max}、I_{min}——变送器测量范围的上限值、下限值。

对于已知工作能源的变送器，其输出的上限、下限（$I_{上}$、$I_{下}$）是已知的，当变送器的测量范围选定，则变送器的输出只与被测变量相对应，根据式（2-21）可以得到测量范围内任意测量值时的输出信号值；反之，已知输出信号值可由式（2-21）求出被测变量值。

此关系不仅适用于压力、差压变送器，而且对于各种被测变量与变送器输出满足线性关系时均可适用，如液位变送器、温度变送器等。

五　压力仪表在海上平台的选用及安装

正确地选用及安装是保证压力计在生产过程中发挥应有作用的重要环节。

1. 压力计的选用

压力计的选用应根据工艺生产过程对压力测量的要求，结合其他各方面的情况，加以全面的考虑和具体的分析。选用压力计和选用其他仪表一样，一般应该考虑以下几个方面的问题。

1）仪表类型的选用

仪表类型的选用必须满足工艺生产的要求。例如是否需要远传变送、自动记录或报警；被测介质的物理化学性质（如腐蚀性、温度高低、黏度大小、脏污程度、是否易燃易爆等）是否对测量仪表提出特殊要求；现场环境条件（如高温、电磁场、振动及现场安装条件等）对仪表类型是否有特殊要求等。总之，根据工艺要求正确选用仪表类型是保证仪表正常工作及安全生产的重要前提。

例如，普通压力计的弹簧管多采用铜合金，高压的也有采用碳钢的，而氨气压力计弹簧管的材料都是采用碳钢的，不允许采用铜合金的。因为氨气对铜的腐蚀性极强，所以普通压力计若用于氨气压力测量很快就会损坏。

氧气压力计和普通压力计在结构和材质上完全相同，只是氧气压力计要严格禁油。因为油进入氧气系统会引起爆炸。所以氧气压力计在校验时，不能像普通压力计那样采用变压器油作为工作介质，并且氧气压力计在存放中要严格避免接触油污。如果必须采用现有的带油污的压力计测量氧气压力时，使用前则要用四氯化碳反复清洗，认真检查直到无油污时为止。

2）仪表测量范围的确定

仪表的测量范围（measuring range）是指被测变量可按规定精确度进行测量的范围，它是根据操作中需要测量的参数大小来确定的。

在测量压力时，为了延长仪表使用寿命，避免弹性元件因受力过大而损坏，压力计的上限值应该高于工艺生产中可能的最大压力值。根据“化工自控设计技术规定”，在测量稳定压力时，最大工作压力不应超过量程的 2/3；在测量脉动压力时，最大工作压力不应超过量程的 1/2；在测量高压压力时，最大工作压力不应超过量程的 3/5。

为了保证测量值的准确度，所测的压力值不能太接近于仪表的下限值，亦即仪表的量程不能选得太大，一般被测压力的最小值以不低于仪表满量程的 1/3 为宜。

根据被测参数的最大值和最小值计算出仪表的上限、下限后，还不能以此数值直接作为仪表的量程范围。因为仪表标尺的极限值不是任意取一个数字就可以的，它是由国家主管部门用规程或标准规定了的。因此，我们在选用仪表的标尺极限值时，也只能采用相应的规程或标准中的数值（一般可在相应的产品目录中查到）。

3）仪表准确度等级的选取

仪表准确度是根据工艺生产上所允许的最大测量误差来确定的。一般来说，所选用的仪表越精密，则测量结果越精确、可靠。但不能认为选用的仪表准确度越高越好，因为越精密的仪表，一般价格越贵，操作和维护越费事。因此，在满足工艺要求的前提下，应尽可能选用准确度较低、价廉耐用的仪表。

2. 压力计的安装

压力计的安装正确与否，关系到测量的准确性和压力计的使用寿命。

1）测压点的选择

所选择的取压点应能反映被测压力的真实大小。

（1）要选在被测介质直线流动的管段部分，不要选在管路拐弯、分岔、死角或其他易形成旋涡的地方。

（2）测量流动介质的压力时，应使取压点与流动方向垂直，取压管内端面与生产设备连接处的内壁应保持平齐，不应有凸出物或毛刺。

（3）测量液体压力时，取压点应在管道下部，使导压管内不积存气体；测量气体压力时，取压点应在管道上部，使导压管内不积存液体。

2）导压管铺设

（1）导压管粗细要合适，一般内径为 6~10mm，长度应尽可能短，最长不得超过 50m，以减少压力指示的迟缓。如超过 50m，应选用能远距离传送的压力计。

（2）导压管水平安装时应保证有 1∶10~1∶20 的倾斜度，以利于积存于其中之液体（气体）的排出。

（3）当被测介质易冷凝或冻结时，必须加保温伴热管线。

（4）取压口到压力计之间应装有切断阀，以备检修压力计时使用。切断阀应装设在靠近取压口的地方。

3）压力计的安装

（1）压力计应安装在易观察和检修的地方。

（2）安装地点应力求避免振动和高温影响。

（3）测量蒸汽压力时，应加装凝液管，以防止高温蒸汽直接与测压元件接触［见图 2–25（a）］；对于有腐蚀性介质的压力测量，应加装有中性介质的隔离罐，图 2–25（b）表示了被测介质密度 ρ_2 大于和小于隔离液体密度 ρ_1 的两种情况。总之，针对被测介质的不同性质（高温、低温、腐蚀、脏污、结晶、沉淀、黏稠等），要采取相应的防热、防腐、防冻、防堵等措施。

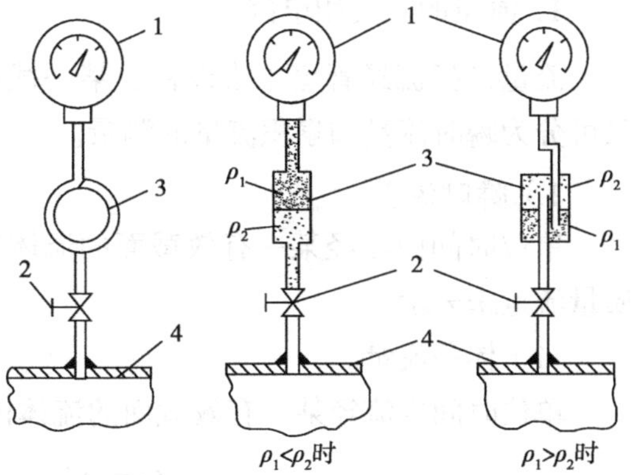

（a）测量蒸汽时　　（b）测量有腐蚀性介质时

图 2–25　压力计安装示意图

1—压力计；2—切断阀门；3—凝液管；4—取压容器

（4）压力计的连接处，应根据被测压力的高低和介质性质，选择适当的材料，作为密封垫片，以防泄漏。一般低于 80℃及 2MPa 时，用牛皮或橡胶垫片；350~450℃及 5MPa 以下用石棉或铝垫片；温度及压强更高（50MPa 以下）时用退火紫铜或铅垫片。但测量氧气压力时，不能使用浸油垫片及有机化合物垫片；测量乙炔压力时，不能使用铜垫片，因它们均有发生爆炸的危险。

（5）当被测压力较小，而压力计与取压口又不在同一高度时，对由此高度差而引起的测量误差应按 $\Delta p = \pm H\rho g$ 进行修正。式中，H 为高度差；ρ 为导压管中介质的密度；g 为重力加速度。

（6）为安全起见，测量高压的仪表除选用表壳有通气孔的外，安装时表壳应朝向墙壁或无人通过之处，以防发生意外。

第三节　流量检测仪表

一　概述

石油开采生产过程中所需的物料大部分是流体，这些流体在某些动力设备（如泵、鼓风机、压缩机等）的作用下沿管道密闭输送。为正确地指导生产操作，监视设备运行状况，确保优质高产、安全低耗以及进行产品的成本经济核算，经常需要测量生产过程中各种介质（如液体、气体和蒸汽等）的流量。它是石油开采生产过程中一个十分重要的测量参数。随着自动化水平的不断提高，流量测量和控制由原来的保证稳定运行朝着最优化控制过渡。因此，流量仪表更成了不可或缺的检测仪表之一。

1. 流量的定义和单位

流量是指流经管道（或设备）某一截面的流体数量。随着工艺要求不同，它的测量又可分为瞬时流量和累积流量的测量。

1）瞬时流量

单位时间内流经某一有效截面的流体数量称为瞬时流量。它可以分别用体积流量和质量流量来表示。

（1）体积流量。

单位时间内流经某一有效截面的流体体积。可用 Q 表示。

$$Q = vA \tag{2-22}$$

式中　v——某一有效截面处的平均流速；

A——流体通过的有效截面积。

常用的单位：立方米每小时（m^3/h）、升每小时（L/h）等。

（2）质量流量。

单位时间内流经某一有效截面的流体质量。常用M表示，若流体的密度是ρ，则体积流量与质量流量之间的关系是：

$$M = Q\rho = vA\rho \tag{2-23}$$

式中 M——质量流量。

常用的单位：吨每小时（t/h）、千克每小时（kg/h）等。

2）累积流量（总量）

在某段时间内流经有效截面的流体数量的总和。其总和可以用体积和质量来表示，即：

$$Q_{总} = \int_0^t Q\mathrm{d}t \quad M_{总} = \int_0^t M\mathrm{d}t \tag{2-24}$$

式中 t——时间。

常用的单位：立方米（m^3）、升（L）、吨（t）、千克（kg）等。

测量瞬时流量的仪表一般称为流量计，而测量累积流量的仪表称为计量表。但两者并不是截然分开的，在流量计上配以累计结构，也可以得到累积流量。

2. 流量检测仪表分类

流量测量的方法很多，其测量原理和所采用的仪表结构形式各不相同。目前有多种流量测量的分类方法，尚不统一，我们仅按其中一种分类方法简介如下。

1）速度式流量计

主要是以流体在管道内的流动速度作为测量依据的流量仪表。例如：差压式流量计、转子流量计、靶式流量计、电磁流量计、涡轮流量计等。

2）容积式流量计

主要是以流体在单位时间内连续通过固定容积的数目作为测量依据的流量仪表。例如：椭圆齿轮流量计、腰轮（罗茨）流量计、刮板流量计等。

3）质量式流量计

主要是以流过流体的质量M为测量依据的流量仪表。它具有测量的精确度不受流体的温度、压力、黏度等变化影响的优点，是一种发展中的流量测量仪表。例如：热式质量流量计、补偿式质量流量计、振动式质量流量计等。

下面将介绍一些工业生产中常用的流量计。

二 差压式流量计

差压式流量计是利用测量流体流经节流装置所产生的静压差来显示流量大小的一种流量计。它由节流装置（包括节流元件和取压装置）、引压管路、三阀组与压差计四部分组成，如图 2–26 所示。

差压式流量计发展较早，经过长期的实践，积累了可靠的实验数据和运行经验，成为工业上应用最广泛的管流流量计。

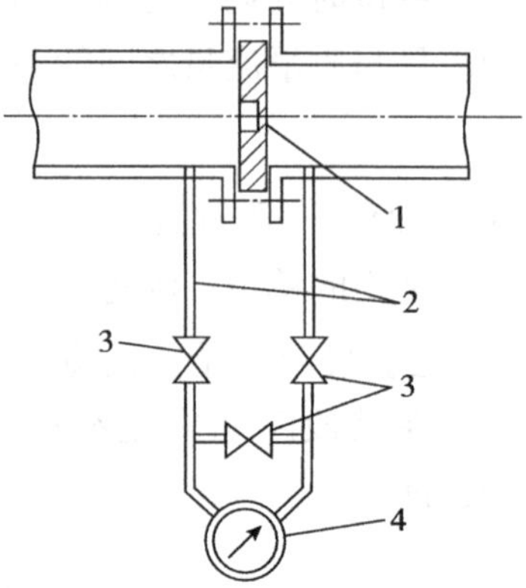

图 2–26 差压式流量计的组成

1—节流元件；2—引压管路；3—三阀组；4—压差计

1. 节流原理

流体之所以能够在管道内形成流动，是由于它具有能量。这种能量有两种形式，即动压能和静压能。流体由于有压力（因液位差或泵等动力源的作用）而具有静压能，有流动速度而具有动压能。这两种形式的能量在一定的条件下，可以互相转化。但是根据能量守恒定律，流体所具有的静压能和动压能，以及克服流动阻力的能量损失，在无外加能量的情况下，其总和是不变的。在管道上利用节流装置测量流量正是应用了流体的动压能和静压能转换的原理进行的。

节流装置是设置在管道中能使流体产生局部收缩的节流元件和取压装置的总称。严格地说，只要在管道中安置一个具有任意形状开孔截面的阻流体，均可产生节流现象，并且在阻流体两侧会有相应的流量和差压的关系。但是，这些关系并不一定都能满足流量测量的要求，只有差压与流量之间存在比较稳定的关系，且重复性又较好的节流元件才有实用价值，常用的节流元件有同心圆孔板、喷嘴、文丘里管。

以图 2–27 所示同心圆孔板为例来说明节流装置的节流原理。流体在管道截面 1 以前，以一定的流速流动，管内静压力为 p_1'。在接近节流装置时，由于遇到节流元件孔板的阻挡，靠近管壁处的流体受到的阻挡作用最大，因而使一部分动压能转换成静压能，则孔板入口端面靠近管壁处的流体静压力由 p_1' 升高至 p_1，并且大于管中心处的压力，从而在孔板入口端面处产生径向压差，这一径向压差将使流体产生径向附加速度，使得靠近管壁处的流体质点的流向与管道中心轴线相倾斜，形成了流束的收缩运动。此时管中心流速加快，静压力减小。由于流体运动的惯性，使流束收缩的最小截面并不在孔板处，而是位于孔板之后的截面 2 处，并且随流量的大小而变化，这时流速达到最大，随后流束又逐渐扩大，流速减小，到达截面 3 后又恢复到原来的流动状态，即 $v_3 = v_1$。

由于节流元件造成的流束局部收缩，使管中心流体流速发生变化，即动压能发生变化。根据能量守恒定律，静压能也要产生相应变化。在截面 1 处，流体的静压力为 p_1'，到达截面 2 处，流速增加到最大值 v_2，静压力就降低到最小值 p_2'，而后随着流束的恢复而逐渐恢复。由于孔板前后流通截面的突然缩小或扩大，使流体流经孔板时还要克服摩擦力，因此在流束充分恢复后，静压力不能恢复到原来的数值 p_1' 而产生一个压降，此压降即为流体流经节流元件后的压力损失 δ_p。

由图 2–27 可知，节流元件入口处的静压力大于出口处的静压力，则在节流元件前后产生了静压差。节流元件前的压力高称为“正压”，常以“+”标记：节流元件后的压力低称为“负压”（注意不要与真空度混淆），常以“–”标记。节流元件前后静压差的大小与流量有关。流量越大，流束的局部收缩和动压能与静压能的转换越显著，则产生的压差也越大。我们只要测得节流元件前后的压差大小，即可得到相应流量的大小。这就是节流装置测量流量的基本原理。需要说明的是，实际测量时，要准确地测量管中心截面 1 和截面 2 处的压力 p_1' 和 p_2' 是有困难的，因为 p_2' 的位置将随流量（流速）的不同而变动，事先无法确定。因此在节流元件前后的管壁上选择两个固定取压位置 p_1、p_2 来测量节流元件前后的压差，即 $\Delta p = p_1 - p_2$，而不采用 $\Delta p = p_1' - p_2' = p_1 - p_2$。

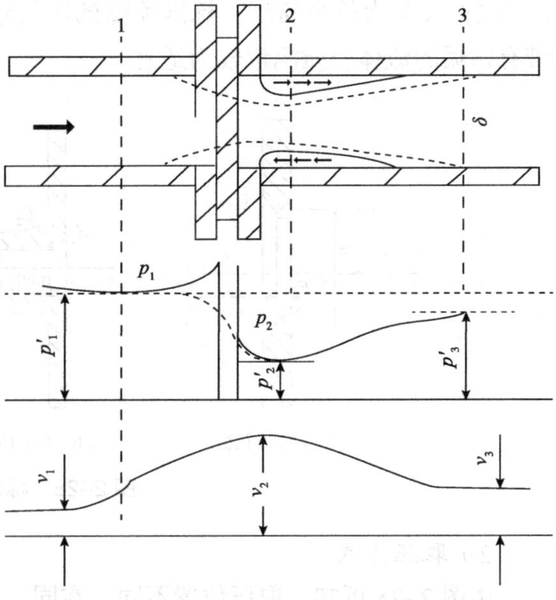

图 2–27　流体流经孔板时的压力和流速变化情况

2. 标准节流装置

1）标准节流元件

差压式流量计由于使用历史长久，已经积累了丰富的实践经验和完整的实验资料，并把最常用的节流元件如孔板、喷嘴、文丘里管等进行了标准化，称为“标准节流元件”。即它们的结构、尺寸和技术条件都有统一标准，有关计算数据都经过大量的系统实验而有统一的图表，需要时可查阅有关的手册或资料（GB/T 2624—1993）。按统一标准规定设计制造的节流元件，无须经过单独标定即可投入使用。

工业上最常用的标准节流元件是孔板，其次是喷嘴，文丘里管使用较少。

（1）标准孔板。

它是一块具有圆形开孔并与管道同心的圆片状平板。如图 2–28（a）所示，迎流方向的一侧是一个具有锐利直角入口边缘的圆柱部分，顺着流向的是一段扩大的圆锥体。

通常孔板厚度小于或等于 0.1D（D 为管道直径），但考虑到机械强度可适当加厚。用于不同管径的标准孔板，其结构形式基本上是几何相似的。孔板对流体造成的压力损失较大，而且一般只适用于洁净流体介质的测量。

（2）标准喷嘴。

它是由圆弧收缩部分和圆筒形喉部所组成。如图 2–28（b）为 ISA 1932 喷嘴、图 2–28（c）为长径喷嘴。标准喷嘴的测量精度较孔板要高，压力损失略小于孔板。对带有污垢的流体介质测量较为适宜。

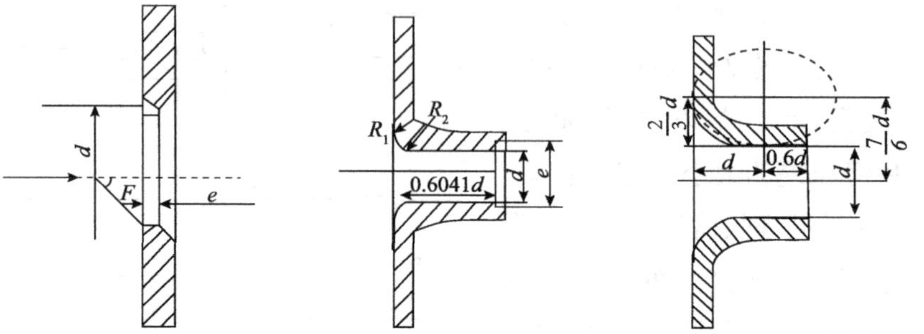

（a）标准孔板　（b）ISA 1932喷嘴　（c）长径喷嘴

图 2–28　标准节流元件

2）取压方式

由图 2–28 可知，取压位置不同，在同一节流元件、同一流量下所得到的差压大小是不同的，故流量与差压之间的关系也将随之变化。下面介绍三种取压方式。

（1）角接取压。

紧贴节流元件上、下游两侧端面取压。适用于孔板和喷嘴两种节流装置。它又分为环室取压和单独钻孔取压两种方法。

①环室取压。

它是在紧贴节流元件上、下游两侧端面有一道环形缝隙，流体产生的静压经缝隙进入一个环状空间（环室），起到一个均衡管内各个方向静压的作用，然后从该空间的引压孔取出压力进行测量。如图 2–29 上半部分所示。这种方法取压均匀，测量误差小，对直管段长度要求较短，但加工和安装复杂，一般用于 400mm 以下管径的流量测量。前后环室开孔直径 D_f 应相等，并等于管道内径，即 $D_f=D$。

②单独钻孔取压。

它是在紧靠节流元件两侧的两个夹紧环（法兰）上钻孔，直接取出压力进行测量。如图 2–29 下半部分所示，取压孔轴线应尽可能与管道轴线垂直，与节流元件上、下游端面形成的夹角允许小于或等于 3°。一般钻孔的孔径在 4~10mm。这种方法常适用于管径大于 200mm 的流量测量。

（2）法兰取压。

在距节流元件前后端面各 1 寸（25.4mm）的位置上钻孔取压，如图 2–30 所示，一般要求在法兰上钻孔取压，上、下游取压孔直径相同，应满足 $b \leqslant 0.08D$，一般为 6~18mm。取压孔轴线分别与孔板前后端面之间的距离为 $S=S'=25.4 \pm 0.8$mm，且应与管道中心线垂直。此种取压方式仅适用于孔板。

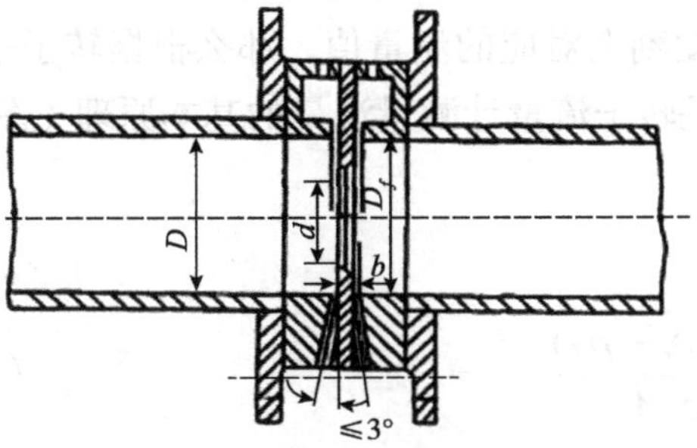

图 2–29 角接取压装置结构

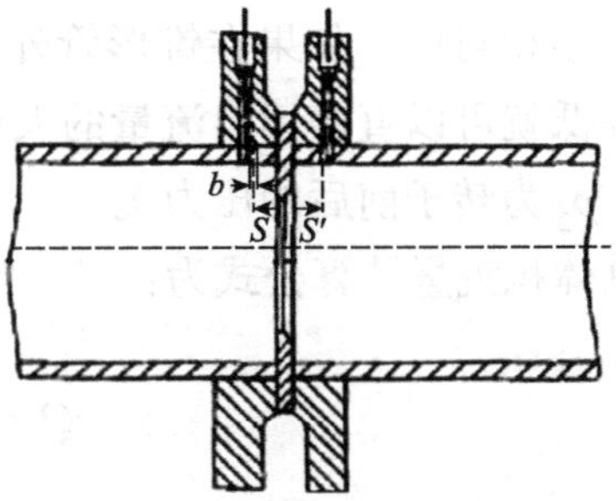

图 2–30 法兰取压装置结构

（3）径距取压（D–$D/2$ 取压）。

在距节流元件前端面上游为 D、下游为 $D/2$ 处的管道上钻孔取压。其他要求同法兰取压。可适用于孔板和喷嘴。

三 转子流量计

1. 工作原理

转子流量计与差压式流量计在工作原理上是不相同的。差压式流量计，是在节流面积（如孔板流通面积）不变的条件下，以差压变化来反映流量的大小。而转子流量计，却是以压降不变，利用节流面积的变化来测量流量的大小，即转子流量计采用的是恒压降、变节流面积的流量测量方法。

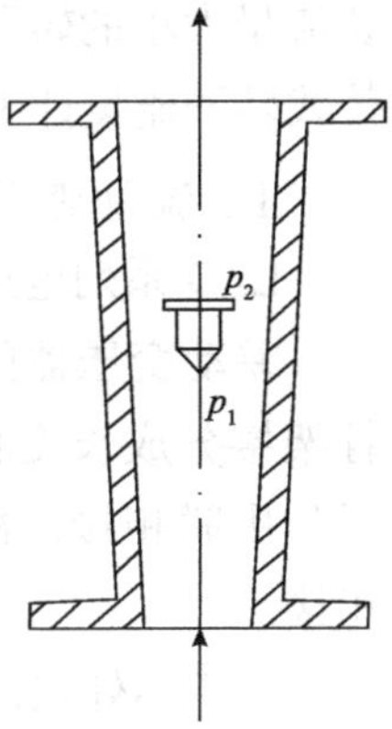

图 2–31 指示式转子流量计原理图

图 2–31 是指示式转子流量计的原理图，它基本上由两个部分组成，一个是由下往上逐渐扩大的锥形管（通常用玻璃制成，锥度为 40′~3°）；另一个是放在锥形管内可自由运动的转子。工作时，被测流体（气体或液体）由锥形管下端进入，沿着锥形管向上运动，流过转子与锥形管之间的环隙，再从锥形管上端流出。当流体流过锥形管时，位于锥形管中的转子受到向上的一个力，使转子浮起。当这个力正好等于浸没在流体里的转子重力（转子重量减去流体对转子的浮力）时，则作用在转子上的上下两个力达到平衡，此时转子

就停浮在一定的高度上。假如被测流体的流量突然由小变大时，作用在转子上的向上的力就会加大。因为转子在流体中受到的重力是不变的，即作用在转子上的向下力是不变的，所以转子就会上升。由于转子在锥形管中位置升高，造成转子与锥形管间的环隙增大，即流通面积增大。随着环隙的增大，流过此环隙的流体流速变慢，因而，流体作用在转子上的向上力也就变小。当流体作用在转子上的力再次等于转子在流体中的重力时，转子又稳定在一个新的高度上。这样，转子在锥形管中的平衡位置的高低与被测介质的流量大小相对应。如果在锥形管外，沿其高度刻上对应的流量值，那么根据转子平衡位置的高低就可以直接读出流量的大小。这就是转子流量计测量流量的基本原理（图 2-31 中 p_1、p_2 为转子前后的压力）。

其体积流量计算公式为：

$$Q=\phi h\sqrt{\frac{2gV(\rho_t-\rho_f)}{\rho_f A}} \tag{2-25}$$

式中 ϕ——仪表常数；

h——转子浮起的高度；

ρ_t——转子材料的密度；

ρ_f——被测流体的密度；

V——转子的体积；

A——转子的最大横截面积；

g——重力加速度。

2. 电远传式转子流量计

以上所讲的指示式转子流量计，只适用于就地指示。电远传式转子流量计可以将反映流量大小的转子高度 h 转换为电信号，适合于远传，进行显示或记录。LZD 系列电远传式转子流量计主要由流量变送及电动显示两部分组成。

1）流量变送

LZD 系列电远传式转子流量计是用差动变压器进行流量变送的。

差动变压器的结构与原理图如图 2-32 所示。它由铁芯、线圈以及骨架组成。线圈骨架接分成长度相等的两段，初级线圈均匀地密绕在两段骨架的内层，并使两个线圈同相串联相接；次级线圈分别均匀地密绕在两段骨架的外层，并将两个线圈反相串联相接。

当铁芯处在差动变压器两段线圈的中间位置时，初级激磁线圈激励的磁力线穿过上、下两个次级线圈的数目相同，因而每个匝数相等的次级线圈中产生的感应电势 e_1、e_2 相等。由于两个次级线圈系反相串联，所以 e_1、e_2 相互抵消，从而输出端 4、6 之间的总电势为零。即 $u=e_1-e_2=0$。

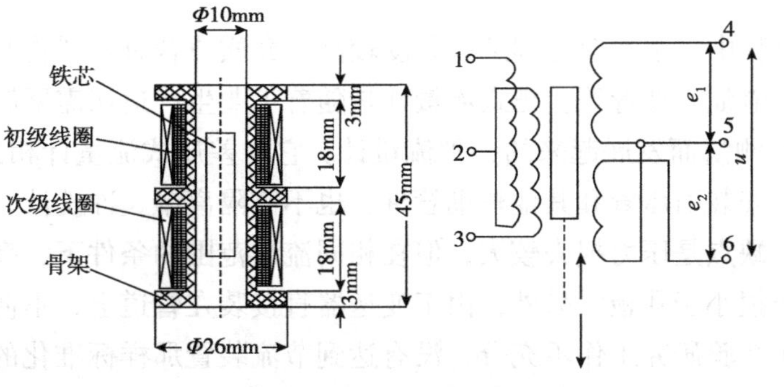

图 2-32 差动变压器的结构与原理图

当铁芯向上移动时，由于铁芯改变了两段线圈中初、次级的耦合情况，使磁力线通过上段次级线圈的数目增多，通过下段次级线圈的数目减少，因而上段次级线圈产生的感应电势比下段次级线圈产生的感应电势大，即 $e_1>e_2$，于是 4、6 两端输出的总电势 $u=e_1-e_2>0$。当铁芯向下移动时，情况与上移正好相反，即输出的总电势 $u=e_1-e_2<0$。无论哪种情况，我们都把这个输出的总电势称为不平衡电势，它的大小和相位由铁芯相对于线圈中心移动的距离和方向来决定。

若将转子流量计的转子与差动变压器的铁芯连接起来，使转子随流量变化的运动带动铁芯一起运动，那么，就可以将流量的大小转换成输出感应电势的大小，这就是电远传转子流量计的转换原理。

2）电动显示

图 2-33 是 LZD 系列电远传式转子流量计的原理图。当被测介质流量变化时，引起转子停浮的高度发生变化，转子通过连杆带动发送的差动变压器 T_1 中的铁芯上下移动。当流量增加时，铁芯向上移动，变压器 T_1 的次级绕组输出一不平衡电势，进入电子放大器。放大后的信号一方面通过可逆电机带动显示机构动作，另一方面通过凸轮带动接收的差动变压器 T_2 中的铁芯向上移动。使 T_2 的次级绕组也产生一个不平衡电势。由于 T_1、T_2 的次级绕组是反相串联的，因此由 T_2 产生的不平衡电势抵消了 T_1 产生的不平衡电势，一直到进入放大器的电压为零后，T_2 中的铁芯便停留在相应的位置上，这时显示机构的指示值便可以表示被测流量的大小了。

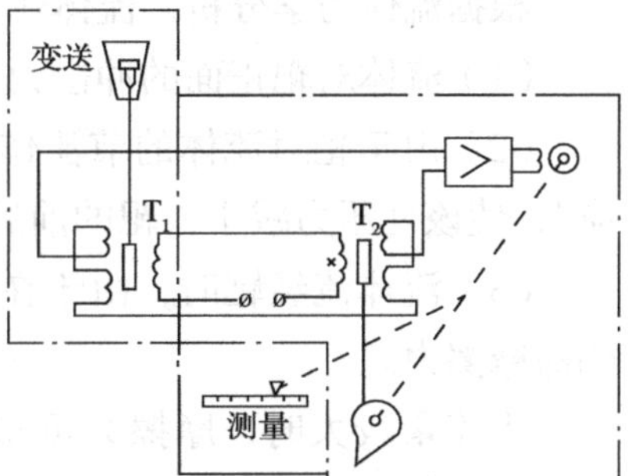

图 2-33 LZD 系列电远传式转子流量计原理图

四 靶式流量计

工业生产过程中，常常会遇到某些黏度较高的介质或含有悬浮物及颗粒介质的流量测量，如重油、渣油、沥青等。靶式流量计是随着工业生产迫切需要解决高黏度、低雷诺数流体的流量测量而发展起来的一种流量计。它与差压式流量计相比具有结构简单、安装方便、不需安装引压管和其他辅助管件，也不需隔离罐、冲洗液、保温箱，维护较为方便等优点。缺点是压力损失较大，但在相同流量范围的条件下，高黏度、低雷诺数流体的测量其压损小于孔板。另外，由于变送器直接装在管道上，不便检查流量计的零点。该仪表由于实验研究工作不充分，没有达到节流装置那样标准化的程度，但在大量实验的基础上，也可制成通用性仪表，不必对每台进行单独标定。可适用于15~200mm的管径范围内气体（液体）的流量测量，尤其可用来测量低雷诺数、含固体颗粒的浆液以及腐蚀性介质的流量。

1. 测量原理

靶式流量计是应用流体动压原理测量流量的，如图2–34所示。它是在流体经过的管道中，垂直于流动方向安装一圆盘形的钢片，称为“靶”。当流体流过时，流动质点冲击于靶上，使靶受到作用力且与流速之间存在一定的关系。因此，通过力矩转换的方式测出靶上的受力（动压），便可以求出流量。

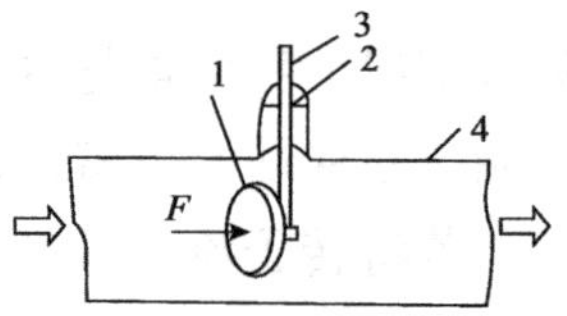

图2–34 靶式流量计示意图

1—靶；2—轴封膜片；3—主杠杆；4—测量管

根据流体力学分析，流体作用于靶上的力由三部分组成：

（1）流体对靶正面的冲击力，即流体的动压力。

（2）由于靶对流体的节流作用，在靶的背面形成“死水区”和旋涡而造成“抽吸效应”，使该处压力减小，靶的前后则产生压力差。

（3）流体流经靶时，由于在环形截面处流道缩小，流速增加，流体与靶的周边产生黏滞摩擦力。

当流量较大时，摩擦力可忽略不计，前两种力起主导作用，这两种力的方向一致，可视为对靶的共同作用力，用式（2–26）表示：

$$F=\frac{1}{2}KA_d\rho v^2 \tag{2–26}$$

式中 F——流体作用于靶上的力；

K——比例常数，与靶的形状及雷诺数有关；

A_d——垂直于流速的靶面积，$A_d=\pi d^2/4$（d为靶直径）；

ρ——流体的密度；

v——环形流通面积处的平均流速。

根据流量的定义，流过环形面积的体积流量为：

$$Q = A_0 v \tag{2-27}$$

式中　A_0——环形流通面积，$A_0 = (D^2 - d^2)\pi / 4$（D 为管道内径）。

将式（2–26）代入式（2–27），且将 A_d、A_0 代入，则可得到靶式流量计的基本方程式，即：

$$Q = K_a \frac{D_2 - d_2}{d}\sqrt{\frac{\pi}{2}}\sqrt{\frac{F}{\rho}} \tag{2-28}$$

式中　K_a——流量系数，$K_a = (1/K)^{1/2}$，由实验确定。

在工程应用中，Q 的单位为 m^3/h，D 和 d 的单位均为 mm，F 的单位为 N。经换算后，可以得到靶式流量计的实用公式，即：

$$Q = 4.512 K_a \frac{D^2 - d^2}{d}\sqrt{\frac{F}{\rho}} \tag{2-29}$$

式中，$4.512 = \sqrt{\frac{\pi}{2}} \times \frac{3600}{1000}$

由式（2–29）可知，当被测介质密度、管道内径已知，靶式流量计选定（靶径和 K_a 已定）后，作用力 F 与流量呈平方关系。只要测得靶上流体作用力 F 的大小，便可知道被测介质的流量大小。这就是靶式流量计的基本测量原理。

2. 流量计的结构

靶式流量计由测量部分和转换部分组成。不论是气动靶式流量计，还是电动靶式流量计，它的测量部分都是相同的，均由靶、测量管、主杠杆、轴封膜片组成。它的作用是将被测流量转换成作用于主杠杆上的测量力矩。

它的电动信号转换部分分为两种结构：

一种是采用应变片转换结构，其结构如图 2–35 所示。靶上所受到的流体产生的作用力 F，经杠杆、推杆使悬臂块产生微弯曲的弹性应变。

于是用特殊胶黏剂粘贴在悬臂块正面的半导体应变片 R_1 和 R_3 的电阻值由于受到拉伸应变而增大；而粘贴在背面的半导体应变片 R_2 和 R_4 的电阻值则因受到压缩应变而减小，如图 2–35（a）所示。由于 R_1、R_3 和 R_2、R_4 处于测量桥路相对桥臂的支路上（采用了全桥连接方法），如图 2–35（b）所示，从而提高了变送器的灵敏度。输出电

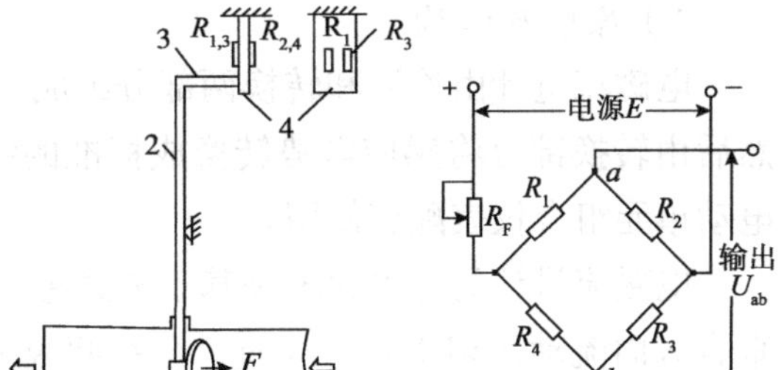

（a）原理图　　（b）测量电路

图 2–35　半导体应变片式靶式流量计

1—靶；2—杠杆；3—推杆；4—悬臂块

压信号 U_{ab} 与靶上所受到的推力 F 呈线性关系。U_{ab} 可由毫伏测量仪表显示出来，它表示了被测介质流量的大小，U_{ab} 与被测流量呈平方关系。这种变送器的特点是结构简单，但应变片的特性对变送器的性能影响很大。因为半导体应变片对温度变化的敏感性较大，所以必须采用相应的温度补偿措施。

另一种是采用电动压力变送器转换部分结构，其原理如图 2-36 所示，将主杠杆所受的测量力矩转换成直流电信号输出，其原理与电偶差压变送器的转换部分完全相同。

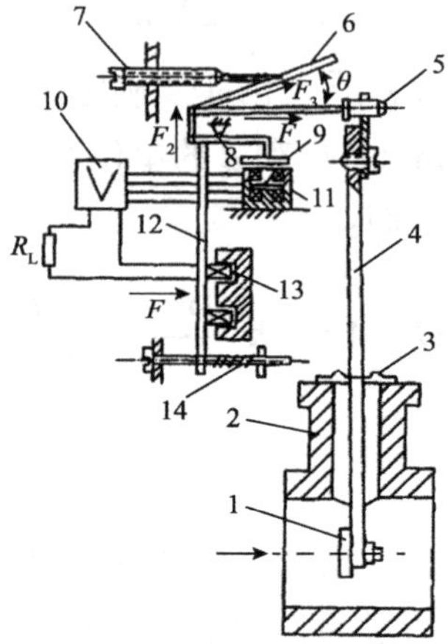

图 2-36　电动压力变送器转换部分结构

1—靶；2—基座；3—膜片；4—主杠杆；5—调整螺钉；6—矢量机构；7—量程调整螺钉；8—支点；9—检测片；10—放大器；11—差动变压器；12—副杠杆；13—反馈动圈；14—调零装置

五　其他流量计

1. 电磁流量计

电磁流量计适用于测量具有导电性的液体介质的流量。因此，常用来测量酸、碱、盐溶液以及含有固体颗粒（例如泥浆）或纤维液体的流量。

1）原理及结构

电磁流量计由检测和转换两部分组成。被测介质的流量经检测部分变换成感应电势，然后由转换部分将感应电势转换成标准的统一直流信号输出，以便进行指示、记录或与电动单元组合仪表配套使用。

电磁流量计的基本原理是基于电磁感应定律。由图 2-37 可知，导电流体在磁场中做垂直方向流动而切割磁力线时，会在两极上产生感应电势，感应电势的方向由右手定则（发电机原理）判断，大小由式（2-30）确定：

$$E_x = CBDv \tag{2-30}$$

式中　E_x——感应电势，V；

B——磁感应强度，T；

D——管道内径，即流体垂直切割磁力线的长度，m；

v——垂直于磁力线方向的液体流速，m/s；

C——比例系数，即单位换算系数。

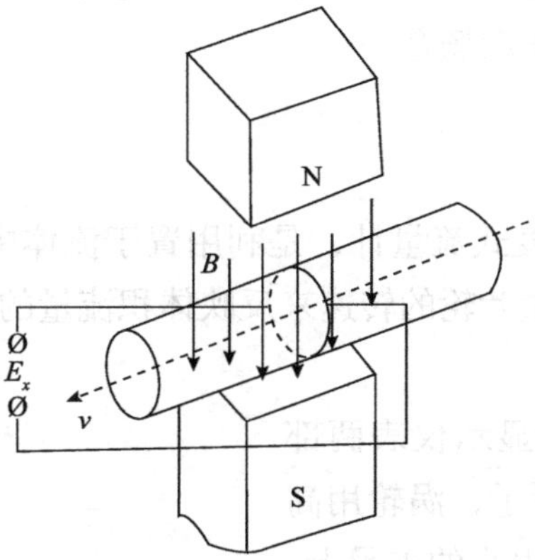

图 2–37　电磁流量计原理图

体积流量 Q（m³/s）与流速的关系为：

$$Q = D_2 v\pi / 4 \quad (2\text{–}31)$$

将式（2–31）代入式（2–30）得：

$$E_x = 4CBQ / \pi D = KQ \quad (2\text{–}32)$$

式中　K——仪表常数，取决于磁感应强度 B 和管道直径 D 的大小。

由式（2–32）可见，感应电势的大小与体积流量之间具有线性关系，因而仪表具有均匀刻度。

为了避免磁力线被测量导管的管壁短路，并使测量导管在磁场中尽可能地降低涡流损耗，测量导管应由非导磁的高阻材料（如不锈钢等）制成。

2）特点及使用

因电磁流量计的测量管内光滑无阻，所以压力损失极小。在采用防腐衬里的条件下，可以测量腐蚀性液体和含有固体颗粒及悬浮物等液体的流量。此外，其输出信号与流量之间的关系不受液体物理性质（如温度、压力、黏度、密度等）变化的影响；对流量变化反应速度快，故可用来测量脉动流量和正、反两相流；流动状态（如层流、紊流、脉动流）对示值影响很小。量程比可达 100∶1，流量计口径从几毫米至 1 米以上，精度可达 0.5 级。

电磁流量计不适宜测量气体、蒸汽以及石油制品等电导率很小的液体流量。由于感应电势的数值很小，要引入高放大倍数的放大器，由此而造成测量系统结构较复杂、成本较高，并且很容易受外界电磁场干扰的影响，在使用不当时会较大地影响仪表的精度。

使用温度 0~200℃，压力 0~6.4 MPa。

要根据被测液体的种类、性能、压力、温度和腐蚀性等选择适宜的电极和内衬。流量计最好垂直安装，使流体自下而上流过，以消除电极表面可能有的固体粒子沉淀和气泡的影响。当水平安装时，也应使一对电极处于同一水平面上。流量计的周围要避免有强磁场的干扰和影响，要求单独设置接地点，切勿连接在上、下水管道和电机、电器的公共地线上，要避开高温及振动场合。

2. 涡轮流量计

涡轮流量计也是一种速度式流量计，是利用置于流体中的叶轮的旋转角速度与流体流速成比例的关系，通过测量叶轮的转速来反映体积流量的大小。

1）原理及结构

涡轮流量计由变送器和显示仪表两部分组成。变送器如图 2-38 所示，涡轮用高导磁材料制成，置于摩擦力很小的支承上，涡轮上装有螺旋形叶片，流体作用于叶片使之转动。导流器由导向环（片）及导向座组成，使流体到达涡轮前先导直，以避免因流体的自旋而改变流体与涡轮叶片的作用角，从而保证测量精确度，并且用以支承涡轮。磁电感应转换器由感性线圈和永久磁钢组成，可用来产生与叶片转速成正比的电信号。壳体由非导磁材料制成，用以固定和保护内部零件，并与被测流体管道连接。前置放大器用以放大磁电感应转换器输出的微弱电信号，以便于进行远距离传送。

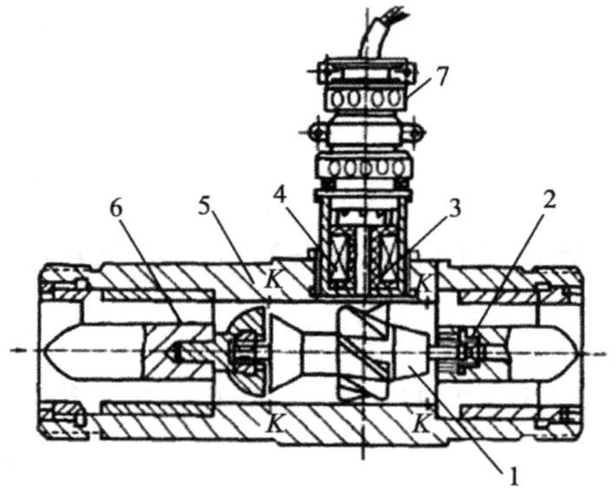

图 2-38　变送器结构

1—涡轮；2—支承；3—永久磁钢；4—感性线圈；5—壳体；6—导流器；7—前置放大器

当流体流过涡轮流量变送器时，推动涡轮转动，高导磁的涡轮叶片周期性地扫过磁钢，使磁路的磁阻发生周期性的变化，线圈中的磁通量也就跟着发生周期性的变化，使线圈中感应出交变电信号，此交变电信号的频率与涡轮的转速成正比，即与流量成正比。也就是说，流量越大，线圈中感应出的交变电信号频率 f（Hz）越高。

被测的体积流量与脉冲频率 f 之间的关系为：

$$Q = f/\xi \tag{2-33}$$

式中　ξ——流量系数，与仪表的结构、被测介质的流动状态、黏度等因素有关，在一定的范围内 ξ 为常数。

典型的涡轮流量计的特性曲线如图 2–39 所示。由图可见，涡轮开始旋转时为了克服轴承中的摩擦力矩有一最小流量，小于它时仪表无输出。当流量比较小时，即流体在叶片间是层流流动时，ξ 随流量的增加而增加。达到紊流状态后 ξ 的变化很小，其变化值在 ±0.5% 以内。另外，ξ 值将受被测介质黏度的影响，对低黏度介质 ξ 值几乎是一常数，而对高黏度介质 ξ 值随流量的变化发生很大的变化，因此涡轮流量计适于测量低黏度的紊流流体。当涡轮流量计用于测量较高黏度的流体，特别是较高黏度的低速流体时，必须用实际使用的流体对仪表进行重新标定。

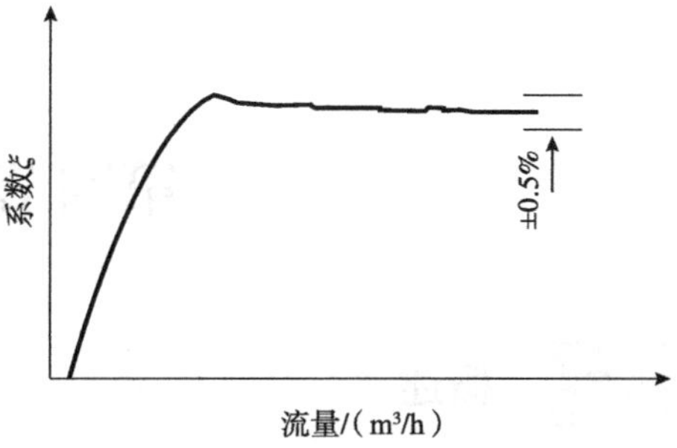

图 2–39　流量系数与流量的关系

2）特点

（1）精确度高。基本误差为 ±（0.2%~1.0%），在小范围内误差小于或等于 ±0.1%，可作为流量的准确计量仪表。

（2）反应迅速，可测脉动流量，量程比为 10∶1~ 20∶1，线性刻度。

（3）由于磁电感应转换器与叶片间不需密封和齿轮传动，因而测量精度高，可耐高压，被测介质静压可达 16 MPa。压损小，一般压强损失在（5~75）$\times 10^3$Pa 范围内，最大不超过 1.2×10^5Pa。

（4）输出为频率信号，易实现流量计算和定量控制，且抗干扰能力强。

缺点是制造困难，成本高。又因涡轮高速转动，轴承易于磨损，降低了长期运转的稳定性，缩短了使用寿命。

由于以上原因，涡轮流量计主要用于测量精确度要求高，流量变化迅速的场合，或者作为标定其他流量计的标准仪表。

3）使用注意事项

（1）要求被测流体洁净，以减少对轴承的磨损和防止涡轮被卡住，故应在变送器前加过滤装置，安装时要设旁路。

（2）变送器一般应水平安装。变送器前的直管段长度应在 10D 以上，后面为 5D 以上。

（3）可用于测量轻质油（汽油、煤油、柴油等）、低黏度的润滑油及腐蚀性不大的酸碱溶液的流量，不适用于测量黏度较高的介质流量。对于液体介质黏度应小于 5×10^{-6}m²/s。

（4）凡测量液体的涡轮流量计，在使用中切忌有高速气体引入，特别在测量易汽化的液体和液体中含有气体的场合，必须在变送器前安装消气器。这样既可避免高速气体引入而造成叶轮高速旋转，致使零部件损坏，又可避免气、液两相同时出现，从而提高测量精确度和涡轮流量计的使用寿命。当遇到管路设备检修采用高温蒸汽清扫管路时，切忌冲刷仪表，以免将其损坏。

第四节　液位检测仪表

一　概述

在石油和化工等工业生产过程中，常需要对一些设备和容器内的物位进行测量和控制，例如：气体液体间的液位高度，气体固体颗粒或粉末的料位高度，液体固体间、液体液体间的界面高度的测量等，我们统称为物位的测量。

物位测量在现代工业生产自动化中具有重要的地位，它可为保证正常的生产和掌握消耗定额，确定产品产量等技术经济管理提供可靠的依据。随着现代化工业设备规模的扩大和集中管理，特别是计算机投入运行以后，物位的测量和远传显得更为重要。

物位测量的目的：①正确测得容器中储藏物质的容量或重量；②监视容器内物位，使之保持在一定高度，对物位允许的上、下限发出报警信号；③连续监视或调节容器中流入流出物料的平衡。

例如，在某些间歇生产的情况下，测量储罐（计量罐）的液位，就可以算出物料的数量。显然，液位测量应该使用能反映整个容器液位高度的液位计——宽界液位计。在连续生产的情况下，维持某些设备（如蒸汽锅炉、蒸发器等）中液位高度的稳定，对保证生产和设备的安全则是必不可少的。比如大型锅炉的水位波动过大，一旦停水几十秒，就可能有烧干的危险。又如合成氨生产中铜洗塔塔底液位控制，如液位过高，精炼气就会带液，导致合成塔触媒中毒；反之如液位过低，则会失去液封作用，导致高压气冲入再生系统，造成严重的事故。因此，要求液位保持在某一规定值，而量程又不必很宽的液位计——狭界液位计。

由于工业生产中对液位高度的要求不一，物位仪表的种类多样，按基本工作原理，主要有下列几种类型。

1. 直读式物位仪表

利用连通器原理工作。这类仪表主要有玻璃管液位计、玻璃板液位计等。

2. 浮力式物位仪表

此类仪表是利用浮子高度随物位变化而改变或浸没于液体中的浮子的浮力随物位高度变化的原理工作的。它可分为两种：一种是维持浮力不变的恒浮力式液面计，如浮标式、浮球式；另一种是变浮力式液位计，如浮筒式液位（界位）计。

3. 静压式物位仪表

利用容器内的液位改变时，由液柱产生的静压也相应变化的原理而工作。它又可分为压力式物位仪表和差压式物位仪表。

4. 电气式物位仪表

使物位的变化转换为某些电量的变化，通过测量这些电量的变化间接地测知物位。如电阻式（电极式）、电容式和电感式物位仪表等。还有利用压磁效应工作的物位仪表。

5. 核辐射式物位仪表

利用核辐射透过物料时，物质对放射性同位素放射的射线吸收作用为基础来进行物位测量。目前应用较多的是γ射线。

6. 声波式物位仪表

利用超声波在气体、液体或固体中的衰减程度、穿透能力和辐射声阻抗等各不相同的性质进行物位测量。根据它的工作原理分为声波遮断式物位仪表、反射式物位仪表和声阻尼式物位仪表。

7. 光学式物位仪表

利用物位对光波的遮断和反射原理工作，它采用的光源，可以是普通白炽灯光或激光等。除上述外还有一些其他形式的物位仪表，这里不一一介绍，本章将着重介绍几种常用的物位计（见图 2–40）。

图 2–40　几种常用的物位计

二　浮力式液位计

应用浮力原理测量物位是利用漂浮于液面上的浮标或浸沉于液体中的浮筒对液位进行测量的。当液位变化时，前者产生相应的位移，而所受到的浮力维持不变，后者则发生浮力的变化。因此，只要检测出浮标的位移或浮筒所受到的浮力变化，就可以知道液位的高低。

1. 恒浮力法液位测量

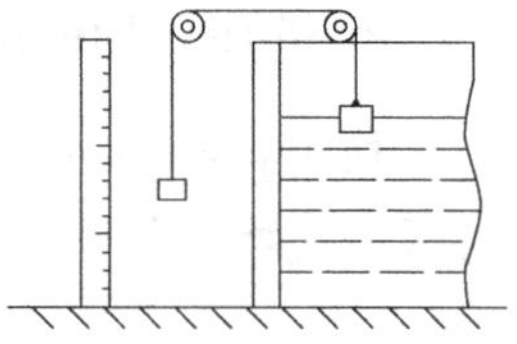

图 2–41　恒浮力法液位测量示意图

测量原理如图 2–41 所示，将浮标用绳索联结并悬挂在滑轮上，绳索的另一端挂有平衡重物，利用浮标所受重力和浮力之差与平衡重物相平衡，使浮标漂浮在液面上。如果用 F 表示浮力，W 表示浮标的重量，G 表示平衡重物的重量，则上述平衡关系的数学式可表示为：

$$W - F = G \tag{2–34}$$

当液位上升时，浮标所受的浮力 F 增加，则 $W–F<G$，使原有平衡关系破坏，浮标向上移动。但浮标向上移动的同时，浮力 F 又下降，$W–F$ 又增加，直到 $W–F$ 又重新等于 G 时，浮标将停留在新的液位上。反之亦然。

因而实现了浮标对液位的跟踪。由于式（2–34）中 W 和 G 可认为是常数，因此浮标停留在任何高度的液面上时，F 值不变，故称此法为恒浮力法。这种方法的实质是通过浮标把液位的变化转换为机械位移（线位移或角位移）的变化。上面所讲的只是一种转换方式，在实际应用中，还可采用各种各样的结构形式来实现液位—机械位移的转换。并可通过机械传动机构带动指针对液位进行就地指示，如果需要远传，还可通过电或气的转换器把机械位移转换为电的或气的信号。

2. 变浮力法液位测量

如图 2–42 所示，将一横截面相同，重量为 W 的圆筒形金属浮筒悬挂在弹簧上，浮筒的重量被弹簧力所平衡。当浮筒的一部分被液体浸没时，由于受到液体的浮力作用而使浮筒向上移动，当与弹簧力达到平衡时，浮筒才停止移动。在其平衡时存在着如下关系：

$$CX = W - Ah\rho g \tag{2–35}$$

式中　C——弹簧刚度；

X——弹簧压缩的位移；

A——浮筒的截面积；

h——浮筒被液体浸没的深度；

ρ——液体的密度；

g——重力加速度。

当液位变化时，由于浮筒所受的浮力发生变化，浮筒的位置也发生变化，例如液位升高 Δh，则浮筒要向上移动 ΔX，此时平衡关系为：

$$C(X - \Delta X) = W - A(h + \Delta h - \Delta X)\rho g \tag{2–36}$$

将上述二式相减便得到：

$$C\Delta X = A\rho g(\Delta h - \Delta X) \tag{2–37}$$

$$\Delta h = (1 + \frac{C}{A\rho g})\Delta X = K\Delta X \tag{2-38}$$

由式（2-38）可知，浮筒产生的位移 ΔX 与液位变化 Δh 成比例。如果在浮筒的连杆上安装一铁芯（见图 2-42），通过差动变压器便可输出相应的电信号，指示出液位的数值。

综上所述可知，变浮力法测量液位是通过检测元件把液位的变化转换为力的变化，然后再把力的变化转换为机械位移（线位移或角位移），并通过转换器把机械位移转换为电或气的信号，以便进行远传和显示。

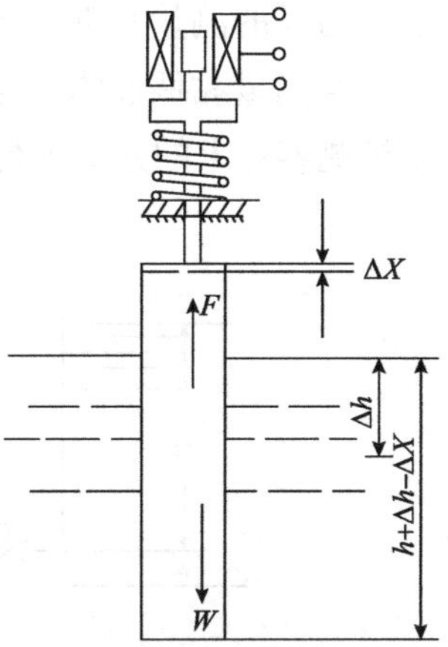

图 2-42 变浮力法液位测量示意图

3. 静压法液位测量

这种方法是通过测液柱静压的方法对液位进行测量的。其原理如图 2-43 所示，p_A 为密闭容器中 A 点的静压（气相压力），p_B 为 B 点的静压，H 为液柱高度，ρ 为液体密度，根据流体静力学原理可知，A、B 两点的压差为：

$$\Delta p = p_B - p_A = H\rho g \tag{2-39}$$

如果为敞开容器，则 p_A 为大气压，因此式（2-39）可变为：

$$p = p_B - p_A = H\rho g \tag{2-40}$$

式中　p——B 点的压力。

在测量中，如果 ρ 为常数，则在密闭容器中 A、B 两点的压差与液位高度 H 成正比；而在敞口容器中则 p 与 H 成正比；也就是说测出 p 或 Δp 就可以知道敞口容器或密闭容器中液位高度。因此，凡是能够测量压力或差压的仪表，只要量程合适，皆可测量液位。

同时，根据上述原理还可以直接求出容器内储存液体的重量。因为式（2-39）、式（2-40）中 p 或 Δp 代表了单位面积上一段高为 H 的液柱所具有的重量。所以，测出 p 或 Δp 也就可以知道敞口容器或密闭容器中单位面积上的液体重量，再乘以容器的截面积，就可以得到容器中全部液体的重量了。这种方法可以大大减小温度、容器内垂直方向上温度场的变化对测量的影响。

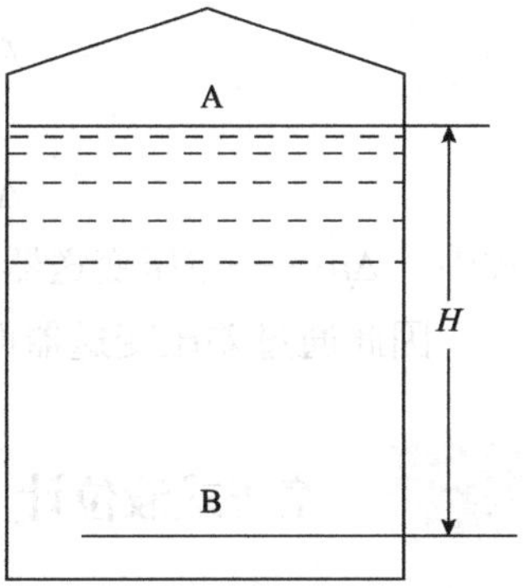

图 2-43 静压法液位测量原理

1）测量敞口容器液位

利用测压仪表进行测量。如图 2-44 所示，测压仪表通过取压导管与容器底部相连，由测压仪表的指示值便可以知道液位高度。如果需要将信号远传，也可以采用压力、差压变送器进行检测并发送信号。

必须指出，只有测压仪表的测压基准点与最低液位一致时，上述关系才能成立，如果压力表的测量基准点与最低液位不一致时，必须减去相应高度的一段液柱差。

当测量黏稠液体、易结晶液体时，由于引压导管易堵塞，可以采用把测压元件直接装于被测容器上的方法进行测量。图 2–45 所示的是用法兰式压力变送器测量液位的方法。

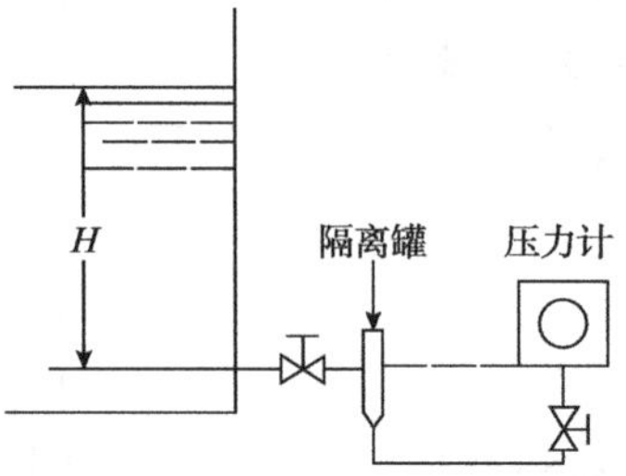

图 2–44　压力表测量液位的原理图

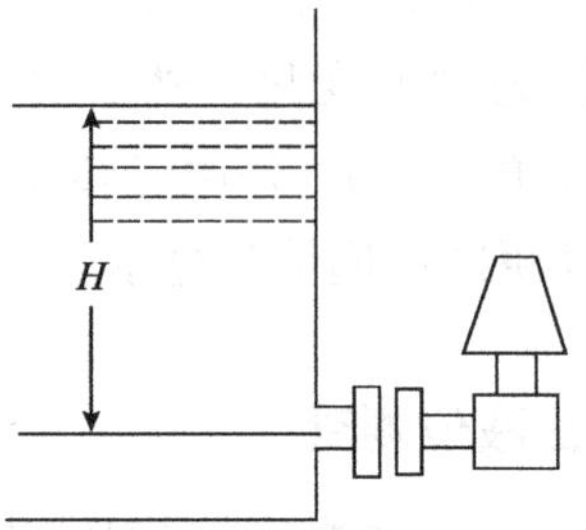

图 2–45　法兰式压力变送器测量

2）测量密闭容器液位

由测量原理可知，在密闭容器中，差压 Δp 与液位高度的关系为 $\Delta p=p_B-p_A=H\rho g$。那么，凡是能够测量差压的仪表都可以用于密闭容器液位的测量。而在实际生产中，应用最多的是电动或气动差压变送器。

利用差压变送器测量密闭容器液位如图 2–46 所示。

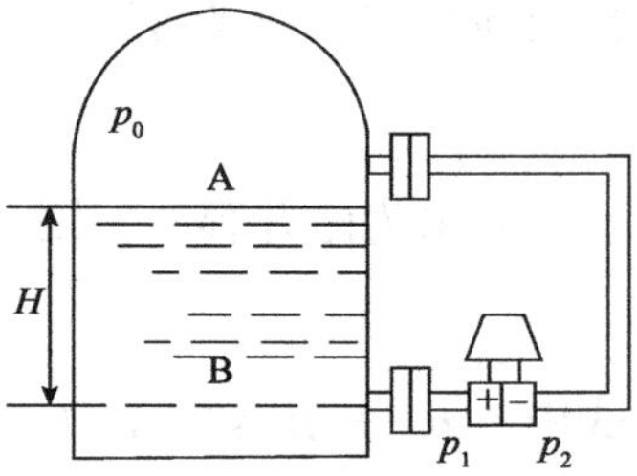

图 2–46　用差压变送器测量密闭容器液位

由连通器的压力平衡原理可得出：

$$p_+=p_B=H\rho g+p_0 \quad (2\text{–}41)$$

$$p_-=p_A=p_0 \quad (2\text{–}42)$$

$$\Delta p=p_B-p_A=H\rho g \quad (2\text{–}43)$$

式中　Δp——差压变送器接收的差压信号，Δp 与 H 成正比。

因此通过差压变送器即能测出密闭容器内 H 的数值。

三　差压式液位计

1. 工作原理

差压式液位计，是利用容器内的液位改变时，由液柱产生的静压也相应变化的原理而工作的，如图 2–47 所示。

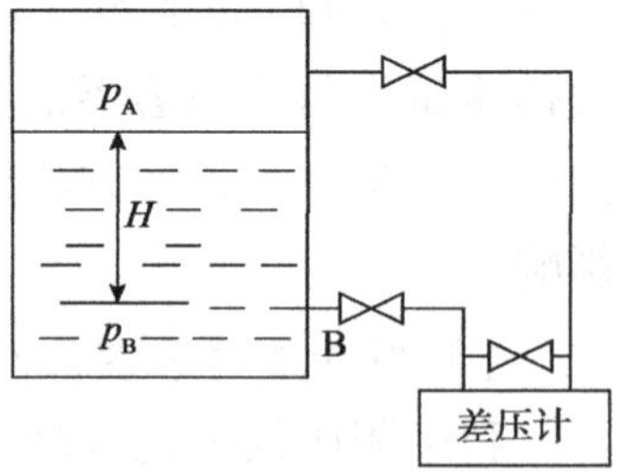

图 2–47　差压式液位计原理图

当差压计的一端接液相，另一端接气相时，根据流体静力学原理，可知：

$$p_B=p_A+H\rho g \quad (2\text{–}44)$$

式中　p_A、p_B——气相压力和 B 处压力；

　　H——液位高度；

　　ρ——介质密度；

　　g——重力加速度。

由式（2–44）得到：

$$\Delta p = p_B - p_A = H\rho g \quad (2\text{–}45)$$

通常，被测介质的密度是已知的。因此，差压计得到的差压与液位高度 H 成正比。这样就把测量液位高度的问题转换为测量差压的问题了。

当用差压式液位计来测量液位时，若被测容器是敞口的，气相压力为大气压，则差压计的负压室通大气就可以了，这时也可以用压力计来直接测量液位的高低。若容器是受压的，则需将差压计的负压室与容器的气相相连接。以平衡气相压力 p_A 的静压作用。

2. 零点迁移问题

在使用差压变送器或差压式液位计来测量液位的高低时，一般来说，其压差 Δp 与液位高度 H 之间有如下关系：

$$\Delta p = H\rho g \quad (2\text{–}46)$$

这就属于一般的“无迁移”情况。当 H=0 时，作用在正、负压室的压力是相等的。

但在实际应用中，往往 H 与 Δp 之间的对应关系不那么简单。如图 2–48 所示，为防止容器内液体和气体进入变送器而造成管线堵塞或腐蚀，并保持负压室的液柱高度恒定，在变送器正、负压室与取压点之间分别装有隔离罐，并充以隔离液。若被测介质密度为 ρ_1，隔离液密度为 ρ_2（通常 $\rho_2>\rho_1$），这时正、负压室的压力分别为：

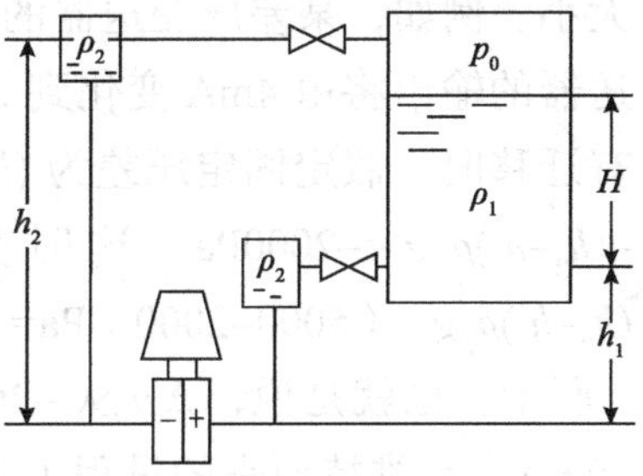

图 2–48　负迁移示意图

$$p_1 = h_1\rho_2 g + H\rho_1 g + p_0$$

$$p_2 = h_2\rho_2 g + p_0 \quad (2\text{–}47)$$

正、负压室间的压差为：

$$p_1 - p_2 = H\rho_1 g + h_1\rho_2 g - h_2\rho_2 g \quad (2\text{–}48)$$

即：

$$\Delta p = H\rho_1 g - (h_2 - h_1)\rho_2 g \quad (2\text{–}49)$$

式中　Δp——变送器正、负压室的压差；

H——被测液位的高度；

h_1——正压室隔离罐液位到变送器的高度；

h_2——负压室隔离罐液位到变送器的高度。

通过式（2-49）可知，压差减少了 $(h_2-h_1)\rho_2 g$ 一项，也就是说，当 H=0 时，$\Delta p=-(h_2-h_1)\rho_2 g$，对比无迁移情况，相当于在负压室多了一项压力，其固定数值为 $(h_2-h_1)\rho_2 g$。假定我们采用的是 DDZ-Ⅲ型差压变送器，其输出范围为 4~20mA 的电流信号。在无迁移时，H=0、Δp=0，这时变送器的输出 I_0=4mA；在 $H=H_{max}$、$\Delta p=\Delta p_{max}$ 时变送器的输出 I_0=20mA。但是有迁移时，根据式（2-49），由于固定差压的存在，当 H=0 时，变送器的输入小于 0，其输出必定小于 4mA；当 $H=H_{max}$ 时，变送器的输入小于 Δp_{max}，其输出必定小于 20mA。为了使仪表的输出能正确反映出液位的数值，亦即使液位的零值与满量程能与变送器的输出上、下限值相对应，必须设法抵消固定差压 $(h_2-h_1)\rho_2 g$ 的作用，使得当 H=0 时，变送器的输出仍然回到 4mA，而当 $H=H_{max}$ 时，变送器的输出能为 20mA。采用的方法一般是在仪表上加一弹簧装置，以抵消固定差压 $(h_2-h_1)\rho_2 g$ 的作用，我们称这种方法为“迁移”，用来进行迁移的弹簧称为迁移弹簧。

这里迁移弹簧的作用是改变变送器的零点。迁移和调零都是使变送器输出的起始值与被测量起始点相对应，只不过零点调整量通常较小，而零点迁移量则比较大。

迁移同时改变了测量范围的上、下限，相当于测量范围的平移，它不改变量程的大小。例如，某差压变送器的测量范围为 0~5000Pa，当压差由 0 变化到 5000Pa 时，变送器的输出将由 4mA 变化到 20mA，这是无迁移的情况，如图 2-49 中曲线 a 所示。当有迁移时，假定固定压差为 $(h_2-h_1)\rho_2 g$=2000Pa，那么 H=0 时，根据式（2-49）有 $\Delta p=-(h_2-h_1)\rho_2 g$=-2000Pa，这时变送器的输出应为 4mA；$H$ 为最大时，$\Delta p=H\rho_1 g-(h_2-h_1)\rho_2 g$ =（5000-2000）Pa= 3000Pa，这时变送器输出应为 20mA，如图 2-49 中曲线 b 所示。也就是说，Δp 从 -2000Pa 到 3000Pa 变化时，变送器的输出应从 4mA 变化到 20mA。它维持原来的量程（5000Pa）大小不变，只是向负方向迁移了一个固定压差值［$(h_2-h_1)\rho_2 g$= 2000Pa］。这种情况我们称为负迁移。

由于工作条件的不同，有时会出现正迁移的情况，如图 2-50 所示，由于变送器的安装位置比容器低 h，如果 p_0=0，经过分析可以知道，当 H=0 时，正压室多了一项附加压力 $h\rho g$，或者说，H=0 时，$\Delta p=h\rho g$，这时变送器输出应为 4mA，画出此时变送器输出和输入压差之间的关系，如图 2-49 中曲线 c 所示。

在差压变送器的规格中，一般都注有是否带正、负迁移装置。型号后面加“A”的为正迁移；加“B”的为负迁移。必须根据现场要求正确选用。

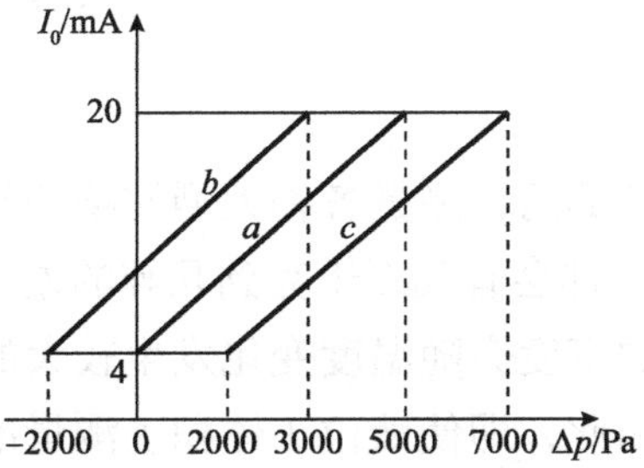

图 2-49 正、负迁移示意图

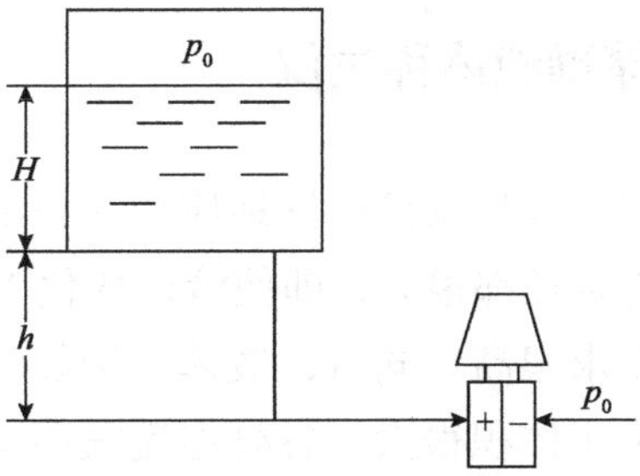

图 2-50 正迁移示意图

3. 用法兰式差压变送器测量液位

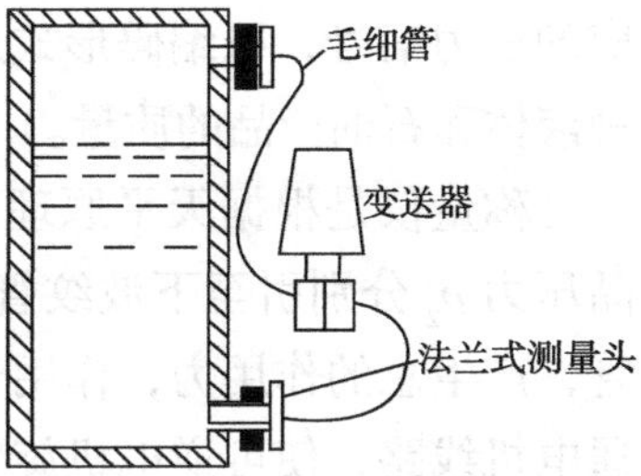

图 2-51 法兰式差压变送器测量液位示意图

为了解决测量具有腐蚀性或含有结晶颗粒以及黏度大、易凝固等液体液位时引压管线被腐蚀或被堵的问题，现在专门生产了法兰式差压变送器。变送器的法兰直接与容器上的法兰相连接，如图 2-51 所示。作为敏感元件的测量头（金属膜盒），经毛细管与变送器的测量室相通。在膜盒、毛细管和测量室所组成的封闭系统内充有硅油，作为传压介质，并使被测介质不进入毛细管与变送器，以免堵塞或腐蚀。法兰式差压变送器的测量部分及气动转换部分的动作原理与差压变送器相同。

法兰式差压变送器按其结构形式又可分为单法兰式与双法兰式两种，法兰的构造又有平法兰和插入式法兰两种，其结构分别如图 2-52、图 2-53 所示。

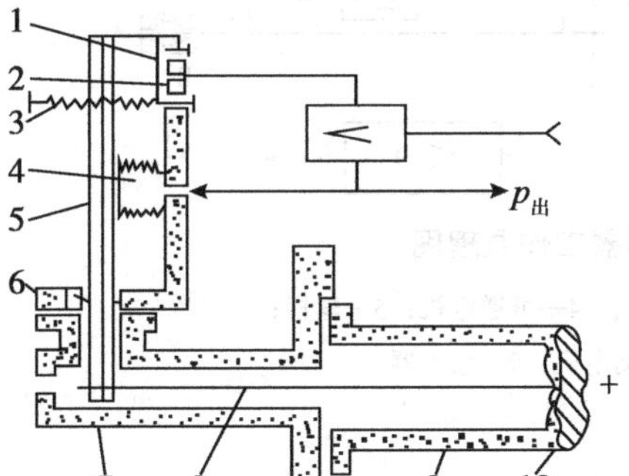

图 2-52 单法兰式差压变送器

1—挡板；2—喷嘴；3—弹簧；4—反馈波纹管；5—主杠杆；6—密封片；7—壳体；8—连杆；9—插入筒；10—膜盒

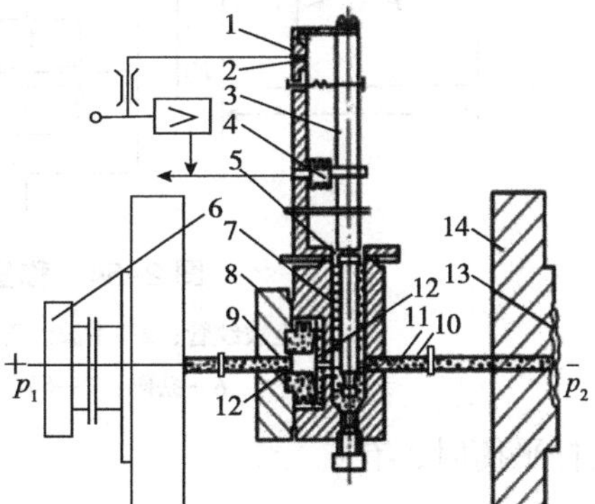

图 2-53 双法兰式差压变送器

1—挡板；2—喷嘴；3—弹簧；4—反馈波纹管；5—密封片；6—插入式法兰；7—负压室；8—测量波纹管；9—正压室；10—硅油；11—毛细管；12—密封环；13—膜片；14—平法兰

四 储罐液体称量仪

储罐液体称量仪被广泛地应用在石油、化工部门，测量各种大型储罐的储量。储罐由于高度与直径都很大，即使液位变化 1~2mm，都会有几百千克到几吨的差别，所以液位的测量要求很高。同时，液体（例如油品）的密度会随温度变化发生较大的变化，而大型容器由于体积很大，各处温度很不均匀。因此，即使液位（体积）测量准确，也难以反映罐中真实的质量储量。利用称量仪就能很好地进行测量。

称量仪是由传感器和数字显示仪表组成。它的基本原理是利用测量压力或压差的方法对罐内液体的质量进行计量。传感器完成称量罐内单位面积上液体的质量并转换成相应的压力信号，以编码形式送至数字显示仪表进行显示。称量仪可用于计量储罐内的各种液体和石油产品的质量。

称量仪是根据天平原理设计的，其原理如图 2-54 所示。罐顶气相压力 p_1 与罐底油品压力 p_2 分别引至下波纹管和上波纹管，两波纹管的有效面积 A_1 相等，差压引入波纹管，产生总的作用力，作用于杠杆系统，使杠杆失去平衡，于是通过发讯器、放大器接通电机线路，使可逆电机旋转，并通过丝杠带动砝码直至由砝码作用于杠杆的力矩与测量力（由差压引起）作用于杠杆的力矩平衡时，电机才停止转动。下面我们推导在杠杆系统平衡时砝码离支点的距离 L_2 与液罐中总的质量与储量之间的关系。

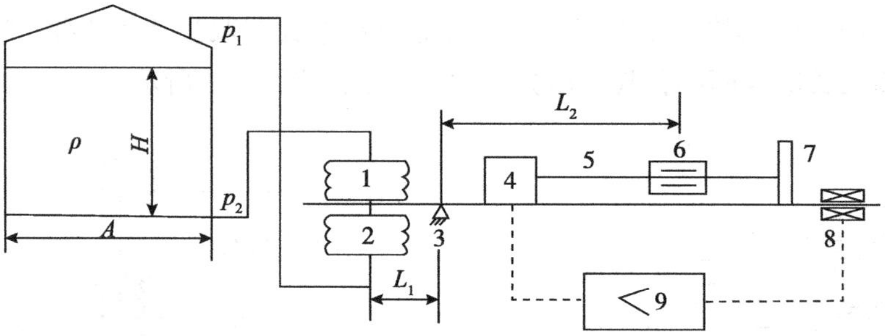

图 2-54 称量仪传感器工作原理图

1—上波纹管；2—下波纹管；3—支点；4—可逆电机；5—丝杠；
6—砝码；7—码盘；8—差动电机；9—放大器

杠杆平衡时，有：

$$(p_2 - p_1)A_1L_1 = MgL_2 \tag{2-50}$$

式中 M——砝码质量；

g——重力加速度；

L_1、L_2——杠杆臂长；

A_1——波纹管有效面积。

由于：

$$p_2 - p_1 = H\rho g \tag{2-51}$$

代入式（2–50）就有：

$$L_2 = \frac{A_1 L_1}{M}\rho H = K\rho H \tag{2-52}$$

式中　ρ——被测介质密度；

K——仪表常数。

如果液罐是均匀截面，其截面积为 A，于是液罐内总的液体储量 M_0 为：

$$M_0 = \rho HA \tag{2-53}$$

即：

$$\rho H = \frac{M_0}{A} \tag{2-54}$$

将式（2–54）代入式（2–52），得：

$$L_2 = \frac{K}{A}M_0 \tag{2-55}$$

因此，砝码和支点的距离 L_2 与液罐单位面积储量成正比。如果液罐的横截面积 A 为常数，则可得：

$$L_2 = K_i M_0 \tag{2-56}$$

其中，

$$K_i = \frac{K}{A} = \frac{A_1 L_1}{AM} \tag{2-57}$$

由此可见，L_2 与液罐内介质的总储量成正比，而与介质的密度无关。L_2 是砝码移动的距离，它相当于仪表的读数。这种测量测得的完全是介质的质量，这就避免了重力加速度的影响，仪表在不同地区也不需加以修正。

称量仪传感器的结构及动作原理如图 2–54 所示。整个杠杆系统以十字簧片组为支点，以可逆电机、码盘、丝杠和砝码等组成位于支点一端的刚性体，称为重力平衡系统，支点的另一端为固定在波纹管架上的上、下波纹管。

在工作时，罐底处的静压由液位高度决定，当液位变化时，引起 p_2 压力变化，使杠杆系统失去平衡，从而使位于杠杆系统末端的衔铁偏离差动发讯器的平衡点，差动发讯器输出不平衡电势，经交流放大器放大后驱动可逆电机，使它带动丝杠转动，砝码凭借丝杠的转动沿轴向移动，致使杠杆系统重新平衡，衔铁又回到差动发讯器的平衡点，使差动发讯器输出为零，可逆电机停转。由于砝码的移动是由丝杠带动的，因此平衡砝码移动的距离 L_2 正比于丝杠转过的角度，此转角又通过齿轮传动使码盘转动，所以 L_2 也就与码盘转角成比例。又由于 L_2 正比于油罐内单位面积上液体的质量，故码盘的转角也就和单位面积上液体的质量有一一对应关系。码盘发出的编码信号送到显示部分，经过译码器就可用数字显示出罐内单位面积上液体的质量。

五　其他液位计

1. 电容式物位计

1）测量原理

在平行板电容器之间，充以不同介质时，电容量的大小也会有所不同。因此，可通过测量电容量的变化来检测液位、料位和两种不同液体的分界面。

如图 2–55 是由两同轴圆柱极板组成的电容器，在两圆筒间充以介电常数为 ε 的介质时，则两圆筒间的电容量表达式为：

$$C=\frac{2\pi\varepsilon L}{\ln\frac{D}{d}} \tag{2–58}$$

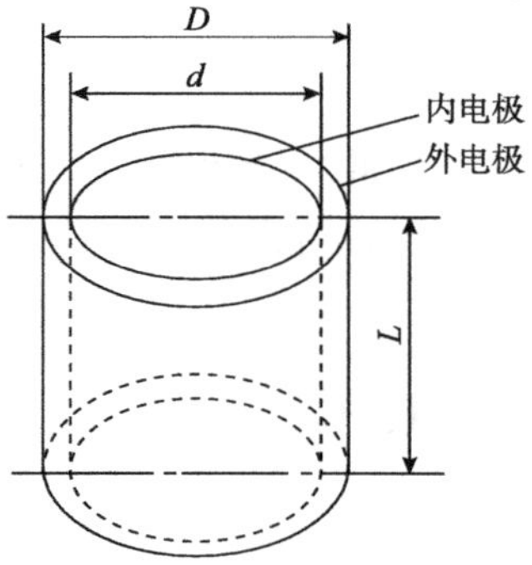

图 2–55　电容器的组成

式中　　L——两极板相互遮盖部分的长度；

d，D——圆筒形内电极的外径和外电极的内径；

ε——中间介质的介电常数。

所以，当 D 和 d 一定时，电容量 C 的大小与极板的长度 L 和介质的介电常数 ε 的乘积成比例。这样，将电容传感器（探头）插入被测物料中，电极浸入物料中的深度随物位高低变化，必然引起其电容量的变化，从而可检测出物位。

2）液位的检测

测量非导电介质液位的电容式液位计原理如图 2–56 所示。它由内电极和一个与它相绝缘的同轴金属套筒做的外电极所组成，外电极上开很多小孔，使介质能流进电极之间，内外电极用绝缘套绝缘。当液位为零时，仪表调整零点（或在某一起始液位调零也可以），其零点的电容为：

$$C_0=\frac{2\pi\varepsilon_0 L}{\ln\frac{D}{d}} \tag{2–59}$$

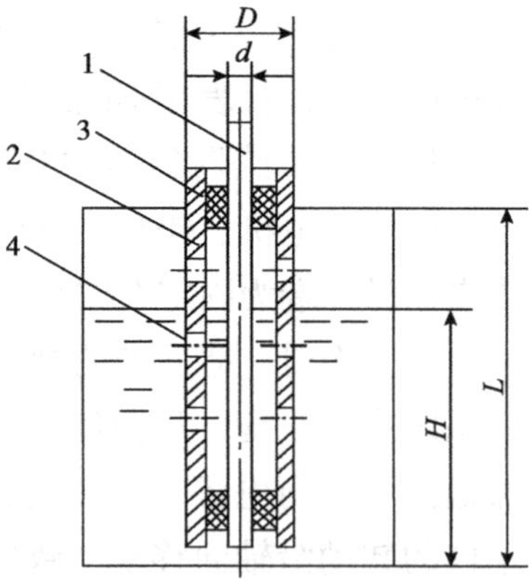

图 2–56　非导电介质的液位测量

1—内电极；2—外电极；3—绝缘套；4—流通小孔

式中　　ε_0——空气介电常数。

D，d——外电极的内径和内电极的外径。

当液位上升为 H 时，电容量变为：

$$C = \frac{2\pi\varepsilon H}{\ln\frac{D}{d}} + \frac{2\pi\varepsilon_0(L-H)}{\ln\frac{D}{d}} \tag{2-60}$$

电容量的变化为：

$$C_x = C - C_0 = \frac{2\pi(\varepsilon-\varepsilon_0)H}{\ln\frac{D}{d}} = K_i H \tag{2-61}$$

因此，电容量的变化 C_x 与液位高度 H 成正比。式（2-61）中 K_i 为仪表灵敏度，K_i 中包含（$\varepsilon-\varepsilon_0$），也就是说，这个方法是利用被测介质介电常数 ε 与空气介电常数 ε_0 不等的原理工作的。（$\varepsilon-\varepsilon_0$）值越大，仪表越灵敏。$\frac{D}{d}$ 实际上与电容两极间的距离有关，D 与 d 越接近，即两极间距离越小，仪表灵敏度越高。

上述电容式液位计在结构上稍加改变以后，也可以用来测量导电介质的液位。

3）料位的检测

用电容法可以测量固体块状、颗粒体及粉料的料位。

由于固体摩擦较大，容易“滞留”，所以一般不用双电极式电极。可用电极棒及容器壁组成电容器的两极来测量非导电固体料位。

如图 2-57 为用金属电极棒插入容器来测量料位，它的电容量变化与料位升降的关系为：

$$C_x = \frac{2\pi(\varepsilon-\varepsilon_0)H}{\ln\frac{D}{d}} \tag{2-62}$$

式中 D，d——容器的内径和电极的外径；

ε，ε_0——物料和空气的介电常数。

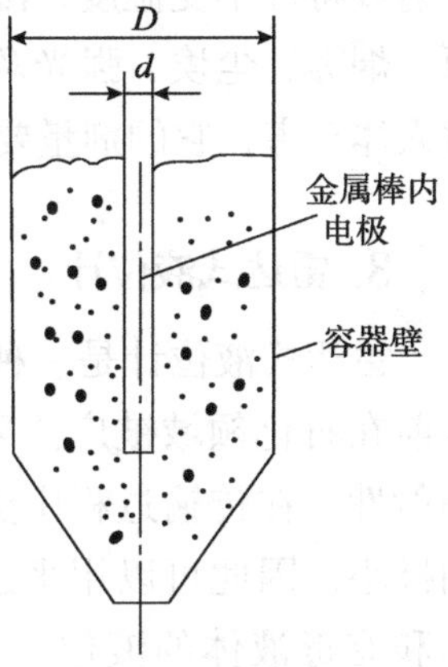

图 2-57 料位检测

电容物位计的传感部分结构简单、使用方便。但由于电容量变化不大，要精确测量，只有借助于较复杂的电子线路才能实现。此外，还应注意介质浓度、温度变化时，其介电常数也要发生变化这一情况，以便及时调整仪表，达到预想的测量目的。

2. 核辐射物位计

放射性同位素的辐射线射入一定厚度的介质时，一部分粒子因克服阻力与碰撞动能消耗被吸收，另一部分粒子则透过介质。射线的透射强度随着通过介质层厚度的增加而减弱。入射强度为 I_0 的放射源，随介质厚度而呈指数规律衰减，即：

$$I = I_0 e^{-\mu H} \tag{2-63}$$

式中 μ——介质对放射线的吸收系数；

H——介质层的厚度；

I——穿过介质后的射线强度。

不同介质吸收射线的能力是不一样的，一般说来，固体吸收能力最强，液体次之，气体则最弱。当放射源已经选定，被测的介质不变时，则 I_0 与 μ 都是常数，根据式（2-63），只要测定通过介质后的射线强度 I，介质层的厚度 H 就知道了。介质层的厚度在这里指的是液位和料位的高度，这就是放射线检测物位法。

如图 2-58 是核辐射物位计的原理示意图。辐射源射出强度为 I_0 的射线，接收器用来检测透过介质后的射线强度 I，再配以显示仪表就可以指示物位的高低了。

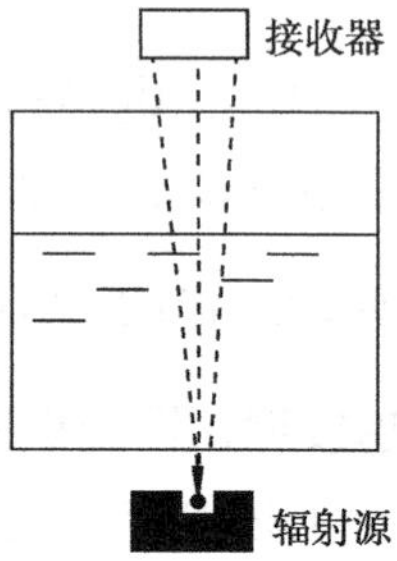

图 2-58　核辐射物位计原理示意图

这种物位仪表由于核辐射线的突出特点，即能够透过如钢板等各种固体物质，因而能够完全不接触被测物质，适用于高温、高压容器、强腐蚀、剧毒、有爆炸性、黏滞性、易结晶或沸腾状态的介质的物位测量，还可以测量高温熔融金属的液位。由于核辐射线特性不受温度、湿度、压力、电磁场等影响，所以可在高温、烟雾、尘埃、强光及强电磁场等环境下工作。但由于放射线对人体有害，它的剂量要加以严格控制，所以使用范围受到一些限制。

3. 雷达式液位计

雷达式液位计是一种采用微波技术的液位检测仪表，当前在石化领域被广泛采用。由于微波具有良好的定向辐射性，在传输过程中受火焰、灰尘、烟雾及强光的影响极小，因此可以用来连续测量腐蚀性液体、高黏度液体和有毒液体的液位。它没有可动部件、不接触介质，没有测量盲区，而且测量精度几乎不受被测介质的温度、压力、相对介电常数的影响，在易燃易爆等恶劣工况下仍能应用。

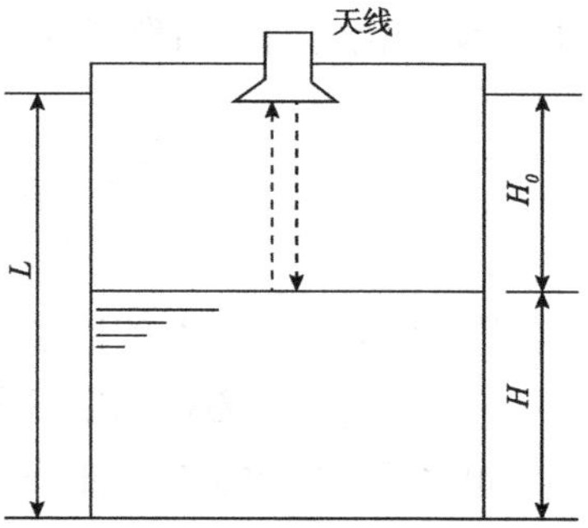

图 2-59　雷达式液位计基本原理示意图

雷达式液位计的基本原理示意如图 2-59 所示。雷达波由天线发出，抵达液面后被反射，被同一天线所接收。雷达波由天线发出到接收到由液面来的反射波的时间 t 由式（2-64）确定。

$$t=\frac{2H_0}{c} \tag{2-64}$$

式中　t——雷达波由发射到接收的时间差；

H_0——天线到被测介质液面间的距离；

c——电磁波传播速度，300000km/s。

由于：

$$H = L - H_0 \tag{2-65}$$

故：

$$H = L - \frac{c}{2}t \tag{2-66}$$

式中 H——液面高度；

L——天线距罐底高度。

由式（2-66）可以看出，只要测得时间 t，就可以计算出液位的高度 H。

由于电磁波的传播速度很快，故要精确地测量雷达波的往返时间是比较困难的，目前，雷达探测器对时间的测量有微波脉冲法及连续波调频法两种方式，图 2-60 是微波脉冲法的原理示意图。

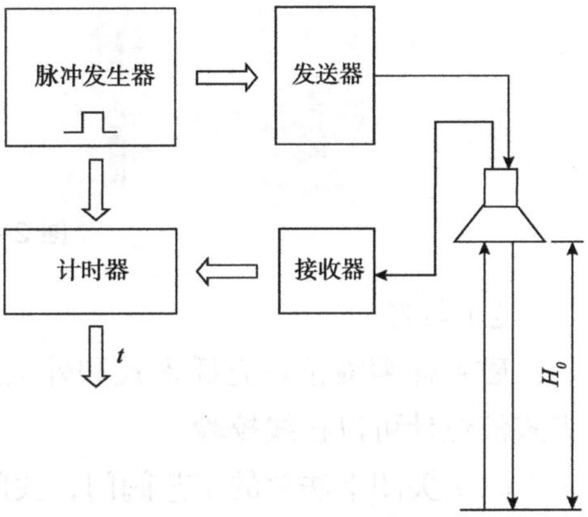

图 2-60 微波脉冲法原理示意图

脉冲发生器生成一系列脉冲信号，由发送器送至天线发出，到达液面并由液面反射后由接收器接收。计时器收到由脉冲发生器和信号接收器发送来的脉冲信号后，要直接计算它们的时间差往往达不到所要求的精确程度。微波脉冲法通常采用合成脉冲波的方法，即先对发射波和反射波进行合成，得到合成脉冲雷达波，然后通过测量发射波和反射波的频率差，来间接计算脉冲波的往返时间 t，这样就可以计算出被测的液位高度 H。

雷达式液位计在使用时，若被测介质的相对介电常数比较小，会在液面处产生反射和折射，因而液面有效的反射信号强度被衰减，严重时会导致雷达式液位计无法正常工作。为避免上述情况的发生，当被测介质的相对介电常数低于产品所要求的最小值时，应该使用导波管提高反射回波的能量，以确保测量的准确度。同时，导波管还可以消除由于容器的形状而导致多重回波所产生的干扰影响。因此，在测量浮顶罐和球罐的液位时，一般使用导波管。

4. 磁致伸缩液位计

1）*原理*

磁致伸缩液位计（见图 2-61）的传感器工作时，传感器的电路部分将在波导丝上激励出脉冲电流，该电流沿波导丝传播时会在波导丝的周围产生脉冲电流磁场。在磁致伸缩液位计的传感器测杆外配有一浮子，此浮子可以沿测杆随液位的变化而上下移动。在浮子内部有一组永久磁环。当脉冲电流磁场与浮子产生的磁环磁场相遇时，浮子周围的磁场发生改变，从而使由磁致伸缩材料制成的波导丝在浮子所在的位置产生一个扭转波脉冲，这个脉冲以固定的速度沿波导丝传回并由检出机构检出。通过测量脉冲电流与扭转波的时间差可以精确地确定浮子所在的位置，即液面的位置。

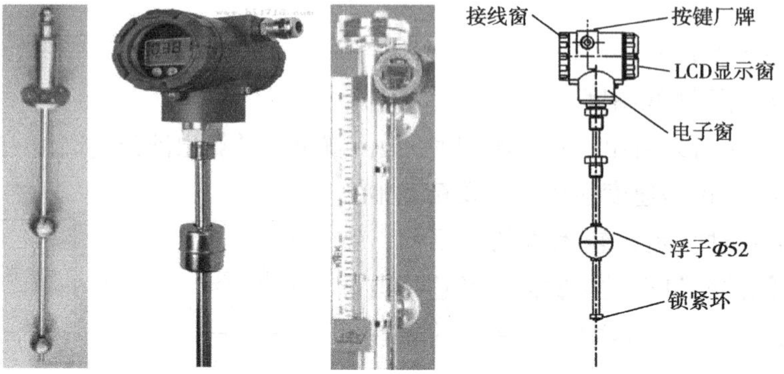

图 2-61　磁致伸缩液位计

2）校验

磁致伸缩液位计有插入式和外夹式两种。对于插入式液位计校验只能离线校验，外夹式液位计可以在线校验。

（1）关闭下法兰的工艺阀门，关闭上法兰的工艺阀门。

（2）放空液位计中的介质，使用手操器校准零点。

（3）打开液位计顶部的放气阀门，朝内部灌入水或其他合适的液体（液位计测量原同种介质）至需要的量程位置，使用手操器检查量程是否准确，如果不准确，进行量程修正。

（4）量程检查完毕，放空液位计中的液体，重新检查零点。

（5）零点、量程校验完毕，打开液位计上面的工艺阀门，然后打开下面的工艺阀门。

具体的操作步骤参见各个厂家的说明书。

5. 超声波液位计

超声波液位计利用波在介质中的传播特性，在容器底部或顶部安装超声波发射器和接收器，发射出的超声波在相界面被反射，并由接收器接收，测出超声波从发射到接收的时间差，便可测出液位高低。

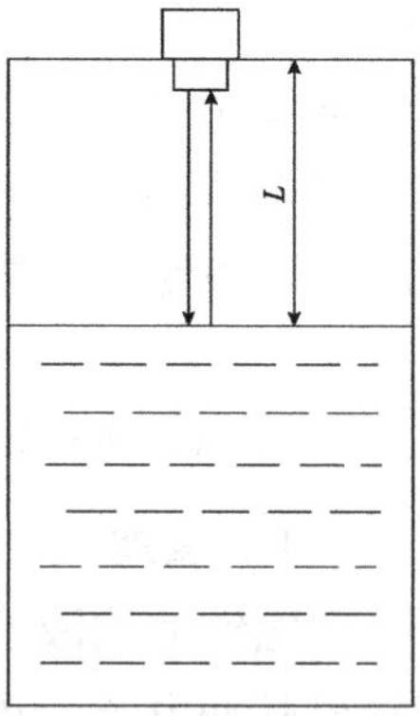

图 2-62　超声波液位计测量液位

由图 2-62 可知，超声波传播距离为 $2L$，波的传播速度为 c，传播时间为 Δt，则：

$$L = \frac{1}{2} c\Delta t \qquad (2-67)$$

L 是与液位有关的量，故测出 L 便可知液位，L 的测量一般是用接收到的信号触发门电路对振荡器的脉冲进行计数来实现。

6. 浮筒式液位计

浮筒式液位计属于变浮力式液位计，当被测液面位置变化时，浮筒浸没体积变化，所受浮力也变化，通过测量浮力变化确定出液位的变化量。图 2–63 所示的液位计是用弹簧平衡浮力，用差动变压器测量浮筒位移，平衡时，压缩弹簧的弹力与浮筒浮力及重力 G 平衡，即液位高度变化与弹簧变形量成正比，弹簧变形量可用多种方法测量，既可就地指示，也可用变换器（如差动变压器）变换成电信号进行远传控制。

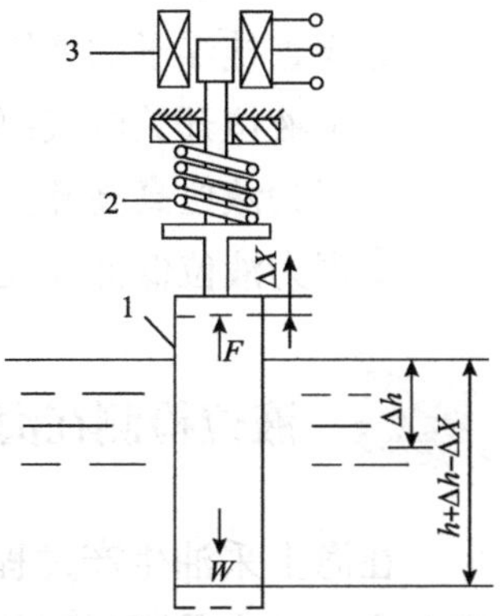

图 2–63 浮筒式液位计

1—浮筒；2—弹簧；3—差动变压器

7. 液位开关

1）工作原理

目前，在海上平台使用的是一种浮子液位开关，其适用于测量如油、水等液体，耐温、耐压性能较好。

液位开关主要由浮子、带磁性的传动杆和电气开关组成。浮子在液位中受两个作用，一个是垂直向下的重力（浮子和传动杆的重力），另一个是液体对浮子的向上浮力，当平衡时浮子和传动杆处于静止状态，当液体上下波动时浮子和传动杆也随液体的波动而上下波动，当液位上升或下降到某一点时传动杆上的磁性触头吸合电气开关上的磁铁，由此带动电气开关动作，使开关的状态改变。

2）工作性能

（1）仪表的电气部分完全与被测介质脱离，它适用于任何流体介质。

（2）该种型号的液位开关可用于高温、高压的环境中。

（3）对浮子进行配重后，可以测量任意两种不相溶液体的界面。

3）液位开关的日常维护

（1）电气部分的维护。

①检查微动开关触点动作是否正常。

②检查连线有无损坏，端子连接有无松动。

③磁性开关活动是否正常。

④连接导线是否接地。

（2）机械部分检修。

①检查浮子是否破裂，方法是向导管内灌水看浮子是否动作。

②检查浮子和传动杆是否灵活。

③检查挂浮子的弹簧是否损坏。

（3）液位开关电气部分的接线。

①当为液位高高开关或液位高开关时，一般接常闭点。

②当为液位低低开关或液位低开关时，一般接常开点。

六　液位检测在海上平台的应用与发展

在海上采油生产过程中，常要对一些设备和容器进行测量和监控。液位测量的目的有两个：一个是通过液位测量来确定容器里的原料、半成品或成品的数量，以保证能连续供应生产中各环节所需的物料进行经济核算；另一个是通过液位测量，了解液位是否在规定的范围内，以便使生产正常进行，以保证产品的质量、产量和安全生产。

液位测量似乎很简单，但实际却不然。由于液位测量受到被测介质的物理性质、化学性质和具体工作条件的影响，虽然测量液位的方法很多，但与其他参数（如温度、压力、流量）的测量相比，仍然是比较薄弱的环节。因此，需要在用好现有液位测量仪表的基础上，不断改进和研究新的测量方法，以适应海上采油生产过程对液位测量不断提出的新要求。

液位测量仪表在油田生产中经常要测量容器的液位或两种不同介质的界面，这里就要用到液位测量仪表。目前工业生产中常用的液位测量方法有恒浮力测量液位法、变浮力测量液位法、静压测量液位法、电容测量液位法、超声波测量液位法等。

第五节　温度检测仪表

一　概述

温度是一个很重要的物理量，它是国际单位制（SI）中 7 个基本物理量之一，也是工业生产中的主要工艺参数。物体的许多物理现象和化学性质都与温度有关，大多数生产过程是在一定温度范围内进行的。因此，温度的测量是保证生产正常进行，确保产品质量和安全生产的关键环节。

温度测量，只能借助于冷热不同物体之间的热交换，以及物体的某些物理性质因冷热程度不同而变化的特性来加以间接测量。

任意两个冷热程度不同的物体相接触，必然要发生热交换现象，热量将由受热程度高的物体传到受热程度低的物体，直到两物体的冷热程度完全一致，即达到热平衡状态为止。利用这一原理就可以选择某一物体同被测物体相接触，并进行热交换，当两者达到热平衡状态时，选择物体与被测物体温度相等。于是，可以通过测量物体的某一物理量，如液体的体积、导体的电量等，定量地给出被测物体的温度数值。这就是接触测温法。也可以利用热辐射原理来进行非接触测温。各类测温仪器如图 2–64 所示。

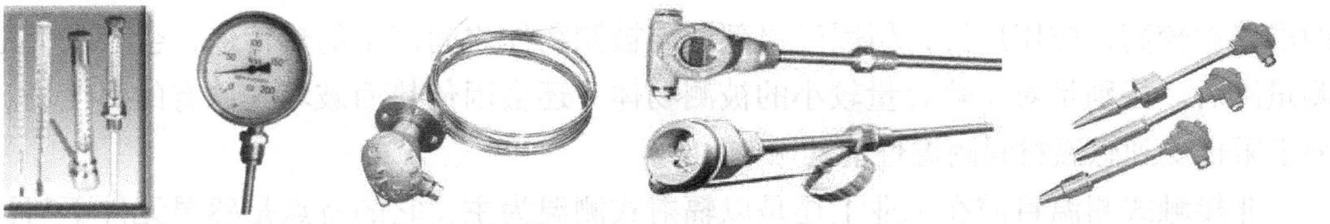

图 2–64　各类测温仪器

1. 温标

温标是表示物体冷热程度的物理量，用来量度物体温度高低的标尺叫温度标尺，简称温标，它规定了温度的起点和测量温度的基本单位。各种温度计的分度值均是由温标决定的。目前，国际上用得较多的温标有摄氏温标和国际实用温标，我国法定计量单位采用了这两种温标。

1）摄氏温标

摄氏温标一般用符号 t 表示，单位是度，记作℃。规定在标准大气压下冰的熔点为 0℃，水的沸点定为 100℃，在 0~100℃之间划分 100 等份，每一等份为 1 摄氏度（1℃）。摄氏温标是工程上通用的温度标尺。

2）国际实用温标

国际温标是一个国际协议性温标。选择了一些纯物质的平衡态温度作为温标的基准点，规定了不同温度范围内的标准仪器，如铂电阻、铂铑$_{10}$– 铂热电偶和光学温度计等。建立了标准仪器的示值与国际温标关系的补插公式，应用这些公式可以求出任何两个相邻基准点温度之间的温度值。

根据国际实用温标规定：热力学温度是基本温度，用符号 T 表示，单位是开尔文，记为 K。它规定水的三相点热力学温度为 273.16K，定义 1 K（开尔文）等于水三相点热力学温度的 1/273.16。通常将比水的三相点低 0.01K 的温度值规定为 0℃，它与摄氏温度之间的关系为：

$$t = T - 273.16 \qquad (2\text{–}68)$$

式中　T——热力学温度，开尔文，K；

　　　t——摄氏温度，摄氏度，℃。

2. 温度测量仪表的分类

温度测量范围甚广，测温仪表的种类也很多。按工作原理分，有膨胀式、热电阻、热电偶以及辐射式等；按测量方式分，有接触式和非接触式两类。

温度不同的两物体相互接触，由于它们之间有温差存在，热量就会从高温物体向低温物体传递。如果这两个物体与外界无能量交换，则经过足够长的时间两者就会达到热平衡状态，即传热量为零，两者温度相等。接触式测温就是基于这一原理。接触式测温为了实现精确测量必须使温度计的感温部件与被测物体有良好的接触，一般来说，测温的准确性较高，应用广泛，但因感温部件与被测物体之间产生的热传递，会存在一定的测量滞后。特别是对于热容量较小的被测物体，还会因传热而破坏其原有的温度场。测温上限也受到感温材料耐温性能的限制。

非接触式测温目前在工业上还是以辐射式测温为主，它的特点是感温元件不与被测物体接触，而通过被测物体与感温元件之间的热辐射作用实现测温的目的，因而不会破坏被测物体的温度场，不仅可以测量移动或转动物体的温度，而且可以通过扫描的方法测得物体表面的温度分布。但辐射式测温一般只能测得亮度温度或辐射温度，为了求得真实温度，还必须根据被测对象的黑度对测量值进行修正，另外还可能受到发射率、距离、烟尘等影响，故测温的准确性一般不高，通常仅用于高温测量。

常用测温仪表的分类及性能见表 2–3。

表 2–3　常用测温仪表的分类及性能

形式	温度计种类	优点	缺点	使用范围 /℃
接触式温度计	玻璃管液体温度计	结构简单、使用方便、精确度高、价格低廉	容易破损，读数麻烦，一般只能现场指示、不能记录与远传	–100~100（150）有机液体 0~350（–30~650）水银
	双金属温度计	结构简单，机械强度大，价格低，能记录、报警与自控	精度低、不能离开测量点测量，量程与使用范围均有限	0~300（–50~600）
	压力式温度计	结构简单，不怕振动，具有防爆性，价格低廉，能记录、报警与自控	精度低、测量距离较远时，仪表的滞后性较大，一般离开测量点不超过 10m	0~500（–50~600）液体型 0~100（–50~200）蒸汽型
	电阻温度计	测量精度高，便于远距离、多点、集中测量和自动控制	结构复杂、不能测量高温，由于体积大，测量温度较困难	–150~500（–200~600）铂电阻 0~100（–50~150）铜电阻 –50~150（180）镍电阻 –100~200（300）热敏电阻
	热电偶温度计	测温范围广，精度高，便于远距离、多点、集中测量和自动控制	需冷端温度补偿，在低温段测量精度较低	–20~1300（1600）铂铑$_{10}$– 铂 –50~1000（1200）镍铬 – 镍硅 –40~800（900）镍铬 – 铜镍 –40~300（350）铜 – 铜镍
非接触式温度计	光学高温计	携带用、可测量高温，测温时不破坏被测物体温度场	测量时，必须经过人工调整，有人为误差，不能作远距离测量、记录和自控	900~2000（700~2000）
	辐射高温计	测温元件不破坏被测物体温度场，能进行远距离测量、报警和自控、测温范围广	只能测高温，低温段测量不准，环境条件会影响测量精度，连续测高温时须进行水冷却或气冷却	100~2000（50~2000）

注：表中括号（　）内的值为可能使用温度。

二 膨胀式温度计

基于物体受热体积膨胀的性质而制成的温度计叫作膨胀式温度计。它又分为液体膨胀式温度计、气体膨胀式温度计和固体膨胀式温度计三大类。

1. 玻璃管液体温度计

液体膨胀式温度计中应用最广泛的是玻璃管液体温度计，其结构简单、使用方便、精确度高、价格低廉。

1）测温原理

如图 2–65 所示，当玻璃温包插入被测介质中，由于被测介质的温度变化，使感温液体膨胀或收缩，因而沿毛细管上升或下降，由刻度标尺显示出温度的数值。液体受热后体积膨胀和温度的关系可用式（2–69）表示：

$$V_t = V_{t_0}(\alpha - \alpha')(t - t_0) \quad (2\text{–}69)$$

式中 V_t——液体在温度为 t 时的体积；

V_{t_0}——液体在温度为 t_0 时的体积；

α——液体的体积膨胀系数；

α'——盛液容器的体积膨胀系数。

从式（2–69）可以看出，液体的膨胀系数 α 越大，温度计的灵敏度就越高。一般多采用水银和酒精作为工作液，其中，水银工作液较其他液体有许多优点，如不粘玻璃、不易氧化、容易提纯、线性较好等。

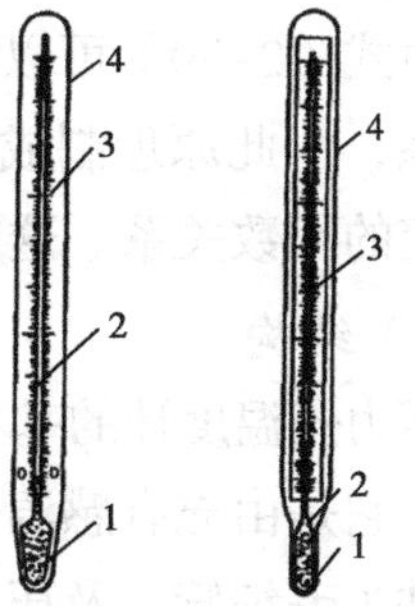

（a）棒状 （b）内标尺式

图 2–65 工业用玻璃管液体温度计

1—玻璃温包；2—毛细管；3—刻度标尺；4—玻璃外壳

2）结构与分类

玻璃管液体温度计按其结构可分为三种：棒状温度计、内标尺式温度计和外标尺式温度计。棒状温度计如图 2–65（a）所示，它的标尺直接刻在玻璃管的外表面上。图 2–65（b）是内标尺式温度计，它有乳白色的玻璃片温度标尺，该标尺放置在连通玻璃温包的毛细管后面，将毛细管和标尺一起套在玻璃管内，此温度计热惰性较大，但观测比较方便。外标尺式温度计是将连通玻璃温包的毛细管固定在标尺板上，这种温度计多用来测量室温。

玻璃管温度计按用途分类又可分为工业、标准和实验室用三种。标准玻璃温度计有棒状的，也有内标尺式的，分为一等和二等，其分度值为 0.05~0.1℃；它是成套供应的，作为标准一般用于校验其他温度计。工业用温度计一般做成内标尺式，其尾部有直的、弯成 90° 或 135° 的，如图 2–66 所示，为了避免工业用温度计在使用时被碰伤，

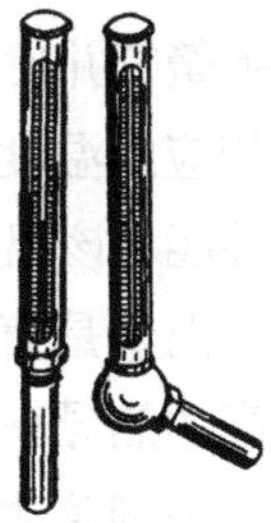

图 2–66 水银玻璃管液体温度计

在玻璃管外通常罩有金属保护套管，在玻璃温包与金属套管之间填有良好的导热物质，以减少温度计测温的惰性。实验室用温度计形式上和标准的相仿，精度也较高。

2. 压力式温度计

压力式温度计是根据封闭容器中的液体、气体或低沸点液体的饱和蒸气压，受热后体积膨胀或压力变化这一原理而制作的，并用压力表来测量此变化，从而测得温度。

1）测温原理

对一定质量的气体或液体，如果它的体积一定，则压力与温度之间的关系可用式（2–70）表示：

$$p_t - p_{t_0} = \frac{\alpha}{\beta}(t - t_0) \tag{2–70}$$

式中　p_t——气、液体在温度为 t 时的压力；

p_{t_0}——气、液体在温度为 t_0 时的压力；

α——气、液体的体积膨胀系数；

β——气体的压缩系数。

由式（2–70）可以看出，当密封系统的容积不变时，气体或液体的压力与温度呈线性关系，由此原理制成的压力式温度计的标尺应为均匀刻度。蒸气的压力与温度之间也呈一定的函数关系。这就是压力式温度计的测温原理。

2）结构

压力式温度计的基本结构如图 2–67 所示。它是由充有感温介质的温包、传压元件（毛细管）及压力敏感元件（弹簧管）构成的全金属组件。温包内充填的感温介质有气体、液体及蒸发液体等。测温时将温包置于被测介质中，温包内的工作介质因温度升高体积膨胀而导致压力增大。该压力变化经毛细管传给弹簧管并使其产生一定的形变，然后借助齿轮或杠杆等传动机构，带动指针转动，指示出相应的温度。由此可见，温包、毛细管及弹簧管是压力式温度计的三个主要组成部分，其性能对该温度计的精度影响极大。

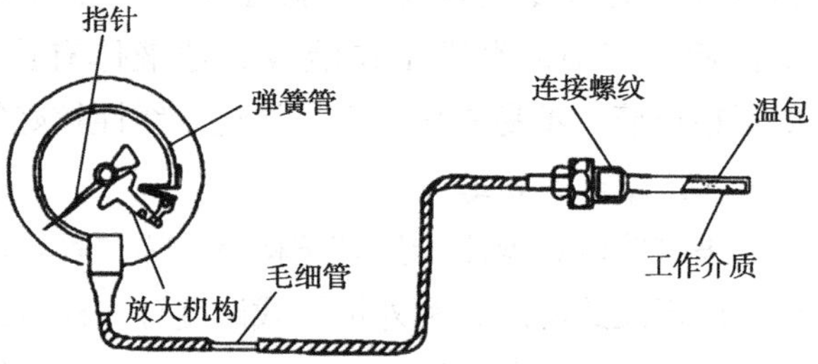

图 2–67　压力式温度计结构

温包是直接与被测介质相接触的感温元件，要求它具有一定强度、较低的膨胀系数、较高的热导率及一定的抗腐蚀性能。

毛细管主要用来传递压力的变化。如果毛细管细而长，则传递压力的滞后现象很严重，致使温度计的响应速度变慢。但是，在长度相同的条件下，毛细管越细，仪表的精确度越高。

液体压力式温度计多以有机液体（甲苯、酒精、戊烷等）或水银作为感温介质；气体压力式温度计多以氮气或氢气为感温介质；蒸汽压力式温度计以低沸点液体（丙酮、乙醚等）为感温介质。

3. 双金属温度计

利用两种膨胀系数不同的金属元件来测量温度的温度计称双金属温度计，它是一种固体膨胀式温度计。其结构简单、牢固，可部分取代水银温度计，用于气、液体及蒸汽的温度测量。采用双金属温度计是解决汞害的一条途径，因而近几年发展很快。

双金属温度计是由两种膨胀系数不同的金属薄片叠焊在一起制成的，如图 2–68（a）所示。双金属片受热后由于两种金属片的膨胀系数不同而产生弯曲变形，弯曲的程度与温度高低成比例。

为了提高仪表的灵敏度，工业上应用的双金属温度计是将双金属片制成螺旋形，如图 2–68（b）所示，一端固定在测量管的下部，另一端为自由端，与插入螺旋形双金属片的中心轴焊接在一起。当被测温度发生变化时，双金属片自由端发生位移，使中心轴转动，经传动放大机构，由指针指示出被测温度值。其实际结构如图 2–69 所示，它是一种轴向结构，除此之外还有一种径向结构，即刻度盘平面与保护管轴线呈平行方向连接。可按生产操作中安装条件及观察是否方便来选择轴向与径向结构。

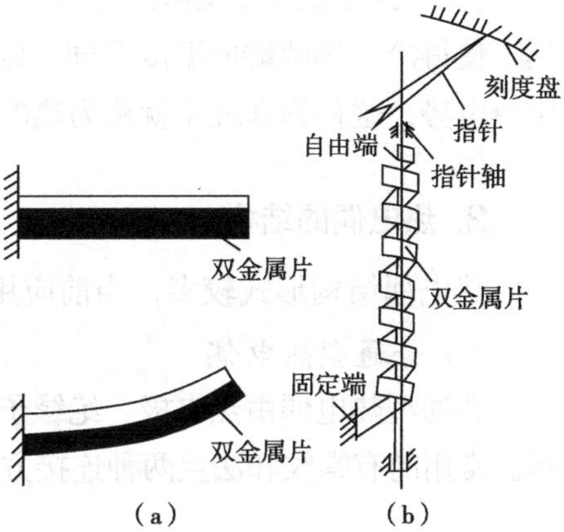

（a）（b）

图 2–68　双金属温度计的原理

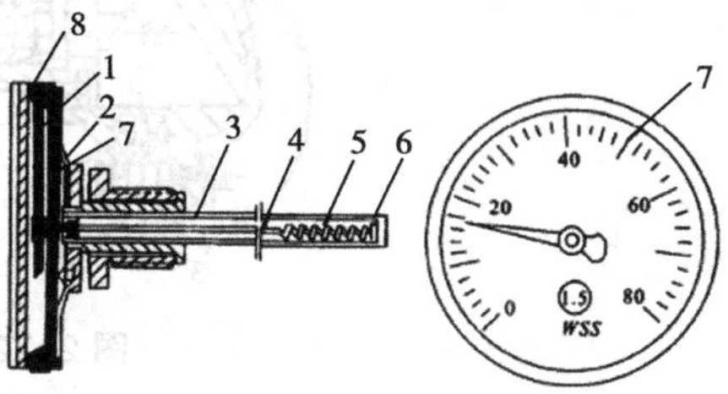

图 2–69　双金属温度计

1—指针；2—表壳；3—金属保护管；4—指针轴；5—双金属片；6—固定端；7—刻度盘；8—仪表

三　热电偶温度计

热电偶温度计是以热电效应为基础的测温仪表。它具有测量范围广、结构简单、使用方便，测温准确可靠、便于信号的远传、自动记录和集中控制等优点，因而在工业生产和科研领域中应用极为普遍。

热电偶温度计由热电偶、连接导线及显示仪表三部分组成。图 2–70 是最简单的热电偶温度计测温系统示意图。

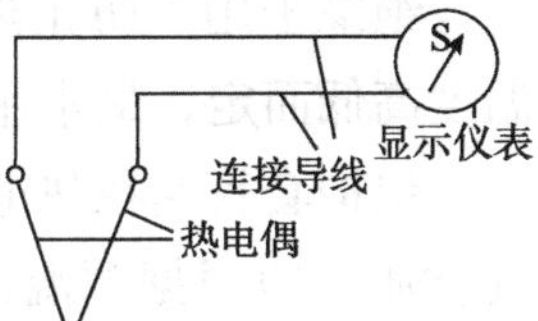

图 2–70　热电偶温度计测温系统示意图

1. 测温原理

热电偶是由两种不同的导体（半导体）材料焊接或绞接而成（见图 2–71），焊接的一端与被测介质充分接触，感受被测温度，称为热电偶的工作端或热端；另一端与导线连接，称为自由端或冷端。导体 *A*、*B* 称为热电极。

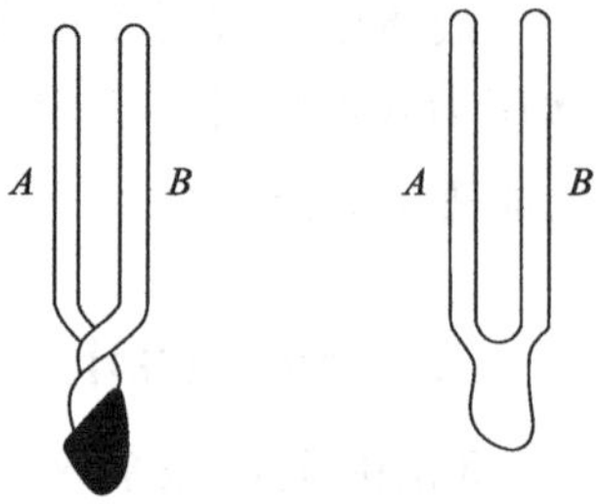

图 2–71　热电偶示意图

按图 2–71 组成的热电偶温度计，如果将热电偶的热端加热，使得冷、热两端的温度不同，则在该热电偶回路中就会产生热电势，这种物理现象就称为热电现象（热电效应）。

2. 热电偶的结构

热电偶结构形式较多，当前应用最广泛的主要有普通型热电偶及铠装型热电偶。

1）普通型热电偶

普通型热电偶由热电极、绝缘子、保护套管及接线盒四部分组成，其结构如图 2–72 所示。常用的有螺纹和法兰两种连接方式，如图 2–73 所示，除此之外，还有卡套等连接方式。

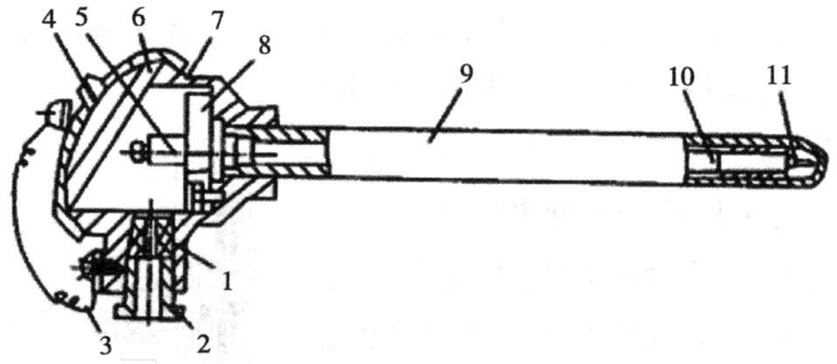

图 2–72　普通型热电偶的基本结构

1—出线孔密封圈；2—出线孔螺母；3—链条；4—面盖；5—接线柱；6—密封圈；7—接线盒；8—接线座；9—保护套管；10—绝缘子；11—热电极

热电极是组成热电偶的两根热偶丝，热电极直径由材料的价格、机械强度、导电率以及热电偶的测温范围等决定。贵金属的热电极直径大多为 0.3~0.65mm 的细丝，普通金属的热电极直径一般为 0.5~3.2 mm。其长度 *L* 由安装条件及插入深度而定，一般为 350~2000mm。

绝缘子用于防止热电偶两极之间及热电极与保护套管之间形成短路，其材料视被测温度高低而定，最常用的绝缘子是高温陶瓷管，其结构有单孔、双孔和四孔。

保护套管套在热电极及绝缘子外边，其作用是保护热电极不受化学腐蚀和机械损伤。其材质一般根据测温范围、插入深度、被测介质性质以及测温时间常数等条件来决定。对材料的要求：耐高温，耐腐蚀，有良好的气密性，足够的机械强度，具有较高的导热系数等。最常用的保护套管是碳钢和不锈钢。为了便于安装，保护套管又常采用螺纹连接和法兰连接两种形式，如图 2–73 所示。

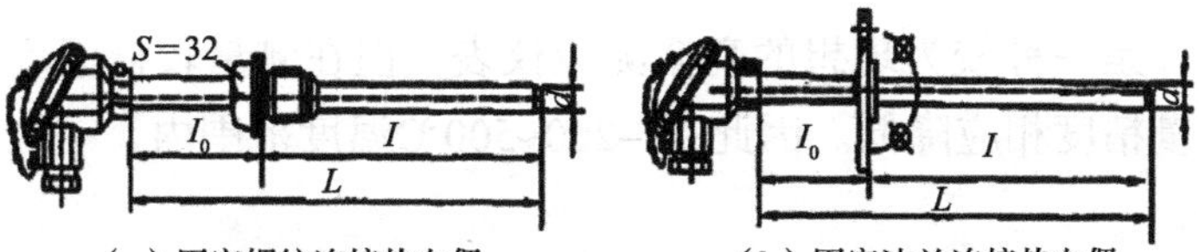

（a）固定螺纹连接热电偶　　（b）固定法兰连接热电偶

图 2–73　直形固定连接形式

接线盒是供热电极和补偿导线连接之用，一般用铝合金制成，分普通式和密封式两种。为了防止灰尘和有害气体进入热电偶保护套管内，接线盒的出线孔和盖子均用垫片和垫圈加以密封。接线盒内用于连接热电极与补偿导线的螺丝必须紧固，以免产生较大的接触电阻而影响测量的准确性。

2）铠装型热电偶

铠装型热电偶较好地解决了普通热电偶体积及热惯性较大，对被测对象温度场影响较大，不易在热容量较小的对象中使用，在结构复杂弯曲的对象上不便安装等问题。所谓铠装型热电偶就是将热电偶丝与绝缘材料及金属套管经整体拉伸工艺加工而成的坚实组合体，如图 2–74 所示。套管材料一般采用不锈钢或镍基高温合金，热电极和套管之间填满了绝缘材料的粉末，绝缘材料采用高纯度脱水氧化镁或氧化铝粉末。热电极有单丝、双丝及四丝等。

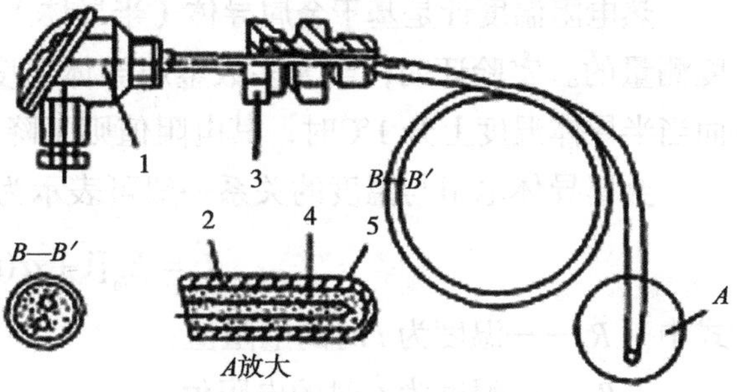

图 2–74　铠装型热电偶

1—接线盒；2—金属套管；3—固定装置；4—绝缘材料；5—热偶丝

铠装型热电偶的外径为 0.25~12mm，热电极直径为 0.025~1.3mm，套管壁厚为 0.12~0.60mm，长度可以根据需要任意截取或选购，最长可达 100m。热电偶冷端可以用接线盒或其他形式的接插件与外部导线连接。

铠装型热电偶的突出优点之一是动态特性好，其动态特性一般用时间常数 τ 衡量。时间常数指被测介质从某一温度跃变到另一温度时，热电偶测量端温度上升到整个阶跃值 63.2% 所需的时间。铠装型热电偶的时间常数 $t \leqslant 10s$，而一般普通型热电偶 $\tau = 10\sim240s$，因此铠装型热电偶更适用于温度变动频繁以及热容量较小对象的温度测量。此外，由于结构小型化，易于制成特殊用途的形式，具有寿命长、耐高压、挠性好、能弯曲等特点，可适应对象结构复杂的测量场合，因此应用也比较普遍。

四 热电阻温度计

热电阻温度计是一种较为理想的高温测量仪表，但在测量较低温度时，由于产生的热电势较小，测量精度相应降低。因此在 -200~500℃温度范围内，一般使用热电阻温度计测量效果较好。

热电阻温度计由热电阻、连接导线及显示仪表所组成，如图 2-75 所示。由于热电阻输出是电阻信号，所以热电阻温度计与热电偶温度计一样，也便于远距离显示或传送信号。但是，由于热电阻温度计的感温部件——热电阻的体积较大，因此热容量较大，动态特性则不如热电偶温度计。

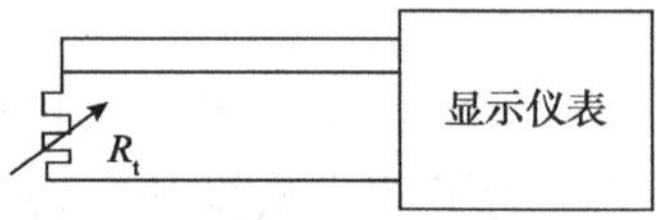

图 2-75 热电阻温度计

1. 测温原理

热电阻温度计是基于金属导体（半导体）电阻值与温度呈一定函数关系的原理实现温度测量的。实验证明，当大多数金属导体温度上升 1℃时，其电阻值均增大 0.4%~0.6%；而当半导体温度上升 1℃时，其电阻值则下降 3%~6%。

金属导体电阻与温度的关系一般可表示为：

$$R_t = R_{t_0}[1+\alpha(t-t_0)] \tag{2-71}$$

式中 R_t——温度为 t 时的电阻值；

R_{t_0}——温度为 t_0 时的电阻值；

α——电阻温度系数，即温度每升高 1℃时的电阻相对变化量。

由于一般金属材料的电阻与温度的关系并非线性，故 α 值也随温度的变化而变化，并非常数，但在某一范围内可近似为常数。

半导体电阻与温度的关系为：

$$R_T = A\mathrm{e}^{B/T} \tag{2-72}$$

式中 R_T——温度为 T 时的电阻值；

T——绝对温度，K；

e——自然对数的底，2.71828；

A、B——常数，其值与半导体材料结构有关。

电阻与温度的函数关系一旦确定之后，就可通过测量置于测温对象之中并与测温对象达到热平衡的热电阻的阻值而求得被测温度。

2. 常用热电阻

作为电阻温度计感温元件的热电阻，分为金属热电阻和半导体热电阻两类，其中，以金属热电阻应用较多。一般对热电阻材料要求：电阻温度系数大，即灵敏度高；物理化学性能稳定，能长期适应较恶劣的测温环境；电阻率要大，以使电阻体积较小，减小测温的热惯性；电阻与温度之间近似为线性关系；价格低廉，便于复制。

目前，使用的金属热电阻材料有铜、铂、镍、铁等，其中因铁、镍提纯比较困难，其电阻与温度的线性关系较差，所以实际应用最广的是铜、铂两种材料，并已列入了标准化生产。

金属热电阻感温元件一般由电阻体、引线、绝缘子、保护套管及接线盒等组成，其外形与热电偶相似。热电阻通常也有普通型和铠装型等结构形式。

1）普通型热电阻

一般工业用热电阻丝，铂丝直径多为 0.07mm，铜丝直径多为 0.1mm。为消除绕制电感，通常采用双线并绕（无感绕制）的方式，如图 2–76 所示为普通型热电阻。电阻体是用热电阻丝在绝缘骨架上绕制而成的。

绕制电阻体的骨架要有较好的耐温性、绝缘性及机械强度，膨胀系数应与热电阻丝相近。材料有塑料云母、石英及陶瓷等。形状有十字形、平板形、螺旋形及圆柱形，如图 2–77 所示。

图 2–76　普通型热电阻

1—电阻体；2—引线；3—绝缘子；4—保护套管；
5—接线盒；6—安装螺母

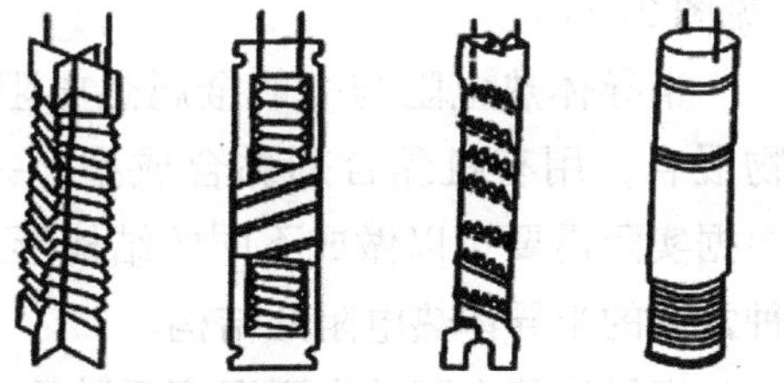

（a）十字形（b）平板形（c）螺旋形（d）圆柱形

图 2–77　各种热电阻的骨架

引线的作用是将热电阻接线端引至接线盒，以便与外部导线及显示仪表连接。引线的直径较粗。一般约为 1 mm，以减小附加测量误差。其材料最好是与电阻丝相同，或者是与电阻丝的接触电势较小的材料，以免产生附加热电势。为了减小或消除连接导线电阻变化所引起的测量误差，可采用三线制接法与显示仪表相连。

绝缘子、保护套管及接线盒的作用均与热电偶相同。

2）铠装型热电阻

铠装型热电阻的结构及特点与铠装型热电偶相似。它由引线、绝缘粉末及保护套管整体拉制而成，在其工作端底部，装有小型热电阻体，其结构如图 2–78 所示。

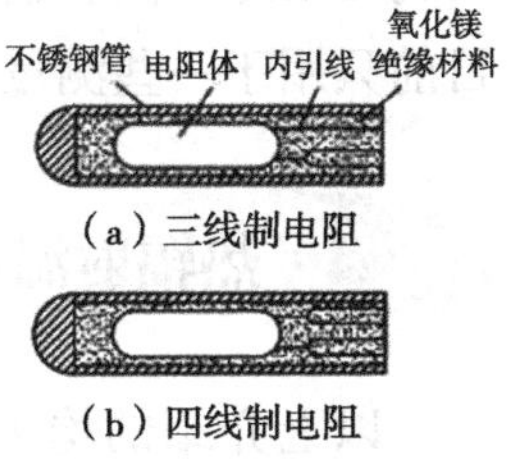

（a）三线制电阻

（b）四线制电阻

图 2–78　铠装型热电阻的结构

铠装型热电阻是近几年发展起来的新产品，同普通型热电阻相比具有如下优点：

（1）外形尺寸小，套管内为实体，响应速度快。

（2）抗震、可挠，使用方便，适于安装在结构复杂的部位；铠装型热电阻的外径尺寸一般为 2~8mm，个别可制成 1mm。

3. 半导体热电阻

半导体热电阻亦称热敏电阻，通常用铁、锰、钼、钛、镁、铜等金属氧化物或碳酸盐、硝酸盐、氯化物等材料制造，其电阻温度系数为：

$$\alpha = \frac{\mathrm{d}R_T / R_T}{\mathrm{d}T} = \frac{1}{R_T}\frac{\mathrm{d}\left(A\mathrm{e}^{B/T}\right)}{\mathrm{d}T} = -\frac{B}{T^2} \tag{2-73}$$

式中 B——常数，与半导体材料及结构有关；

T——绝对温度，K。

由式（2-73）可见，半导体电阻具有负的电阻温度系数，即温度升高，电阻率减小。此外，随温度上升，电阻温度系数急剧减小，即高温下的测量灵敏度很低（见图 2-79）。

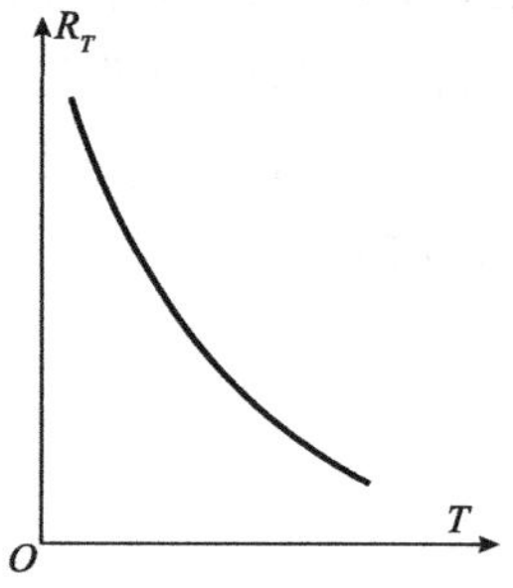

图 2-79　半导体电阻的温度曲线

半导体热电阻与一般金属热电阻不同，它是由氧化物混合，用有机黏合剂黏合成型，并经高温烧结而成。根据实际需要可以做成不同的结构形式，如图 2-80 为几种常用的半导体热电阻的结构。

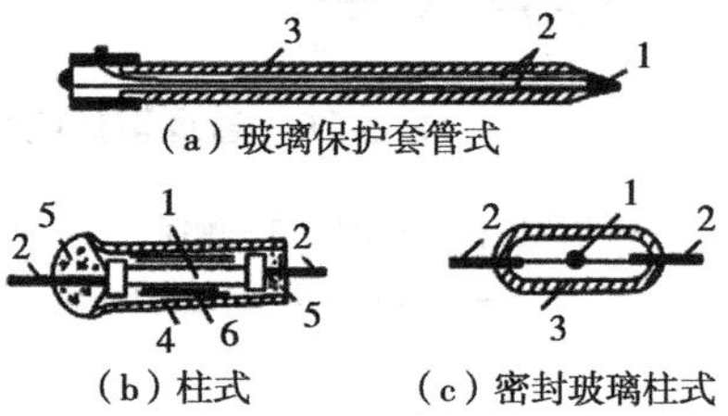

图 2-80　半导体热电阻结构形式

1—热电阻体；2—引出线；
3—玻璃保护套管；4—保护管；
5—密封填料；6—锡箔

半导体热电阻的电阻温度系数比金属热电阻要大，灵敏度高，此外，由于其电阻率大，因此可做成体积小巧的感温部件，用以测量“点”温，一般测量范围为 -100~300℃。

半导体热电阻的缺点是同一型号的热电阻复现性（互换性）差，特性分散，非线性严重；电阻与温度的关系不稳定，随时间变化而变化，因此测温误差较大，均为 2%t（t 为所测温度），使用受到了一定的限制，目前只用于一些测量要求不高的场合。

五　热辐射温度计

以上介绍的均为接触式测温仪表，而热辐射温度计则是非接触式测温仪表的一种。它是利用物体的热辐射能与其温度的关系实现温度测量的，因此仪表不需要与测温对象直接接触，其测温上限很高，且不会破坏被测对象的原有温度场。

1. 物体热辐射能与温度的关系

任何物体都会以电磁波形式向外放射能量，这就是热辐射。对于外界其他物体辐射来的能量 Q_O，物体也具有吸收、反射、透射的性质，如图 2–81 所示。吸收的部分辐射能 Q_A 又可能转化为热能，从而使物体温度升高。如果物体能全部吸收外界辐射投入其表面上的辐射能，该物体就称为绝对黑体（简称黑体）。实验证明，吸收辐射能力强的物体，其辐射能力也强。物体受热后会发出各种波长的辐射能，其中，有许多是我们眼睛所看不到的，例如铁块在未烧红前并不发出“亮光”，也就无法看到或无法用光学温度计等测量它的温度。

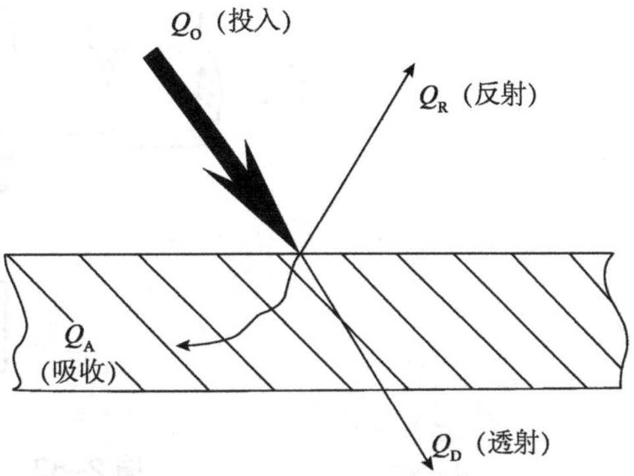

图 2–81　物体对外界辐射能的吸收、反射、透射示意图

虽然物体辐射出来的能量看不见，但绝对黑体的热辐射能与温度之间的关系可由全辐射定律（斯蒂芬 – 玻尔兹曼定律）来表述：

$$E_0 = \sigma_0 T^4 \tag{2–74}$$

式中 E_0——黑体全辐射能；

σ_0——斯蒂芬 – 玻尔兹曼常数，$\sigma_0 = 5.67 \times 10^{-8}$W/(m^2 · K^4)，也称为黑体辐射常数；

T——绝对黑体表面温度，K。

大多数固体及液体的辐射波长是连续的，但均低于同温度下黑体的波长，这种物体称为灰体。灰体的全辐射能 E 与同温度下黑体的全辐射能 E_0 之比 ε 称为该灰体的黑度，即：

$$\varepsilon = E / E_0 \tag{2–75}$$

所有物体的黑度均小于 1，即 $0< \varepsilon <1$，因此实际物体（灰体）的全辐射能可表达为：

$$E = \varepsilon E_0 = \varepsilon\sigma_0 T^4 = \sigma T^4 \tag{2–76}$$

式中 σ——灰体辐射常数，$\sigma= \varepsilon\sigma_0$，不同黑度的灰体，其 σ 值亦不同。

2. 辐射高温计

根据全辐射定律［式（2–74）或式（2–76）］实现测温的仪表，称为辐射高温计。

图 2–82 为辐射高温计的原理结构。当通过目镜及物镜用眼瞄准被测对象后，对象的辐射能通过物镜聚焦，再经光阑投射到玻璃泡内的热电堆上。热电堆由多支热电偶在相互绝缘的感温元件上顺序串联组成，如图 2–83 所示，结构紧凑，辐射能损失小，热惯性

小，灵敏度高。铂箔涂以黑色，以增大黑度，加强对辐射的吸收能力。投射到热电堆上的辐射能，经铂箔吸收后转化为热能，使之温度升高，通过热电堆又转变为热电势输出，送至显示仪表指示出被测物体的温度值。

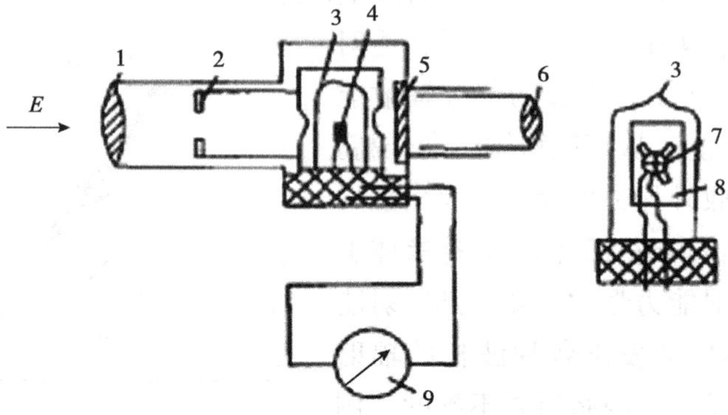

图 2-82　辐射高温计的原理结构

1—物镜；2—光阑；3—玻璃泡；4—热电堆；5—灰滤光片；6—目镜；7—箔片；8—云母片；9—显示仪表

目镜前的灰色滤光片可以在瞄准被测对象聚焦时，减弱辐射以保护人的眼睛。

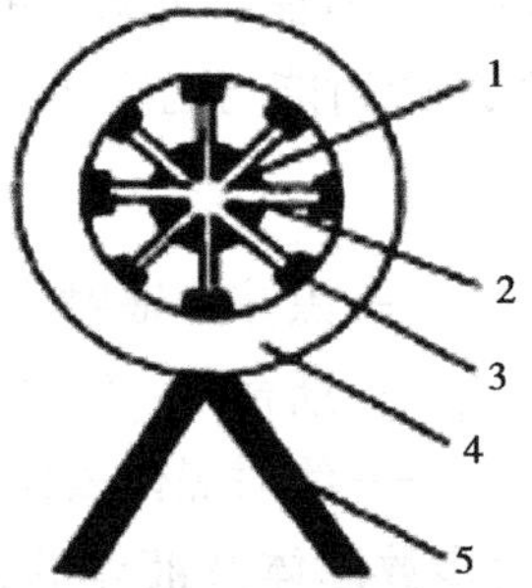

图 2-83　热电堆（星形）

1—铂片（测量端）；2—镍铬－康铜丝；3—金属箔片；4—云母环；5—引出线

由于不同物体的辐射强度在同一温度时并不相同，所以全辐射高温计的刻度也是选择黑体作为标准体，按黑体的温度来分度仪表。这对用全辐射高温计所测到的物体辐射温度来说，即相当于黑体的某一温度 T_P。如果被测对象不是黑体，则仪表指示将偏低，给测量造成误差。若被测对象的黑度已知，则可根据黑度来修正仪表指示的温度。

设仪表指示温度为 T_P，被测对象的实际温度为 T，因为：

$$E = \varepsilon\sigma_0 T^4 \qquad E_{0T_P} = \sigma_0 T_P^4 \tag{2-77}$$

而且：

$$E = \varepsilon E_{0T_P} \tag{2-78}$$

所以：

$$T = T_P(1/\varepsilon)^{1/4} \tag{2-79}$$

式中　E，E_{0T_P}——灰体在温度 T 和黑体在温度 T_P 时的全辐射能（它们向仪表的辐射能量是相同的，故 $E = E_{0T_P}$）。

因此，当已知物体的黑度ε和辐射高温计显示的辐射温度T_P，就可由式（2-79）得到被测物体的实际表面温度。

六 温度变送器

热电偶、热电阻是用于温度检测的一次元件，它将温度信号转换为热电势及电阻值信号。为了进行温度的显示或控制，必须将这些信号进一步转换，然后送至其他显示单元或控制单元，温度变送器就是实现这种信号转换的一种装置。

1. 电动温度变送器

电动温度变送器是工业生产过程中应用最广泛的一种模拟式温度变送器，它能与常用的各种热电偶和热电阻配合使用，将某点的温度或某两点的温差转换成相应的标准直流电流信号输出。

DDZ-Ⅲ型温度（温差）变送器是电动单元组合仪表中的一个变送单元，它可以将温度或温差信号转换成4~20mA、1~5V DC的统一标准信号输出。根据输入信号的不同，DDZ-Ⅲ型温度变送器主要有热电偶温度变送器、热电阻温度变送器和直流毫伏变送器三种类型。

DDZ-Ⅲ型热电偶温度变送器和热电阻温度变送器的结构大体上可以分为温度检测元件、输入电路、放大电路和反馈电路，其原理框图如图2-84所示。

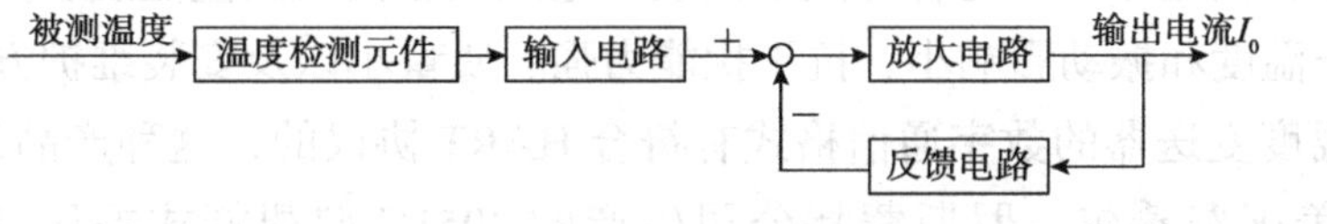

图2-84 DDZ-Ⅲ型温度变送器原理框图

热电偶温度变送器的温度检测元件是热电偶，它将被测温度转换为热电势送至输入电路。热电阻温度变送器的温度检测元件是热电阻，它将被测温度转换为电阻值的变化送至输入电路。直流毫伏变送器是直接将毫伏信号送至输入电路。

热电偶温度变送器的输入电路主要是一个冷端温度补偿电桥，它的作用是实现热电偶冷端温度补偿和零点调整。热电阻温度变送器输入电路的作用是将电阻体电阻值的变化转换为毫伏信号送至放大电路，同时它还有线性化的功能，用以补偿热电阻温度变送器的测温元件热电阻阻值变化与被测温度之间的非线性关系。

放大电路的功能是将由输入电路来的毫伏信号进行多级放大，并将放大后的输出电压信号转换成具有一定负载能力的4~20mA DC的标准电流输出信号。

反馈电路的作用是使变送器的输出电流I_0能与被测温度t呈一定的对应关系。

简单地说，放大电路与反馈电路构成一个负反馈电路，起着电压-电流转换器的作用。

2. 一体化温度变送器

前面所述的DDZ-Ⅲ型温度变送器的测温元件是安装在现场的，而变送器可以安装在离现场较远的地点，中间用导线就可以连接起来。所谓一体化温度变送器，就是将变送器模块直接安装在测温元件接线盒或专用接线盒内的一种温度变送器，其原理框图如图2-85所示。

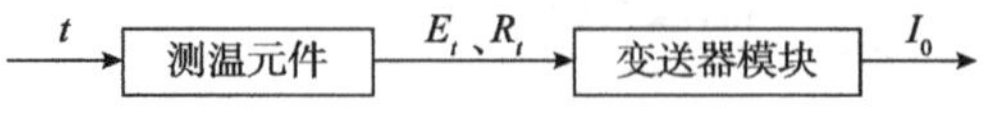

图 2-85 一体化温度变送器原理框图

一体化温度变送器的测温元件是热电偶或热电阻，它将被测温度转换为热电势或热电阻阻值的变化，其信号直接送至变送器模块。变送器模块是以一片专用变送器芯片为主，外接少量元器件构成。一体化温度变送器的品种较多，常用的变送器芯片有AD693、XTR101、XTR103、IXR100等。

一体化温度变送器的测温元件和变送器模块安装在一起，形成一个整体，所以可以直接安装在被测工艺设备上，输出为统一的4~20mA DC标准电流信号。这种变送器的优点是体积小、质量小、现场安装方便，因此在工业生产过程中得到广泛应用。

一体化温度变送器在使用中要特别注意变送器模块所处的环境温度。一般情况下，变送器模块内部集成电路的正常工作温度为-20~80℃，超过这一范围，电子器件的性能会发生变化，变送器就不能正常工作。由于一体化温度变送器的变送器模块是与测温元件一起安装在现场的，所以它的测温范围就受到较大的限制。

3. 智能式温度变送器

智能式温度变送器可以与各种热电偶或热电阻配合使用测量温度，具有测量范围宽、精度高、环境温度和振动影响小、抗干扰能力强、质量小以及安装维护方便等优点。

智能式温度变送器的数字通信格式有符合HART协议的，这种产品的种类较多，也比较成熟，美国费希尔-罗斯蒙特公司生产的3051C型智能式差压变送器就是符合HART协议的，如果与温度传感器结合使用，就可以构成智能式温度变送器，其结构与原理这里就不再赘述了。

智能式温度变送器还有采用现场总线通信方式的，这种产品近几年才问世，国内尚处于研究开发阶段。下面以SMART公司的TT302温度变送器为例简单介绍其基本构成。

TT302温度变送器是一种符合FF通信协议的现场总线智能仪表，其基本构成框图如图2-86所示。

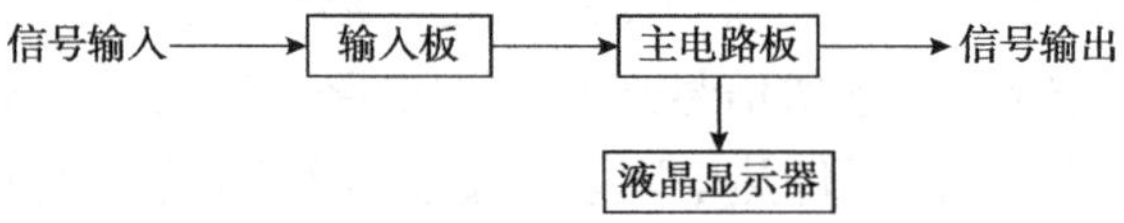

图 2-86 TT302 温度变送器基本构成框图

TT302温度变送器由硬件和软件两部分组成。其硬件部分由输入板、主电路板和液晶显示器构成。

输入板包括多路转换器、信号调理电路、A/D 转换器和信号隔离部分，其作用是将由温度传感器来的输入信号转换为二进制的数字信号，传送到主电路板的 CPU 上，并实现输入板与主电路板的信号隔离。

主电路板包括微处理器系统、通信控制器、信号整形电路、本机调整部分和电源部分。主电路板是变送器的核心部件，其输出信号可以用于显示或控制。

液晶显示器是一个微功耗的显示器，可以显示四位半数字和五位数字，用于接收主电路板中 CPU 的数据并加以显示。

TT302 温度变送器的软件构成分为系统程序和功能模块两部分。系统程序使变送器的各硬件电路正常工作并实现所规定的功能，同时完成各组成部分之间的管理。功能模块给用户提供了各种功能，用户可以根据需要加以选择。TT302 温度变送器的软件中还提供了多种与控制功能有关的模块，使变送器本身具有控制功能，用户可以通过组态实现所要求的控制策略。

TT302 温度变送器使用方便、灵活。用户可以通过上位管理计算机或挂接在现场总线通信电缆上的手持式组态器，对变送器进行远程组态，调用或删除功能模块，也可以使用磁性编程工具对变送器进行本地调整。

4. 调校与拆装

1）温度开关的调校

调校所需工具：万用表、压力源和标准指示表、扳手、螺丝刀等。

温度开关一般都要拆到实验室里面进行校验，具体调校步骤：

（1）将温度开关与标准加热仪器连接好，将万用表表笔与输出导线的触点相连。

（2）用螺丝刀将温度开关的盖子打开。

（3）缓慢升温，查看标准表的指示值，当达到开关设定值时，观看万用表指示（在实验室调校时一般使用万用表的电阻挡），正常时候，当温度开关动作时，电阻应由无穷大变为 0Ω 或接近 0Ω，如果使用蜂鸣器挡位，则万用表开始蜂鸣。

（4）如果温度值达到而温度开关没有动作，则可用扳手或改锥调节开关的调节螺钉直到开关动作报警。

校验温度开关时需要注意，校验低温开关时应该先升温超过低温设定点，然后慢慢降温至温度开关动作，记录当时的动作的温度值即为低温的动作点；高温开关校验时相反，从正常温度慢慢升温至温度开关动作，记录当时的动作温度值即为高温的动作点。温度开关的复位值要比压力开关大很多，一般不作为调校主要参数。

2）温度变送器、温度开关的拆装

在拆装温度变送器或温度开关过程中，需要注意一些细节，以免造成仪表损坏或系统控制故障。

（1）拆装之前一定要先从中控或控制盘上，根据图纸找到相应的端子号，通过拉掉保险或端子排的方式进行断电。

（2）断电之后仍然要用万用表对现场仪表进行验电，确认没有电源之后方可拆装电缆。

（3）拆装电缆应使用合适的螺丝刀，如一字或十字螺丝刀，拆卸电缆的固定螺丝，避免滑脱，造成螺丝损坏。

（4）电缆拆卸完毕之后，应使用绝缘胶带把线头分别缠好。

（5）现场拆卸温度仪表需要特别注意是否有温井，温井是否完好无损。在拆卸过程中动作应缓慢，随时观察与温井的连接位置是否有介质漏出。

（6）不论是变送器还是开关，对现场表拆卸之前一定要做好标记，如电缆的接线方式，是三线制还是四线制，哪根线接正极，开关是接常开点还是常闭点。

（7）拆装进线口的防爆接头需要注意安装顺序和安装方法。

七　温度检测仪表在海上平台的发展与安装

温度是表征物体冷热程度的物理量，是海洋采油平台中最普遍、重要的操作参数。在采油平台上，温度的测量对于控制有着重要的作用。众所周知，生产过程伴随着物质的物理和化学性质的改变，必然有能量的交换和转化，其中最普遍的交换形式是热交换。因此，温度的测量与控制是生产正常进行与安全运行的重要环节。

1. 接触式测温元件的安装

接触式温度计测得的温度都是由测温元件决定的。在正确选择了测温元件和显示仪表之后，若不注意测温元件的正确安装，测量精度将得不到保证。工业上一般按下列要求进行安装。

1）正确选择测温点

（1）在测量管道温度时，应保证测温元件与流体充分接触，以减少测量误差。因此，要求安装时测温元件应迎着被测介质流向插入，至少需与被测介质正交（成 90°），切勿与被测介质形成顺流，如图 2-87 所示。

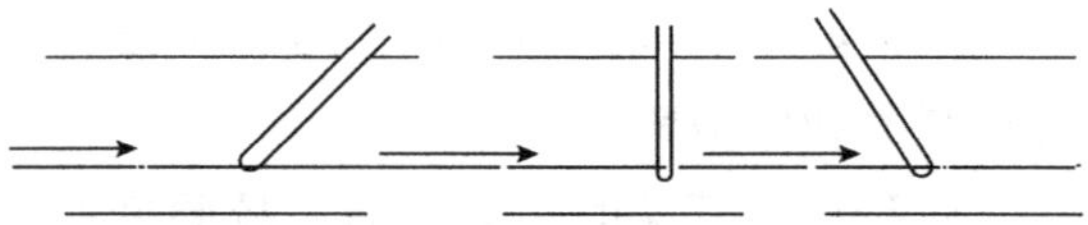

图 2-87　测温元件安装示意图之一

（2）测温点不应在死角区域，应尽量避开有电磁场干扰源的场合。避不开时应采取抗干扰的措施。

2）合理确定测温元件的插入深度

插入深度的选取，应使感温元件能够充分地感受到被测物体的实际温度。

（1）在管道上安装时，测温元件的感温点应处于管道中心流速最大处。保护管的末端分别越过管中心线热电偶 5~10mm、铜电阻 26~30mm、铂电阻 50~70mm。若工艺管道过细（直径小于 80mm），应插入弯头处或加装扩大管，如图 2–88 所示。

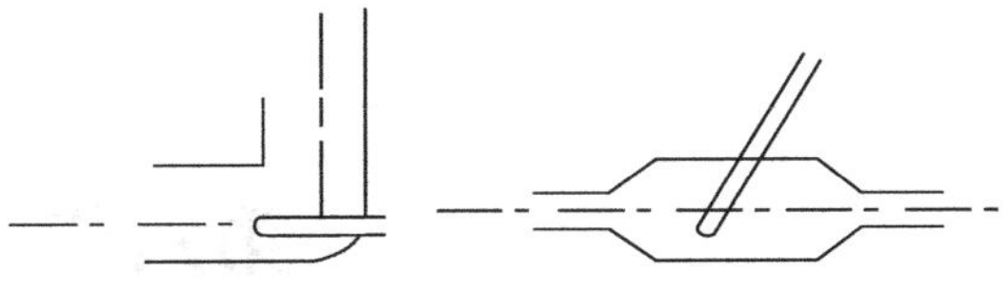

图 2–88　测温元件安装示意图之二

（2）在设备上安装时，一般插入深度应使感温部分处于具有代表性的区域内。

3）测温元件的安装应确保安全可靠

（1）凡安装承受压力的感温元件，都必须保证其密封性。当介质工作压力超过 10MPa 时，还必须另外加装保护外套。薄壁管道上安装测温元件时，需在连接头处加装加强板。

（2）在高温下工作的热电偶，其安装位置应尽可能保持垂直，以防止保护管在高温下产生变形。

（3）在介质具有较大流速的管道中，安装测温元件时必须倾斜安装，以免受到过大的冲蚀。若被测介质中有尘粒、粉物，为保护测温元件不受磨损，应加装保护屏。

（4）热电偶、热电阻接线盒面盖应向上密封，以免雨水或其他液体、脏物进入接线盒中而影响测量。

（5）连接导线的安装：

①按照规定型号配用相应的补偿导线，注意连接极性。线路电阻必须符合所配显示仪表的要求。

②导线应尽量使用绝缘层完好的整根导线一次布放到头，尽量避免出线导线接头，应有良好的绝缘。禁止与交流输电线一同敷设，以免引起干扰。

③为保护连接导线与补偿导线不受外来的机械损伤，应将连接导线或补偿导线穿入金属管或汇线槽板架空敷设。

2. 非接触式测温元件的安装

在安装辐射高温计时，感温元件的使用温度必须小于 100℃，否则应采用水冷装置。由于辐射高温计所测的是黑体温度 T_p，所以应使高温计尽量测量接近黑体性质的物体。在测量熔炉或锅炉燃烧室内部等温度时，为保证有足够的黑度，全辐射高温计通常是对着砌在炉膛侧壁内的瓷质或耐热不锈钢管的底部来安装的，图 2–89 所示为测量炉内温度时的安装方式。管子插入被测介质中的深度 L 和它的内径 d 之比，一般不应小于 10，即 $L/d \geqslant 10$。

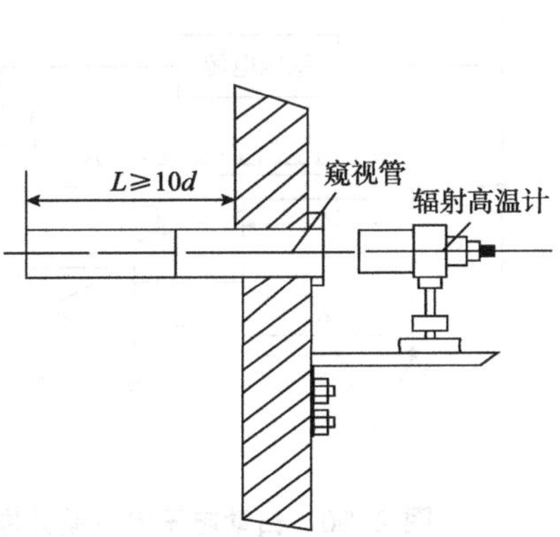

图 2–89　全辐射式高温计的安装方式

第六节　显示仪表

显示仪表是用于各种被检测变量显示、记录的仪表，在自动化仪表中占有重要地位。显示仪表种类繁多，而且发展迅速。按显示仪表及其发展过程，分为模拟式显示仪表、数字式显示仪表和新型显示仪表。

一　模拟式显示仪表

模拟式显示仪表是用标尺、指针、曲线等方式连续显示、记录被测变量数值的一种仪表，例如动圈式仪表、自动电子电位差计、电子自动平衡电桥等都属于模拟式显示仪表。

模拟式显示仪表可靠性高、价格低廉，能反映和记录被测物体的数值及变化趋势，具有一定的精确度。但是，模拟式显示仪表的读数不够直观，易造成读数误差。对于自动平衡式的显示仪表来说，虽能获得较高的精度，但是，结构一般较为复杂，而且显示速度不够迅速。

1. 自动电子电位差计

电位差计是用来测量电势或电位的，当它与热电偶配合时，可以用来测量和显示温度。在工业生产过程中，经常使用自动电子电位差计。

1）自动电子电位差计的工作原理

自动电子电位差计是依据电压平衡原理而自动地进行测量的。图 2-90 是自动电子电位差计的简单原理图，图 2-91 是其原理方框图。

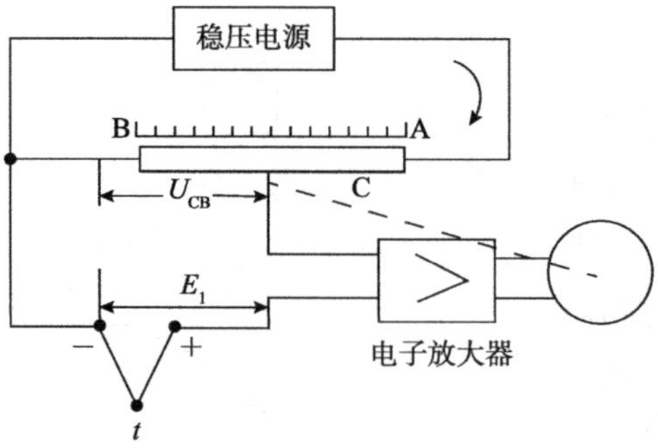

图 2-90　自动电子电位差计原理图

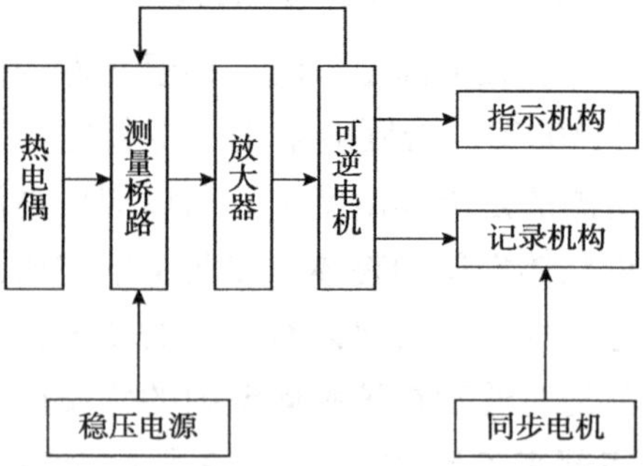

图 2-91　自动电子电位差计原理方框图

由热电偶输入的热电势与测量桥路产生的已知直流电压相比较，其比较后的差值（不平衡信号）经放大器放大后，其输出可达到足以驱动可逆电机转动的功率，使可逆电机通过一套传动系统去带动滑动触点 C 移动，直到 $E_1=U_{CB}$ 时为止。这时放大器的输入信号为零，输出信号也为零，可逆电机不再转动，测量线路达到了平衡，这时 U_{CB} 就可以代表被测量的 E 值。并且，可逆电机在带动滑动触点 C 移动的同时，还带动指针和记录笔，随时可以指示和记录被测电势的数值。记录机构由同步电机驱动，使记录纸匀速移动。由此可知，自动电子电位差计既保持了手动电位差计测量精度高的优点，又无须用手去控制就能自动指示和记录被测温度值。

2）自动电子电位差计的测量桥路

图 2-90 仪是自动电子电位差计的测量原理图。在实际应用中，还要解决冷端温度补偿、量程匹配、工作电流设置等问题。图 2-92 是我国统一设计的测量桥路原理线路，它已普遍应用于各厂生产的 XW 系列电子电位差计中。

测量桥路由稳压电源 1V 供电，分上、下两个支路。上支路由始端电阻 R_G、滑线电阻 R_p、工艺电阻 R_B、量程电阻 R_M 和限流电阻 R_4 组成。下支路由冷端补偿铜电阻 R_2 和限流电阻 R_3 组成。桥路的不平衡电压与热电偶的热电势比较后，其差值送至放大器。

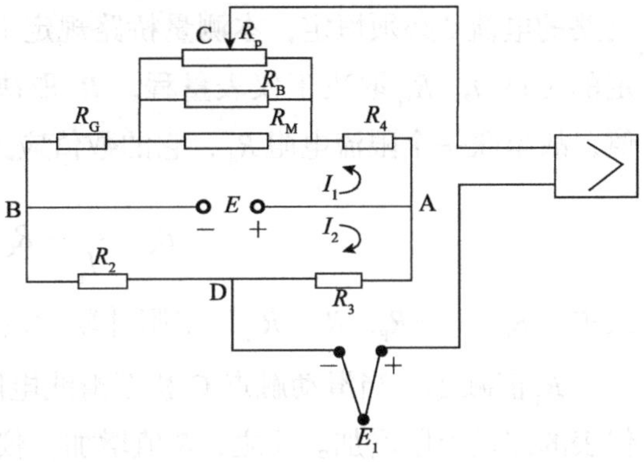

图 2-92 XW 系列电位差计测量桥路原理图

下面对桥路中各电阻的作用作进一步分析。

（1）滑线电阻 R_p 与工艺电阻 R_B。滑线电阻 R_p 是测量系统中一个很重要的部件。改变滑动触点在 R_p 上的位置，可以产生不同的桥路输出电压以平衡热电偶的热电势。仪表的示值误差、记录误差、变差、灵敏度以及仪表运行的平滑性等都和滑线电阻的优劣有关。因此，除了要求装配牢靠外，对材料的耐磨、抗氧化、接触的可靠性以及绝缘性能都有很高的要求，尤其是对滑线电阻的线性度要求更高，在 0.5 级的仪表中，希望能将非线性误差控制在 0.2% 范围内。由于工艺上的原因，R_p 很难绕得十分精确，其数值也不便增减，为此，和 R_p 并联一个电阻 R_B（工艺电阻），其并联后数值为 90Ω（或 300Ω），这样，把两个电阻作为一个整体来考虑，便于统一规格和成批生产。

（2）始端（下限）电阻 R_G。R_G 的大小取决于测量下限的高低。当滑动触点 C 左移至滑线电阻的起点时，桥路输出电压 U_{CD} 应该相应于温度为标尺下限时的热电势。在上支路电流 I_1 为定值（4mA）的情况下，R_G 越大，在下限时的 U_{CD} 也越大，即测量下限越高，反之亦然。仪表的标尺下限有多种规格，改变 R_G 就可以满足不同标尺下限的要求。

（3）量程电阻R_M。电阻R_M是决定仪表量程大小的电阻。它的大小由仪表测量范围与所采用的热电偶分度号来决定。

当滑动触点C点由滑线电阻的左端移至最右端时，U_{CD}应该相应于在标尺上限时的热电势。前面说过，滑线电阻R_p与工艺电阻R_B并联后的阻值是统一规格的，那么，如何使两端的电位差满足不同量程的要求呢？其方法是在滑线电阻两端再并联一个量程电阻R_M。R_M的值越小，它从上支路回路工作电流I中所分流出的电流I_M越大，则流过R_p的电流越小，仪表的量程就越小。反之，R_M值越大，则仪表量程越大。从另一个角度来分析，并联了量程电阻后，它与滑线电阻总的等效阻值将减少，尽管总电流I_1不变，滑线电阻两端的电位差也会减小。这样，改变R_M值就会改变仪表的量程。

（4）上支路限流电阻R_4。为了使滑动触点C的位置与桥路输出电压呈对应关系，上支路的电流I必须恒定，本测量桥路规定上支路电流I_1为4mA。稳压电源的电压E是固定的（1V），R_M取决于仪表量程，R_G取决于仪表下限，为了使上支路电流恰好为规定值，故串联一个限流电阻R_4，它的数值应为：

$$R_4=\frac{E}{I_1}-R_G-R_{nP} \tag{2-80}$$

式中　R_{nP}——R_P、R_B、R_M三电阻并联后的等效电阻值。

R_4值减小，当滑动触点C移至滑线电阻最右端时，桥路输出电压U_{CD}增加，这就使仪表的测量上限增加。反之，R值增加，仪表的测量上限降低。所以R_4又称终端电阻。

在需要改变仪表的量程和测量上、下限时，一般只需改变R_M、R_G、R_4的阻值就可以了，而R_p和R_B都不需改变，这就给滑线电阻制造的规格化带来了方便。

（5）冷端温度补偿电阻R_2。我们知道，热电偶是以t_0=0℃为基准来分度的。如果热电偶冷端温度为0℃，滑动触点C的位置所对应的是被测的真实温度。但是，在实际的应用中，热电偶冷端温度常常不是0℃，而是室温。假定室温高于0℃，此时，热电偶输出的热电势就会减小，相应地，温度指示就要偏低，于是造成测量误差。为了解决这个问题，在图2-92的下支路中增加一个用铜丝绕制的电阻R_2，该电阻装在仪表后接线板上，与热电偶的冷端处于同一温度。当冷端温度升高时，热电偶的热电势就会减少，与此同时，铜电阻R_2的阻值随着温度升高而增加，在下支路电流I_2一定的情况下，D点电位升高，相应地，桥路输出电压U_{CD}降低，如配置得当，使冷端温度升高时U_{CD}的降低值正好等于热电势的减少值，那么，就可以起到冷端温度补偿的作用。

（6）下支路限流电阻R_3。在测量桥路中，为了统一规格，上支路的电流规定为4mA，下支路的电流规定为2mA（也有的表规定I_1 =2mA，I_2 =1mA）。为了保证下支路的电流为规定值，下支路增加一只固定阻值的锰铜电阻R_3，它的阻值为：

$$R_3 = \frac{E}{I_2} - R_2 \tag{2-81}$$

实际上，由于铜电阻 R_2 的阻值随温度的变化而变化，所以下支路工作电流 I_2 只是在仪表的标准工作温度（取 25℃）时才为规定值。但由于 R_3 远远大于 R_2，故由 R_2 的变化引起的工作电流的变化可以忽略不计。R_3 电阻的准确度直接影响到下支路电流 I_2 的大小，因此，对它的精度有较高的要求，一般在 ±0.2% 以内。

从上述可以看出，测量桥路的各个电阻的数值是与其所采用的热电偶种类有关的。因此，电子电位差计在使用时要与规定的热电偶相配套，不可任意更换。

2. 电子自动平衡电桥

动圈式电阻温度计测量温度比较简单、方便，但精度较低，且不能自动记录。而电子自动平衡电桥与热电阻配套使用，是工业自动化中应用很广、精度较高的自动记录指示仪表。

1）电子自动平衡电桥测温原理

电子自动平衡电桥是利用平衡电桥来测量热电阻阻值变化的。图 2-93 是平衡电桥的简单示意图。图中 R_t 为热电阻，它与 R_2、R_3、R_4、R_p 组成电桥，电源电压为 E_0，R_p 为带有刻度数值的滑线电阻。G 为接在对角线 AB 上的检流计。

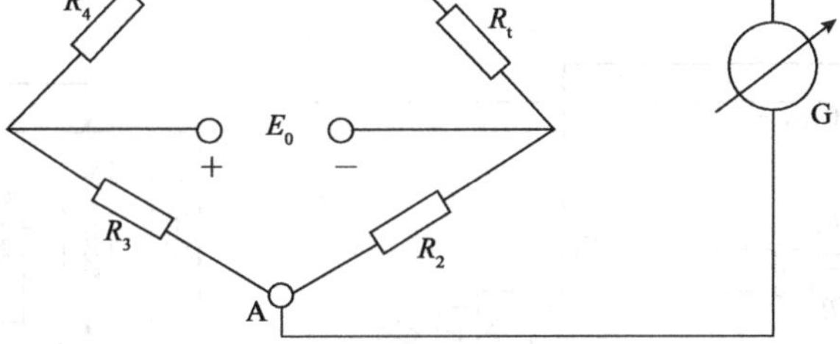

图 2-93　平衡电桥示意图

当温度在量程下限时，R_t 有最小值 R_{t_0}，滑动触点应移至 R_p 的左端，此时电桥的平衡条件是：

$$R_3(R_{t_0} + R_p) = R_2R_4 \tag{2-82}$$

当温度升高后，假定热电阻变化了 ΔR_t，要使平衡继续保持，滑动触点必须右移，滑动触点将电阻 R_p 分为左右两端，分别为 r_1、r_2，并有 $r_2 = R_p - r_1$、此时电桥的平衡条件是：

$$R_3(R_t + \Delta R_t + R_p - r_1) = R_2(R_4 + r_1) \tag{2-83}$$

将式（2–83）减去式（2–82），便得：

$$\Delta R_t R_3 - r_1 R_3 = R_2 r_1 \tag{2-84}$$

所以有：

$$r_1 = \frac{R_3}{R_2 + R_3}\Delta R_t \tag{2-85}$$

从式（2–85）可知，在测量范围内，当电桥达到平衡时，滑动触点 B 的位置就可以反映电阻的变化，亦即反映了温度的变化。假定滑线电阻是线性的，那么触点的位移就与热电阻阻值的增量呈线性关系。

如果我们将检流计 G 换成电子放大器，利用放大器所放大的不平衡电压驱动可逆电机，再把可逆电机的转动经一套机械传动机构带动滑动触点 B，以使输入放大器的不平衡电压为零，这就构成了电子自动平衡电桥。

2）电子自动平衡电桥

目前，我国生产的电子自动平衡电桥有 XD 系列（交流平衡电桥）和 XQ 系列（直流平衡电桥）两种。其中直流电源为 1V，交流电源为 6.3V。

采用交流电桥时，输出的不平衡电压是交流值，可以省去变流级而直接送到交流放大器，结构比较简单。但因交流电桥在输入端无法装滤波网络，故抗干扰能力差。采用直流供电可以克服这个缺点，从而获得较高的精度。

图 2–94 是电子自动平衡电桥的工作原理图。除了测量桥路外，其余部分基本上与电子自动电位差计是相同的。图 2–95 是它的原理方框图。

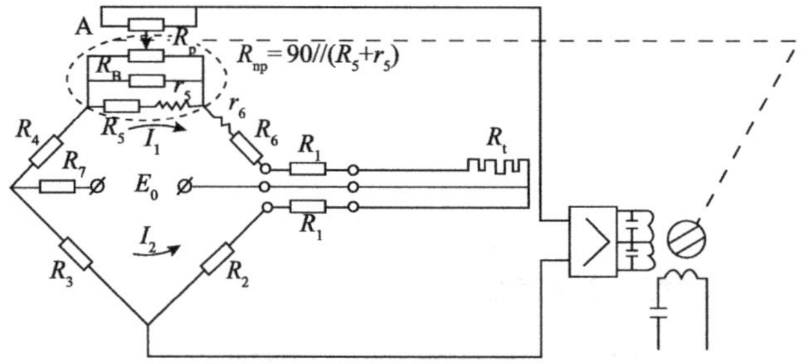

图 2–94　电子自动平衡电桥工作原理

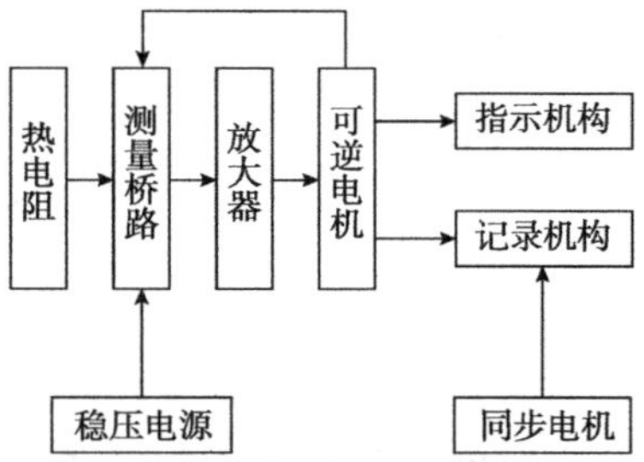

图 2–95　电子自动平衡电桥原理方框图

电子自动平衡电桥的测量桥路也与电子自动电位差计的相似，其桥路的滑线电阻组件实际上也是由三个元件（R_p、R_B、R_5+ r_5）所组成，如图 2–94 所示。R_p 与 R_B 并联后的电阻也规定为 90Ω，R_5 和 r_5 是调整仪表量程的电阻，R_6 为调整仪表起始刻度的电阻，r_6 作刻度微调用。

电子自动平衡电桥中的热电阻采用三线制接法。这是由于当采用与热电阻相配的电桥来测量温度时，热电阻应安装在被测温度的现场，而电子平衡电桥的其他电阻则放置在操作室的仪表内，因此连接热电阻与仪表的导线往往很长。如果用图 2–94 所示的平衡电桥来测量，那么，连接热电阻的两根导线都分布在桥路的 R_1 这个桥臂上，因此两根连接导线的电阻值随环境温度的变化，将同热电阻阻值的变化一起加在电桥的一个桥臂上，使测量产生较大的误差。为了克服这一缺点，由热电阻引出三根导线，与热电阻两端相连的两根导线分别接入桥路的两个相邻桥臂上，而第三根导线与稳压电源相连，如图 2–94 所示。这样，由环境变化而引起的连接导线电阻值的变化对测量的影响就基本上克服了。

为了克服因连接导线的长度不同而引起附加在桥臂上连接导线电阻值的变化，在图 2–94 中，增加两个外线路调整电阻 R，以便通过调整它们来满足加在桥臂上的两根连接导线的电阻值为规定值的要求，在电子自动平衡电桥中，此规定值一般为 2.50Ω。由图 2–94 可以看出，电子自动平衡电桥的工作过程是这样的：当被测温度升高时，R_t 阻值增大，桥路失去平衡，这一不平衡电压由电桥的对角线引至电子放大器进行放大，驱动可逆电机，使它带着滑线电阻上的滑动触点移动，以改变上支路两个桥臂电阻的阻值比例，最后使桥路达到新的平衡状态。与此同时，可逆电机还带动指针和记录笔，分别在温度标尺和由同步电机带动的记录纸上指示和记录出相应的温度值。

桥路上、下支路的电流一般分别为 3mA。当用交流电作桥路电源时，在电源回路中要串入 R_7 用以限流，以保证流过热电阻的电流不超过允许值。

比较电子自动平衡电桥和自动电子电位差计，它们在很多方面是相似的。首先，它们的测温元件（热电阻、热电偶）在外形结构上十分相似。另外，就仪表本身而言，它们的放大器、可逆电机、同步电机及显示记录部分都是完全相同的，甚至外形结构也基本相同。但是，这两种仪表在本质上却各有其特点，千万不能混淆。现简单将它们的不同之处归纳如下。

（1）它们测量的电量形式不相同。电桥用来测量电阻；而电位差计用来测量电势。

（2）两者的作用原理不相同。当仪表达到平衡时，电子自动平衡电桥的测量桥路本身处于平衡状态，即测量桥路无输出；而自动电子电位差计的测量桥路本身则处于不平衡状态，即测量桥路有不平衡电压输出，只不过它与被测电势大小相同，而极性相反，互相抵消，从而使仪表达到平衡状态罢了。

（3）感测元件与测量桥路的连接方式不同。电子自动平衡电桥的感测元件热电阻是连接在桥臂中；而自动电子电位差计的感测元件热电偶是连接在桥路输出回路（放大器输入回路）中，连接热电阻一般要用三线制接法；连接热电偶则要用补偿导线。

（4）当用热电偶配电子电位差计时，其测量桥路需要考虑热电偶冷端温度的自动补偿问题；而用热电阻配电子平衡电桥时，则不存在这个问题。

二 数字式显示仪表

前面我们已经介绍了通过指针的直线或角位移量显示被测值的模拟式仪表，例如自动电子电位差计、电子自动平衡电桥等。随着生产和科学技术的发展，对测量技术也提出了新的要求，其中最突出的是自动化测量。数字式显示仪表就是适应这种要求而发展起来的。

数字式显示仪表也和模拟式仪表一样，与各种传感器、变送器配套后，可用来显示不同的参数（例如温度、压力、流量及物位等）。这一节我们主要结合温度的数字测量，简单介绍一下数字式显示仪表，至于其他参数的数字测量，在原理上是类同的。

1. 数字式显示仪表的原理及其特点

在生产过程中的工艺参数，经变送器变换后，多数是转换成相应的电参量的模拟量。所谓数字式显示仪表，就是能将被测的连续电量（模拟量）自动地变成断续量，然后进行数字编码，并将测量结果以数字显示的电测仪表。

许多工艺参数是随着时间而连续变化的，这些随时间变化的连续量叫“模拟量”，数字显示仪表是以数字显示的，而数字是一种断续量（数字量）。因此必须有一种把模拟量变换为数字量的变换器，一般称模－数变换器（A/D 变换器）。只有通过 A/D 变换器，将模拟量变换为数字量以后，才能由电子计数器进行计数，最后，在显示器上以数字直接显示出被测参数的大小。数字式显示仪表的方框图如图 2–96 所示。

图 2–96 数字式显示仪表方框图

相对于模拟式显示仪表，数字式显示仪表有如下特点：

（1）准确度、灵敏度高。

（2）读数方便，清晰直观，不会造成视差。

（3）测量速度快，从每秒几十万次到每秒上百万次。

（4）仪表的量程和被测量的极性可自动转换，可自动检查故障、报警以及完成指定的逻辑程序。

（5）可以方便地实现多点测量。

（6）可以与电子计算机配合，给出一定形式的编码输出。

数字式显示仪表从出现到现在，发展很快。由于它具有一系列优点，可以预见，在工农业生产及科研部门中，将获得日益广泛的应用。

2. 模－数变换器

模－数变换器的主要任务是将连续变化的模拟量变换成断续的数字量。

电模拟量的模－数变换器按其工作原理及性能可以分为很多种。但就其方法来说，主要有间接法和直接法两种。

间接法不是将电模拟量直接转换成数字量，而是首先转换成某一中间量，再由中间量转换成数字量。该中间量目前多数为时间间隔或频率两种。属于间接法的模－数变换器有双积分型（又称双斜率型）、电压频率转换型和脉冲宽度调制型等。

直接法是把电模拟量与一整套基准电压之间进行直接逐次比较而得到的数字量。故称逐次比较型。

3. 电子计数器

当用间接法进行数码转换时，是先将模拟量转换为与之对应的时间间隔或频率，然后将时间间隔或频率转换为数字量，才能进行计数。如图 2–97 是时间间隔测量原理框图。

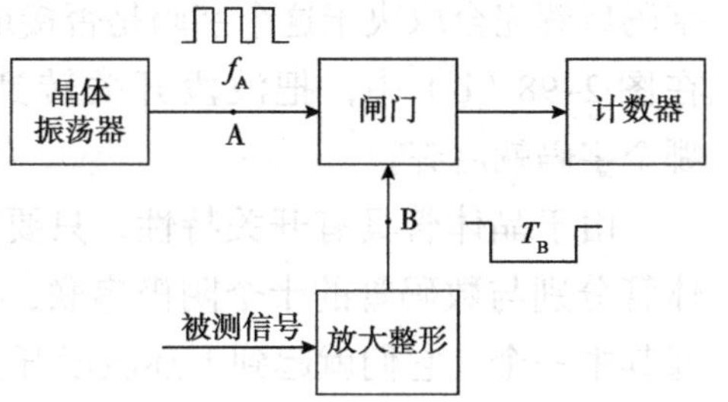

图 2–97 时间间隔测量原理框图

被测信号经过放大整形后，便成了一规则脉冲，其宽度 T_B 就是所要测量的时间间隔。石英晶体振荡器可以获得精确的时基信号，因为这种振荡器的频率比较稳定，它产生的信号经适当分频即可精确获得周期为 1s 的时基信号（一系列脉冲串）。图 2–97 中标注"闸门"的方框，就是一般书籍里面所介绍的"门电路"的一种。"A"和"B"分别表示闸门的两个输入通道。"A"通道加入周期为 1s 的时基信号。"B"通道输入宽度为 T_B 的信号，用以控制闸门电路的启闭时间，即以"B"信号的脉冲前沿去开门，以"B"信号的后沿去关门。所以闸门开放的时间为"B"信号的宽度 T_B，由"A"通道输入的信号在闸门开放的时间内，直接送入计数器，进行计数。显然所计之数 N 可按下式计算：

$$N = f_A T_B \tag{2–86}$$

式中 f_A——"A"通道信号的频率。

当"A"通道的时基信号周期为 1s 时，计数器在时间间隔 T_B 内所接收的脉冲个数就为时间 T_B。

当用逐次比较型模数变换器时，用以驱动增减基准电压砝码的脉冲可以直接送往计数器进行计数。

计数器一般由多个双稳态触发器串联而成。可以对接收的脉冲进行逢十进一的计数。此外，还能通过译码器译成十个状态（0~9）驱动数码管，将被测数据显示出来。

4. 显示器

在数字式显示仪表中，测量的结果都是用数字形式直接显示的。数字显示的方法很多，这里仅介绍辉光数码管显示器。

辉光数码管是利用辉光放电原理制成的。在管内装着一个阳极和十个阴极，每个阴极制成 0~9 的十个字样，并充上氖、氩等稀有气体。当阳极与阴极之间加上 200V 左右的电压时，它们之间就产生了较强的电场，管中气体被电离而产生辉光放电。电压加在哪个字的阴极与公共阳极之间，哪个字就启辉。如图 2–98（a）说明了数码管中字码启辉的原理。可见，哪个字码启辉完全取决于这个字码是否接地。因此，在图 2–98（b）中，把波段开关转到哪一挡，哪个字码就启辉。

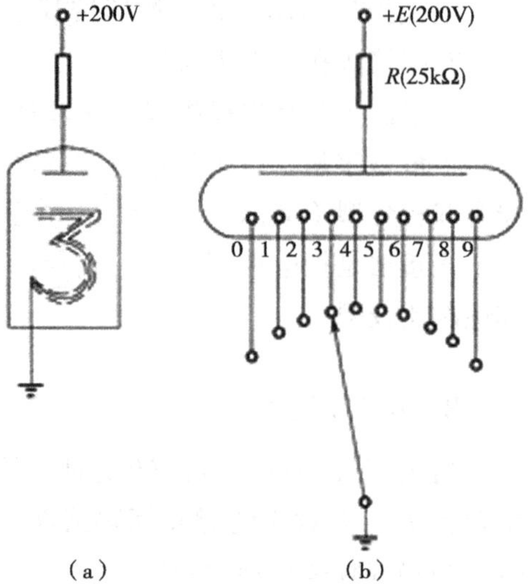

图 2–98　辉光数码管示意图

由于晶体管具有开关特性，只要将十个晶体管分别与数码管的十个阴极串联，每次只接通其中一个，它们就起到上述波段开关的作用。需要显示哪个数字，只要把相应的晶体管接通就行了。

如图 2–99 是十进制计数电路的数码管驱动电路原理图，图中 R 是限流电阻，用来防止流过数码管的电流超过其最大允许电流，晶体管相当于电子开关。当计数器得到的脉冲数通过译码器译成十个状态（0～9），其中只有一个状态送出高电位“1”给晶体管基极，使相应的晶体管饱和导通，与该晶体管集电极相连的数字和地接通，该数码启辉。其余九个状态都输出低电位“0”，晶体管截止，该数字阴极就被切断。至于哪一个晶体管应该导通或截止，完全取决于译码器中的译码状态，亦即取决于计数器接收的脉冲数。而计数器接收的脉冲数，又取决于输入信号。因此，显示器所显示的数字实际上就是被测参数的大小。

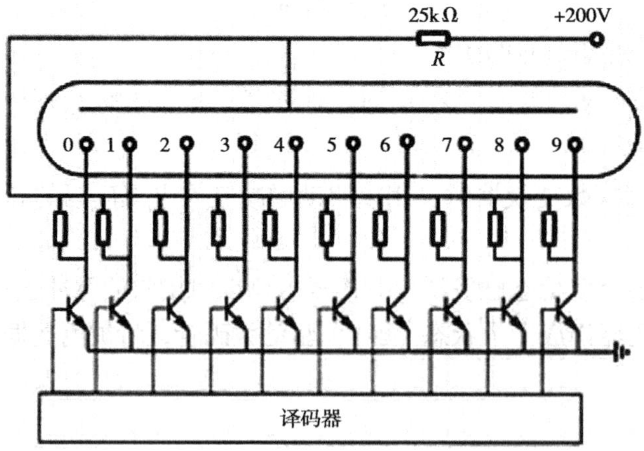

图 2–99　数码管驱动电路原理图

以上讲的只是一位数，而数字式显示仪表的显示位数是有若干位的。这时只需配上若干套数码管及驱动电路，并且计数器按逢十进一计数，这样就可以以若干位数字来直接显示被测参数的大小了。

随着集成电路（特别是大规模集成电路）的发展，对显示器件也相应提出了微型化、低电压、低功耗等要求。近年来，不断地创造出许多新型显示器件，如发光二极管显示器、液晶显示器。

在数字式显示仪表中，除了以上介绍的模数变换器、计数器和数码显示器外，往往还有非线性补偿装置与标度变换装置。当被测参数值与感测元件的输出信号呈非线性关系时（例如热电偶的热电势与被测温度呈非线性关系），就必须采用非线性补偿装置，以使仪表的显示值能正确反映被测参数。标度变换装置的作用实际上就是比例尺的变更，当测量值与工程值之间存在一定比例关系时，测量值必须乘上某一常数，才能使在数字式显示仪表中直接观察到的便是被测参数的绝对数字值。

5. 数字式温度显示仪表的基本组成

以利用热电偶的数字式温度显示仪表为例，它的基本组成如图 2-100 所示。它能接受各种热电偶所给出的热电势，直接以四位或五位数字显示出相应的温度值来。各部分的作用如下。

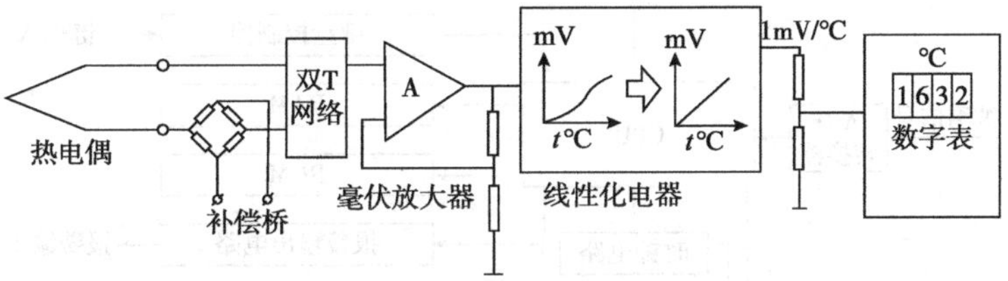

图 2-100　数字式温度显示仪表的基本组成

（1）补偿桥。补偿桥用以补偿热电偶冷端温度不在 0℃时所构成的误差，它使用了一般铜电阻补偿方法。

（2）双 T 网络。双 T 网络热电势经补偿桥路补偿后，在进入毫伏放大器之前，先经一双 T 网络进行滤波，以抑制信号电势上的工频干扰。

（3）毫伏放大器。毫伏放大器是一个高灵敏度的调制型直流放大器，其闭环增益为几十倍。

（4）非线性补偿器。非线性补偿器由十几个线性集成运算放大器组成，它是在一定测温范围内，用 8 段直线来逼近热电偶的热电势温度的曲线，从而获得输出电压与温度之间的线性关系。

（5）数字表。经线性补偿电路完成线性化后的信号可达 1mV/℃的电平，因而数字式温度显示仪表其数字显示部分实际上相当于一台数字式电压表，输入的毫伏信号通过模－数变换器，将模拟量变为数字量以后，由电子计数器进行计数，最后在显示器上以数字直接显示出被测温度的高低。

三 新型显示仪表

当前的新型显示仪表是应用微处理技术、新型显示技术、记录技术、数据存储技术和控制技术，将信号的检测、处理、显示、记录、数据储存、通信、控制及复杂数学运算等多个或全部功能集于一体的新型仪表，具有使用方便、观察直观、功能丰富、可靠性高等优点。新型显示仪表的品种繁多，显示记录方式多种多样，下面只简单介绍无纸记录仪和虚拟显示仪表两种。

1. 无纸记录仪

无纸记录仪完全摒弃了传统记录仪的机械传动、记录纸和笔，采用一种工业专用微处理器 CPU 为核心，来进行数据的采样、存储和液晶显示等，因此亦称无笔、无纸记录仪。

该记录仪的原理方框图如图 2-101 所示。

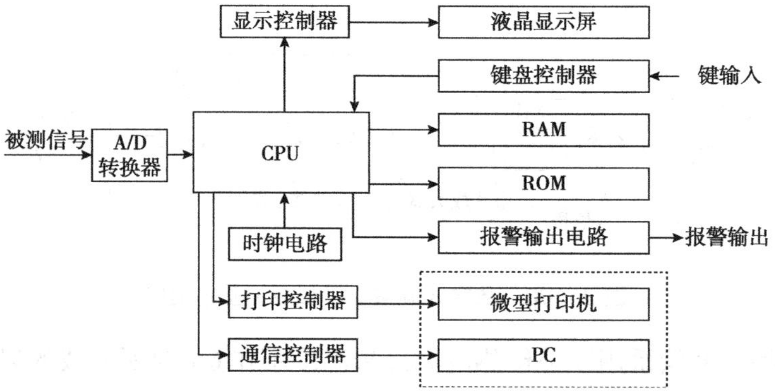

图 2-101 无笔、无纸记录仪的原理方框图

（1）CPU：工业专用微型处理器，用来对各种数据进行采集处理，并对其进行放大与缩小，还可送至液晶显示屏上显示，也可送至随机存储器（RAM）存储，并可与设定的上、下限信号比较，如越限即发出报警信号。总之，CPU 为该记录仪的核心，一切有关数据计算与逻辑处理的功能均由它来承担。

（2）A/D 转换器：将来自被记录信号的模拟量转换为数字量以便 CPU 进行运算处理。该记录仪可接 1~8 个模拟量。

（3）ROM：只读存储器，用来固化程序。该程序是用来指挥 CPU 完成各种功能操作的软件，只要该记录仪供上电源，ROM 的程序就会让 CPU 开始工作。

（4）RAM：用来存储 CPU 处理后的历史数据。根据采样时间的不同，可保存 3~170 天的数据。记录仪掉电时由备用电池供电，保证所有记录数据和组态信号不会因掉电而丢失。

（5）显示控制器：用来将 CPU 内的数据显示在点阵液晶显示屏上。

（6）液晶显示屏：可显示 160×128 点阵。

（7）键盘控制器：操作人员操作按键的信号，通过键盘控制器输至 CPU，使 CPU 按照按键的要求工作。

（8）报警输出电路：当被记录的数据越限（越过上限或低于下限）时，CPU 就会及时发出信号给报警电路，产生报警输出。

（9）时钟电路：该记录仪的记录时间间隔、时标或日期均由时钟电路产生，送给 CPU。

另外该记录仪内另配有打印控制器和通信控制器，CPU 内的数据可通过它们，与外接的微型打印机、个人计算机（PC）连接，实现数据的打印和通信。

无笔、无纸记录仪具有以下特点。

①液晶全动态显示，既清晰又明了，并有背光功能，即使在黑暗中也清晰可见。

②输入信号多样化，并以工业专用微处理器 CPU 为核心，从而实现了高性能、多回路的监测，并可随意放大、缩小地显示在显示屏上。

③无纸、无笔、无墨水，无一切机械转动结构，无须日常维护。

④精度高：实时显示，±0.2%；曲线及棒图显示，±0.5%。

⑤具有与上位机通信的标准，可靠性高，价格与一般记录仪相近。

2. 虚拟显示仪表

虚拟显示仪表是多媒体技术在显示和记录仪表中的典型应用。在虚拟仪表中，除保留了原有意义上的采样开关和模数转换单元外，显示和记录仪表的所有工作都由功能和性能都很强大的个人计算机来完成。使用时，只需将输入通道插卡插入计算机即可取代原有的实际显示仪表。

虚拟显示仪表的原理方框图如图 2–102 所示。

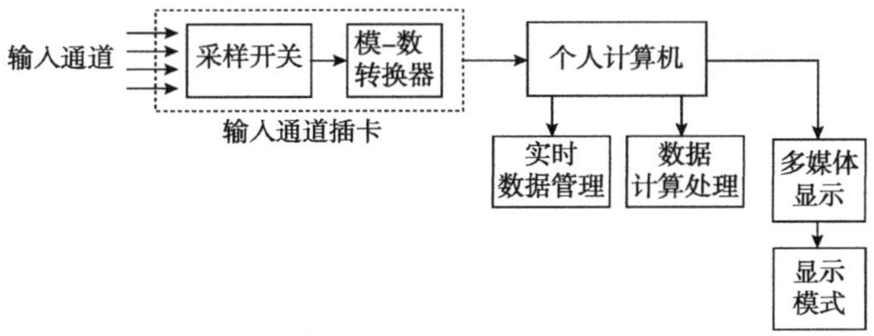

图 2–102 虚拟显示仪表原理方框图

仪表的输入通道插卡由采样开关和模－数转换器两部分构成。计算机在通过插卡完成对被测变量的实时采样和模数处理后，首先利用计算机所安装的数据库对采样所得的实时数据进行管理，在此基础上再对数据进行各种计算处理，包括线性化处理、热电偶的冷端温度补偿及标度变换等。最后根据用户所选择的显示模式，在屏幕上以仪表的实际显示方式进行显示。

虚拟显示仪表具有以下特点。

（1）使用简单方便。由于显示仪表完全被计算机所代替，只要将输入通道插卡插入计算机，便可以由计算机完全模仿实际使用中的各种显示仪表的功能，例如显示面盘、侧面操作盘、接线端子等。用户可以通过计算机键盘、鼠标或触摸屏进行各种操作。

（2）结构简单。虚拟显示仪表的硬件结构简单，特别是在数据处理方面，例如特性线性化、冷端温度补偿及需要各种复杂运算时，计算机更具有优势。此外，一台计算机可以同时实现多种虚拟仪表，可以集中运行和显示。

（3）性能优越。由于显示仪表完全被计算机所代替，除受输入通道插卡的性能限制外，其他各种性能都得到了大大加强，例如计算速度、计算的复杂性、频率响应范围、精确度、稳定性、可靠性和显示模式等。

随着计算机价格的不断降低和功能的不断完善，虚拟显示仪表的成本将不断降低，功能将日益扩大，因而虚拟显示仪表是21世纪发展的必然趋势。

第三章

控制仪表

阀门是流体输送系统的控制元件，主要用于接通或截断流体通路、调节和节流、防止倒流、调节压力、释放过剩的压力及排液。这些功能实现得如何，在很大程度上决定了系统的性能。

随着现代科学技术的发展，阀门在工业、建筑、农业、国防、科研以及人民生活等方面，使用日益普遍，已成为人类活动的各个领域中不可或缺的通用机械设备。一个现代化石油化工装置需要约一万台（只）各式各样的阀门，一座现代住宅楼也需要几千台（只）阀门。阀门的使用量大，开启关闭频繁，往往因使用不当或产品质量低劣而发生“跑、冒、滴、漏”现象。因此，设计制造高质量的阀门、合理选用阀门、正确使用和维护阀门非常重要。

第一节　调节阀

一　调节阀结构

调节机构俗称调节阀，实际上是一个局部阻力可以改变的节流元件。阀杆上部与执行机构相连，下部与阀芯相连。由于阀芯在阀体内移动，改变了阀芯与阀座之间的流通面积，即改变了阀的阻力系数，被控介质的流量也随之相应地改变，从而达到控制工艺参数的目的。

调节阀是过程工业中最常用的调节液体或气体流量的最终控制元件。我们通常把调节阀看作单独的控制单元，实际上它由许多部分组成，液体或气体流过的阀体是调节阀的主要部件，在阀体中通过改变流体路径上节流元件的大小来调节流量。

调节阀同孔板一样是一个局部阻力元件。前者由于节流面积可以由阀芯的移动来改变，因此是一个可变的节流元件。于是，可以把调节阀模拟成孔板节流形式（见图 3–1）。对不可压缩流体，根据伯努利方程，调节阀的流量方程为：

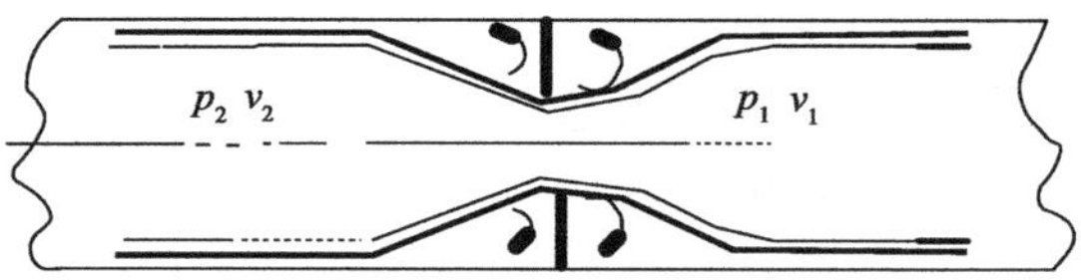

图 3–1　控制阀节流模拟

$$p_1/\rho g - v_1/2g = p_2/\rho g + v_2/2g$$

$$Q = \frac{A}{\sqrt{\xi}}\sqrt{\frac{2}{\rho}(p_1 - p_2)} \qquad (3\text{–}1)$$

式中　v_1、v_2——节流前后速度；

p_1、p_2——节流前后压力；

A——节流面积；

Q——流量；

ξ——阻力系数；

g——重力加速度；

ρ——流体密度。

从式（3-1）中可以看出，当调节阀口径一定，即控制阀两端压差(p_1-p_2)不变时，流量Q随阻力系数ξ变化。ξ减少，Q增大。

调节阀由执行机构和阀门两部分组成，如图 3-2 是气动薄膜调节阀的结构原理图。控制阀种类繁多，按照其执行机构的动力源可分为气动控制阀、电动控制阀、液动控制阀和混合型控制阀四大类。气动控制阀按其执行机构形式又分为薄膜式控制阀、活塞式控制阀和长行程控制阀三类。电动控制阀的执行机构的运动方式分为直行程和角行程两类。

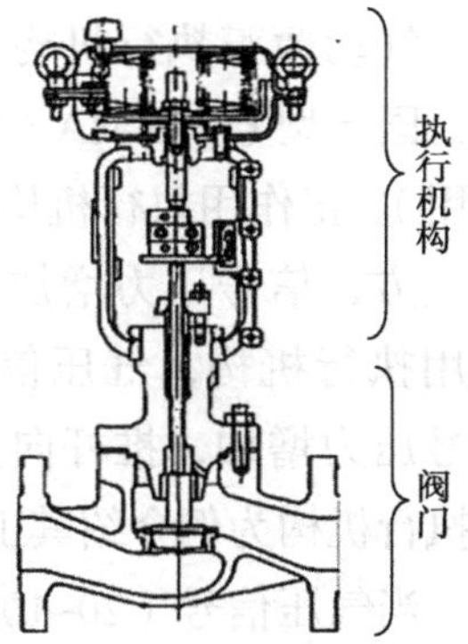

图 3-2 气动薄膜调节阀的结构

从图 3-2 可看出，阀部分由阀体和阀内件组成。按阀体结构形式分类，分为单座阀、双座阀、角阀、三通阀、偏心旋转阀、蝶阀、球阀等。

气动执行器用压缩空气作为能源，其特点是结构简单、动作可靠、维修方便、防火防爆，而且价格较低，因此广泛地应用于石油、化工等生产过程中。即使是采用电动仪表或计算机控制时，只要经过电—气转换器或电—气阀门定位器将电信号转换为气压调节信号，就仍然可用气动执行器。

电动执行器的能源取用方便，信号传递无滞后，不需专门的气源装置。在调节回路较少的简单电动调节系统中较为适用。但由于它结构复杂、防爆性能差，故在石油钻采生产过程中应用较少。

液动执行器在海洋油气集输工程中少有应用，其原理与气动活塞式执行器相似，在此不作专门介绍。

执行器从功能结构上分析，由电动执行机构和调节机构两部分组成，如图 3-3 所示。执行机构按调节器送来的控制信号产生响应的直线位移或转角位移，带动调节机构的阀芯产生相应的位移，改变阀芯与阀座的流通面积和流动阻力，实现对流量的调节。

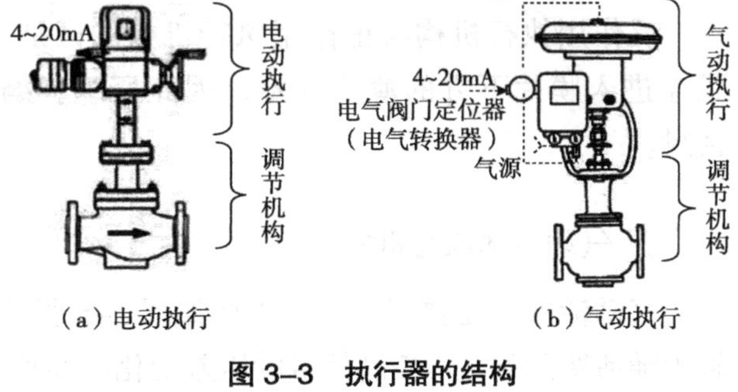

图 3-3 执行器的结构

气动执行机构分气动薄膜执行机构和气动活塞执行机构。

1. 气动薄膜执行机构

气动薄膜执行机构如图 3-4 所示，一般由上膜盖、下膜盖、波纹薄膜、推杆、支架、压缩弹簧、弹簧座、调节件等组成。膜片为具有波纹的盆形，采用丁腈橡胶夹多层涤纶布制成。

气动薄膜执行机构有正、反作用两种形式，国产型号为 ZMA（正作用）和 ZMB（反作用）。正作用执行机构，气压信号作用在膜片上方，信号压力增加，推杆向下移动；反作用执行机构，气压信号作用在膜片下方，信号压力增加，推杆向上移动。以下以正作用执行机构为例介绍其工作原理。

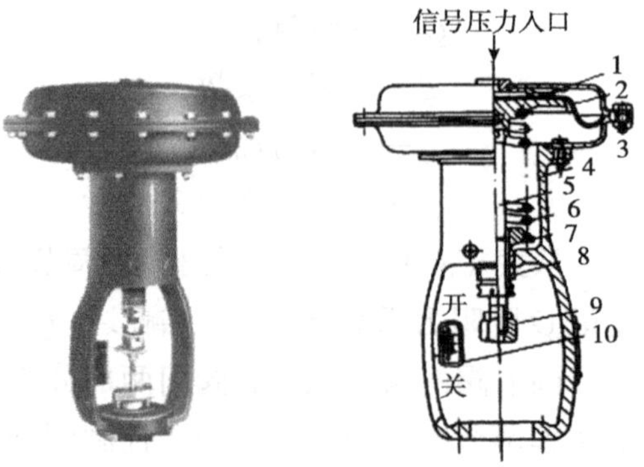

（a）外形　　（b）结构

图 3-4　正作用气动薄膜执行机构

1—上膜盖；2—膜片；3—下膜盖；4—支架；5—推杆；6—压缩弹簧；7—弹簧座；8—调节件；9—螺母；10—行程标尺

当气压信号（20~100kPa）压力通入由上膜盖和膜片组成的气室时，在膜片上产生一个向下的推力，使推杆向下移动压缩弹簧。当弹簧产生的反作用力与控制信号在膜片上的推力相平衡时，推杆稳定在一个对应的位置，即：

$$A(p-p_0)=C(L-L_0) \tag{3-2}$$

$$A\cdot\Delta p=C\cdot l \tag{3-3}$$

式中　A——膜片的有效面积；

p——控制信号压力，p_0 =20kPa，$\Delta p = p-p_0$；

C——弹簧刚度；

L——弹簧压缩变形量；

L_0——弹簧预紧量（p =20kPa 时，$L=L_0$ 恰能启动推杆）；

l——推杆行程。

推杆的位移与气压信号成正比。上述分析没有考虑阀杆摩擦力和阀芯上的流体作用力。当流体对阀芯的作用力较大时，阀杆行程会变小。

反作用执行机构与正作用执行机构的区别在于反作用执行机构的信号压力是从下膜盖进入膜片下方的薄膜气室，因此压缩弹簧在膜片的上方，推杆采用 O 形密封圈密封。

2. 气动活塞执行机构

气动活塞（无弹簧）执行机构如图 3-5 所示。其基本组成为活塞和气缸，活塞在气缸内随活塞两侧气压控制信号的压差变化而移动。

在气缸两侧可分别输入不同的信号 p_1 和 p_2，驱动活塞上下移动。也可以只在气缸一

侧输入控制信号 p_1，在活塞另一侧加装弹簧，在 p_1 减小时活塞反向移动。

气动活塞执行机构的气缸操作压强允许为 500kPa，没有弹簧反作用力，可以有很大的输出推力，特别适用于高静压、高压差的场合，也是一种常用的气动执行机构。

气动活塞执行机构的输出特性有两位式和比例式两种。两位式只有开和关两个工作状态，工作时，当一侧进气而另一侧排气，活塞被推向排气侧，换向时用气动阀或电磁阀改变进气位置即可。这种执行机构的行程可以很大，一般为 25~100mm。

比例式气动活塞执行机构必须带有阀门定位器，才能保证阀门开度与输入控制信号成正比，如图 3-5 所示。

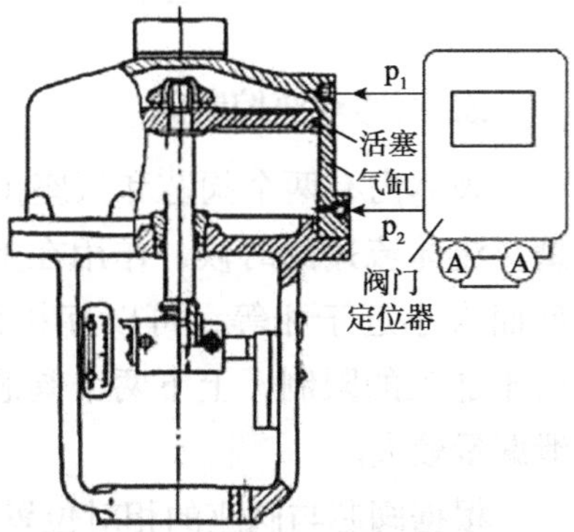

图 3-5　无弹簧气动活塞执行机构

二　调节阀分类

根据不同的使用要求，调节阀的结构形式很多，主要有直通单座控制阀、直通双座控制阀、角阀等几种。几种基本的调节阀类型如图 3-6 所示。

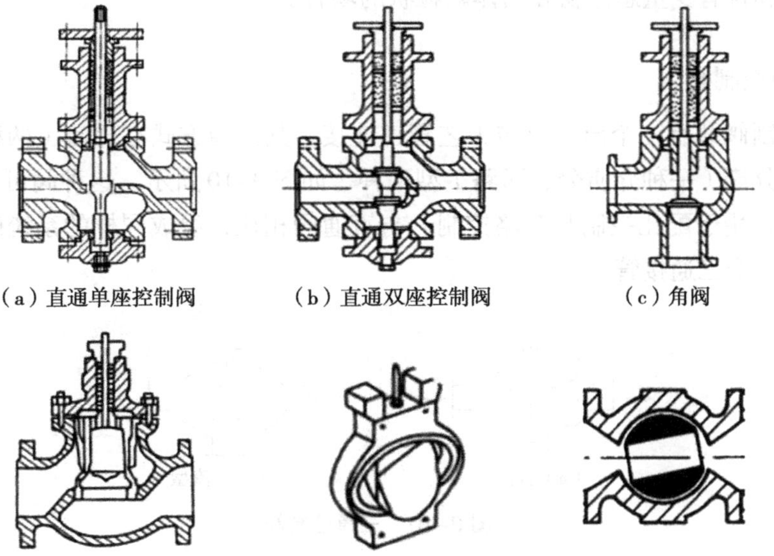
（a）直通单座控制阀　（b）直通双座控制阀　（c）角阀

（d）套筒阀　（e）蝶阀　（f）球阀

图 3-6　调节阀类型

1. 直通单座控制阀

这种阀的阀体内只有一个阀芯与阀座，如图 3-7 所示。其特点是结构简单、泄漏量小，易于保证关闭，甚至完全切断。但在压差大的时候，流体对阀芯上下作用的推力不平衡，这种不平衡力会影响阀芯的移动。因此这种阀一般应用在小口径、低压差的场合。

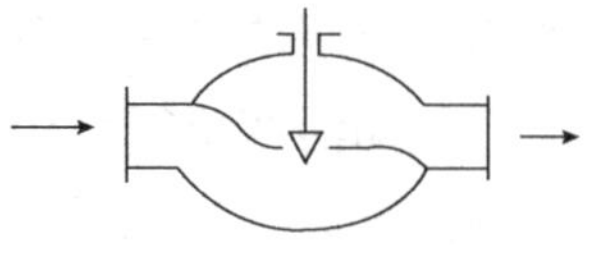

图 3-7　直通单座控制阀

2. 直通双座控制阀

阀体内有两个阀芯和阀座（见图 3-8），是最常用的一种类型。流体流过的时候，作用在上、下两个阀芯上的推力方向相反而大小近于相等，可以互相抵消，使得不平衡力小。但是，由于加工的限制，上下两个阀芯阀座不易保证同时密闭，因此泄漏量较大。

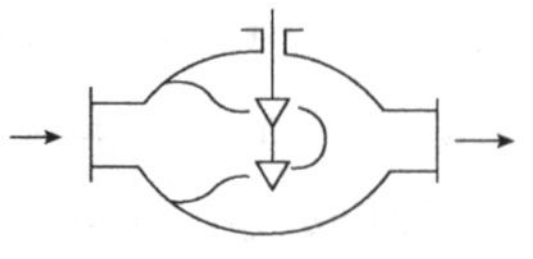

图 3-8　直通双座控制阀

根据阀芯与阀座的相对位置，这种阀可分为正作用式与反作用式（或称正装与反装）两种形式。当将阀体直立、阀杆下移时，阀芯与阀座间的流通面积减小的称为正作用式；当将阀芯倒装、阀杆下移时，阀芯与阀座间流通面积增大的称为反作用式。

3. 角阀

角阀的两个接管呈直角形，一般为底进侧出，如图 3-9 所示。这种阀的流路简单、阻力较小，适用于现场管道要求直角连接，介质为高黏度、高压差和含有少量悬浮物和固体颗粒状的场合。

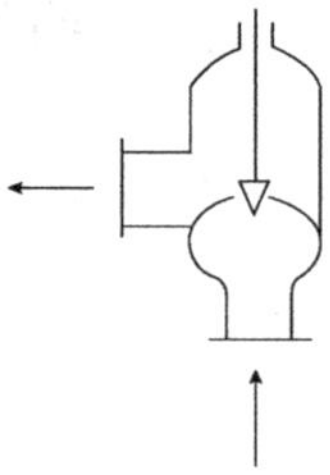

图 3-9　角阀

4. 三通控制阀

三通控制阀共有三个出入口与工艺管道连接。其流通方式有合流（两种介质混合成一路）型和分流（一种介质分成两路）型两种，如图 3-10 所示。这种阀可以用来代替两个直通阀，适用于配比控制与旁路控制。与直通阀相比，组成同样的系统时，可省掉一个二通阀和一个三通接管。

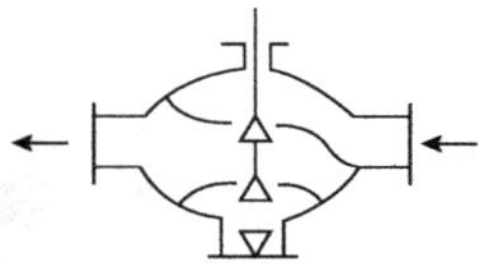

（a）合流型

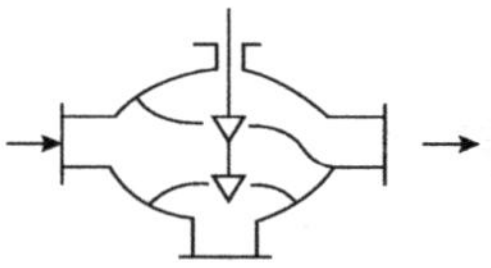

（b）分流型

图 3-10　三通控制阀

5. 隔膜控制阀

它采用耐腐蚀衬里的阀体和隔膜，如图 3-11 所示。隔膜阀结构简单、流阻小、流通能力比同口径的其他种类的阀要大。由于介质用隔膜与外界隔离，故无填料，介质也不会泄漏。这种阀耐腐蚀性强，适用于强酸、强碱、强腐蚀性介质的控制，也能用于高黏度及悬浮颗粒状介质的控制。

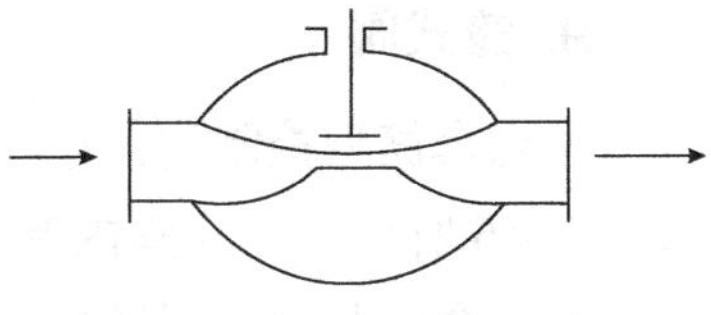

图 3-11 隔膜控制阀

选用隔膜阀时，应注意执行机构须有足够的推力。一般隔膜阀直径大于100mm时，均采用活塞式执行机构。受衬里材料性质的限制，这种阀的使用温度宜在150℃以下，压强在1MPa以下。

6. 蝶阀

又名翻板阀，如图3-12所示。蝶阀具有结构简单、重量轻、价格便宜、流阻极小的优点，但泄漏量大，适用于大口径、大流量、低压差的场合，也可以用于含少量纤维或悬浮颗粒状介质的控制。

7. 球阀

球阀的阀芯与阀体都呈球形体，当通过转动阀芯使之与阀体处于不同的相对位置时，就具有不同的流通面积，以达到流量控制的目的，如图3-13所示。

球阀阀芯有V形和O形两种开口形式，如图3-14所示。O形球阀的节流元件是带圆孔的球形体，转动球体可起控制和切断的作用，常用于双位式控制。V形球阀的节流元件是V形缺口球形体，转动球体使V形缺口起节流和剪切的作用，适用于高黏度和污秽介质的控制。

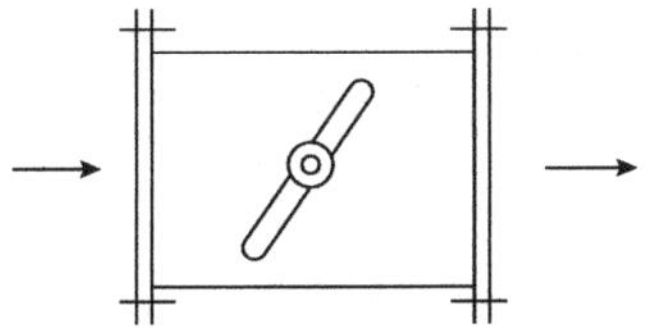

图 3-12 蝶阀

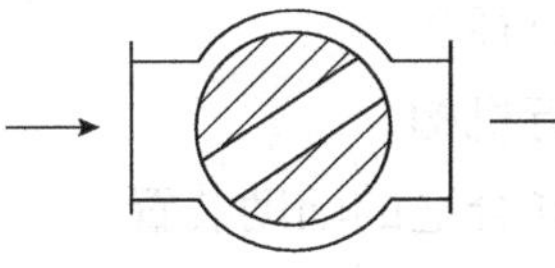

图 3-13 球阀

（a）V形 （b）O形

图 3-14 球阀阀芯的形状

8. 凸轮挠曲阀

又名偏心旋转阀。它的阀芯呈扇形球面状，与挠曲臂及轴套一起铸成，固定在转动轴上，如图3-15所示。凸轮挠曲阀的挠曲臂在压力作用下能产生挠曲变形，使阀芯球面与阀座密封圈紧密接触，密封性好。同时，它的重量轻、体积小、加装方便，适用于高黏度或带有悬浮物的介质流量控制。

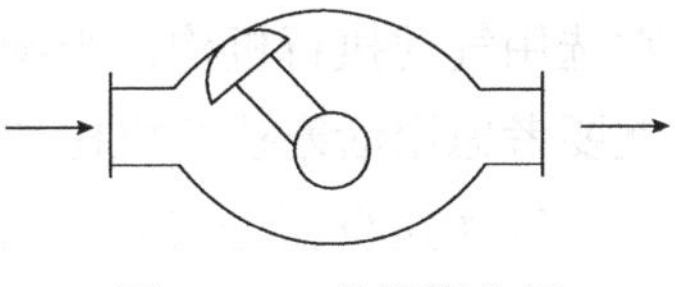

图 3-15 凸轮挠曲阀

9. 笼式阀

又名套筒型控制阀，它的阀体与一般的直通单座阀相似，如图 3–16 所示。笼式阀内有一个圆柱形套筒（笼子）。套筒壁上有一个或几个不同形状的孔（窗口），利用套筒导向，阀芯在套筒内上下移动，由于这种移动改变了笼子的节流孔面积，于是就形成了各种特性并实现流量控制。笼式阀的可调比大、振动小、不平衡力小、结构简单、套筒互换性好，更换不同的套筒（窗口形状不同）即可得到不同的流量特性，阀内部件所受的汽蚀小、噪声小，是一种性能优良的阀，特别适用于要求低噪声及压差较大的场合，但不适用高温、高黏度及含有固体颗粒的流体。

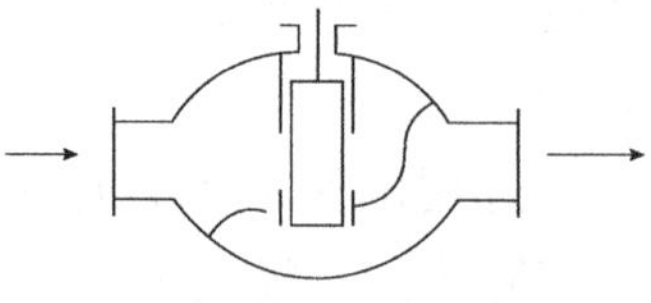
图 3–16　笼式阀

除以上所介绍的阀以外，还有一些特殊的控制阀。例如，小流量阀适用于小流量的精密控制，超高压阀适用于高静压、高压差的场合。

三　调节阀安装及应用

执行器在自动调节系统中占有极其重要的地位。要使执行器在系统中很好地发挥其调节作用，并不是一件容易的事情，应根据工况特点、生产工艺及系统的要求等诸多方面的因素，综合考虑，合理选用执行器。

选择气动执行器时应从以下几个方面去考虑：

（1）根据工艺要求，选择合适的结构类型。

（2）根据对象的特点，选择适合的流量特性。

（3）根据工艺参数，选择阀门口径。

（4）根据阀杆受力情况选择执行机构。

（5）根据工艺过程的要求，选择合适的辅助装置。

在这里我们仅对前三个主要问题进行讨论。

1. 执行器类型的选择

首先要根据工艺条件和流体性质，选择调节阀的结构，目前，在石油化工企业中通常选用气动执行机构，当调节阀的口径较大或压差较高时，执行机构要求有较大输出力，就要考虑用活塞执行机构或用薄膜执行机构配备阀门定位器。

气动执行器分气开、气关两种。当有信号压力输入时阀门开，称气开式；反之有信号压力输入时阀门关，称气关式。气开、气关的选择主要是从工艺生产的安全要求出发。当信号压力中断时（如调节器故障或供气中断时），视调节阀处于打开或关闭位置，对工艺生产造成的危害性而定。如：对于通过调节火源（烧重油的炉子，调节进油量）控制温度的加热炉，宜采用气开式，以防烧毁加热炉；对于压缩机的吸入压力控制，执行器要选气关式，以免抽空。

气动执行机构有正装和反装两种，而调节阀芯（双导向阀芯）也有正、反两种作用形式。因此实现气动执行器的气开和气关有四种组合方式，如图 3–17 所示。

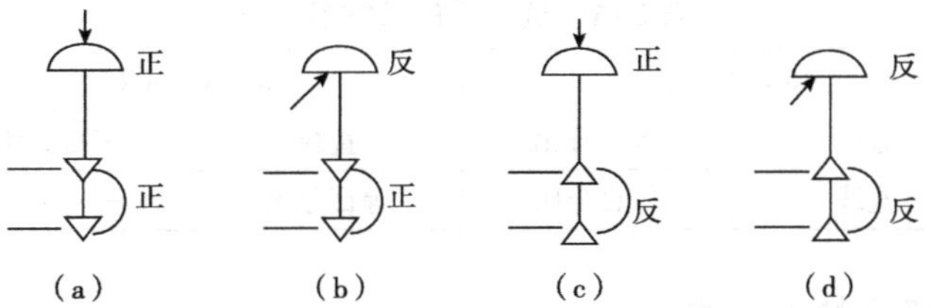

图 3–17　执行器的组合方式

（a）正作用执行机构和正装调节阀组成的气关式执行器。

（b）反作用执行机构和正装调节阀组成的气开式执行器。

（c）正作用执行机构和反装调节阀组成的气开式执行器。

（d）反作用执行机构和反装调节阀组成的气关式执行器。

在实际使用中，并不全部采用这四种方式，对双导向阀芯的直通双座与 D_g25mm 以上直通单座阀，一般执行机构均采用正作用式，通过变换调节阀的正、反装来实现气开、气关。单导向阀芯的高压调节阀、角形调节阀、D_g25mm 以下直通单座调节阀及隔膜阀、三通阀等，因为调节阀只有正装，所以只能通过变换执行机构的正反作用来实现气开、气关。

2. 调节阀流量特性的选择

在生产中常用的是直线、等百分比和快开三种理想流量特性。抛物线流量特性介于直线特性与等百分比特性之间，常用等百分比特性代替，快开特性主要用于双位调节及程序控制，所以流量特性的选择就是如何选择直线和等百分比流量特性。流量阀特性的选择，可从以下几个方面考虑：

1）从调节质量考虑

一个自动调节系统，是由对象、变送器、调节仪表和执行器组成。在负荷变化的情况下，为使调节系统仍能保证预定指标，希望总放大系数在系统整个操作范围内保持不变。通常，变送器、调节器（已调整好）和执行机构的放大系数为一常数，而调节对象的系数总是随操作条件、负荷变化而变化，因此对象特性往往是非线性的。为了提高调节系统的质量，就要适当地选择调节阀的特性，以对调节对象放大系数进行补偿，使系统总的放大系数保持不变或近似不变。所以调节阀流量特性的选择原则如下：

（1）对象的放大系数与调节阀的放大系数的乘积等于常数。

（2）调节对象放大系数为线性时，选用直线流量特性；对象的放大系数随负荷加大而变小时，选用等百分比流量特性的调节阀。

2）从工艺配管情况考虑

调节阀总是与管道、设备等连在一起使用，系统配管不同，配管阻力引起调节阀上压降的变化，所以阀的工作特性与阀的理想特性也有差异，必须根据系统特点选择希望得到的工作特性，并考虑工艺配管情况来选择相应的理想特性，可参照表 3–1。

表 3–1 选择阀的特性参考表

配管情况	$S = 0.6\sim1$		$S = 0.3\sim0.6$		$S < 0.3$
阀的工作特性	直线	等百分比	直线	等百分比	不宜控制
阀的理想特性	直线	等百分比	等百分比	等百分比	不宜控制

3）从负荷的变化情况考虑

直线特性调节阀在小开度时，流量相对变化量较大，过于灵敏，易振荡，会使阀芯、阀座使用寿命缩短，因此，在 S 值较小、负荷变化幅度大的场合不宜使用。等百分比特性调节阀的放入系数随阀门开大而增加，流量相对变化量不变，对负荷的波动有较好的适应性，在全负荷或半负荷生产时都有较好的调节性能，制造也不困难，故有着较广泛的应用。

3. 调节阀口径的确定

确定调节阀的口径尺寸大小（调节能力的大小），是选用调节阀的一个主要内容，它关系到工艺操作能否正常进行，调节性能的好坏。掌握调节阀流通能力的正确计算方法，选择适当的阀门的口径尺寸是十分重要的。

调节阀口径的大小取决于流通能力 C，从工艺参数计算流通能力，到阀门口径的确定有如下几个步骤。

（1）计算流量的确定。根据生产能力、设备负荷及介质情况，决定计算流量 Q_{max} 和 Q_{min}。

（2）计算压差的确定。根据已选择好的调节阀流量特性及系统特点选定 S 值，然后决定计算压差。

（3）流通能力的计算。选择合适的公式和图表，根据已定的计算流量和计算压差，求最大流通能力 C_{max} 和最小流通能力 C_{min}。

（4）流通能力的选用，根据求得的 C_{max}，在所选用的产品形式的标准系列中，选取大于 C_{max} 且最接近的那一级 C 值。

（5）阀座的直径和公称直径的决定。验证合适后，根据 C 值决定。

4. 气动执行器的安装与维护

1）气动执行器的安装、使用原则

在实际中，除了要正确选择执行器外，正确地安装和使用也是一个值得注意的问题，安装的合理与否不仅关系到执行器的装卸、维修是否方便，也决定了执行器能否在自动调节系统中起到良好的调节作用。现对安装使用执行器的原则作一介绍。

（1）气动执行器呈垂直方向安装在水平管道上，在特殊情况下需要水平或倾斜安装时，一般要加支撑。

（2）为便于维护检修，气动执行器应安装在接近地面或楼板的地方，并在执行器的上、下方留有足够的间隙。

（3）在调节阀的口径与工艺管直径不同时，应采用特制的大小头连接。

（4）为防止执行机构膜片老化及延长执行器的使用寿命，应尽量远离高温、振动、有毒及腐蚀严重的场合。

（5）当调节机构失灵（如气源中断）、控制系统失灵或执行机构膜片损失时，可将气动调节阀切换成手动操作，使工艺过程正常进行。采用手轮机构可以阻止阀的开度。在某些调节系统（如低压常温、无腐蚀、无黏结的干净介质，大口径管路）中，使用手轮机构代替旁通管路。工艺现场的旁路组合形式有多种，在此列举常用的四种，如图 3–18 所示。

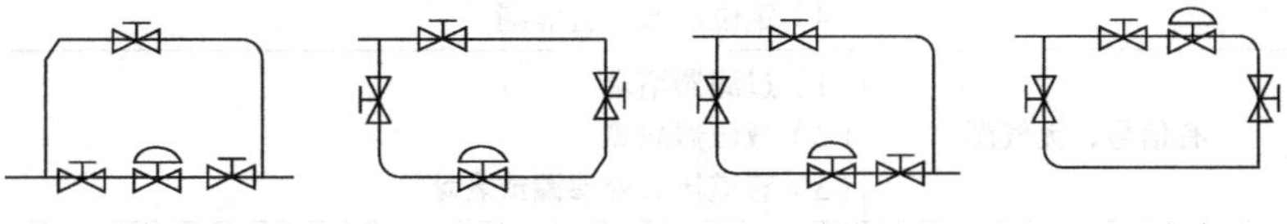

图 3–18　常用调节阀旁路组合形式

它们各自的特点如下：

组合（a）：过去习惯采用的一种方案，旁路可以自动放空。但两个切断阀与调节阀在一根管线上难于拆卸、安装，且占空间较大。

组合（b）：这种方案较好，布局紧凑，占空间小，也便于拆卸。

组合（c）：这种方案也较好，但比方案（b）占空间大一些。

组合（d）：这种方案只适用于小口径调节阀，否则执行器安装位置高，装卸不便。

2）气动执行器的故障维修

气动执行器具有结构简单和动作可靠的特点，但由于直接与工艺介质接触，同时，其性能直接影响自动调节系统的质量，因此，对气动执行器必须进行经常的维护和定期检修。气动执行器重点检查部位如下：

（1）阀体内壁。

对于在高差压和有腐蚀性介质场合的调节阀、阀体内壁、隔膜阀的隔膜常受介质冲击和腐蚀，要重点检查耐压、耐腐蚀情况。

（2）阀座。

调节阀工作时，固定阀座的内螺表面受腐蚀易使阀座松动，检查时应注意。

（3）阀芯。

阀芯在工作时受介质冲蚀最严重；要注意阀芯的磨损、冲蚀情况和与阀杆连接是否松动等。

（4）膜片和 O 形密封圈。

检查执行机构中膜片和 O 形密封圈是否老化、裂损。

（5）密封填料。

注意密封填料是否老化和配合面是否损坏，必要时予以更换。

气动执行器常见故障及消除方法见表 3–2。

表 3–2　气动执行器常见故障及消除方法

常见故障		产生原因及消除方法
阀不动作	无信号，无气源	（1）压缩机电源及压缩机本身的故障 （2）气源总管泄漏
	无信号，有气源	（1）调节器的故障 （2）信号管线泄漏 （3）调节阀膜片或活塞密封环泄漏 （4）定位器波纹管泄漏
	有信号，无气源	（1）过滤器堵塞 （2）减压器故障 （3）管道接头处渗漏或者堵塞
	定位器无气源，但没有输出	（1）定位器中放大器的恒节流孔堵塞 （2）压缩空气中的水分，聚积于放大器球阀处
	有信号仍无动作	（1）阀芯与衬套或阀座卡死 （2）阀芯脱落（销子断了） （3）阀杆弯曲或折断 （4）执行机构故障
阀的动作不稳定	气源压力经常变化	（1）压缩机容量太小 （2）减压器故障
	信号压力不稳定	（1）控制系统的时间常数（$T=RC$）不适当 （2）调节器的故障
	气源，信号压力一定，但调节阀动作仍不稳定	（1）定位器中放大器球阀受微粒或垃圾等磨损的影响，使球阀关不严，特别是在耗气量增大时会产生输出振荡 （2）定位器中放大器的喷嘴挡板不平行，挡板盖不住喷嘴 （3）输出管线漏气 （4）执行机构刚性太小，流体压力变化造成推力不足 （5）阀杆摩擦力大
（有鸣声）阀产生振荡	调节阀接近全闭位置时振动	（1）调节阀选大了，常在小开度时使用 （2）单座阀介质流动方向与关闭方向相同
	调节阀任何开度时都振动	（1）支撑不稳 （2）附近有振动源 （3）阀芯与衬套的磨损
阀的动作迟钝	阀杆往复行程时动作迟钝	（1）阀体内有泥浆或黏性大的介质，使阀堵塞或结焦 （2）聚四氟乙烯填料变质硬化或石墨填料的润滑油干燥 （3）活塞式执行机构中活塞密封环磨损
	阀杆单方向动作时动作迟钝	（1）气体薄膜执行结构中膜片泄漏和破损 （2）执行结构中 O 形密封圈泄漏

续表

<table>
<tr><th colspan="2">常见故障</th><th>产生原因及消除方法</th></tr>
<tr><td rowspan="4">阀的泄漏量大</td><td>阀全闭时泄漏量大</td><td>（1）阀芯被腐蚀、磨损
（2）阀座外围的螺丝被腐蚀</td></tr>
<tr><td>阀达不到全闭位置</td><td>（1）介质压差很大，执行机构的刚性小了
（2）阀体内有异物
（3）衬套烧结</td></tr>
<tr><td>填料部分及阀体密封部分渗漏</td><td>（1）填料盖没压紧
（2）用石墨石棉盘根处润滑油干燥
（3）采用聚四氟乙烯作填料时，聚四氟乙烯老化变质
（4）密封垫被腐蚀</td></tr>
<tr><td>可调比变小</td><td>阀芯被腐蚀，使 Q_{min} 变大</td></tr>
</table>

第二节　关断阀

一　关断阀结构

在紧急情况下，通过启动功能完好的远程关断阀来快速地隔离容器或工艺，能够及时地阻止泄漏事件后果进一步扩大，是控制事故影响的最有效措施之一。对于处理有毒物料的装置，使用远程关断阀可避免人员进入有毒环境场所操作阀门，能够快速地控制有毒物质的扩散，减少人员伤害。对于处理可燃物料的装置，操作人员进入火场手动关闭阀门的做法是不切实际的，由于化工装置布置紧凑，若不及时关断，还可能导致事故升级，造成更为严重的事故后果。

阀门的设计、安装、维护的主要目的是在保护层失效事件（包括但不限于管道、法兰和泵密封的泄漏）发生时，能够快速地隔离含有危险物质的装置，且阀门关闭动作的启动能够远程实现。实现同样或类似功能的阀门有紧急关断阀、紧急隔离阀或远程截止阀等。在海洋石油工程中紧急关断阀（SDV）和紧急泄放阀（BDV）应用最为广泛。紧急关断阀是工艺安全系统的重要组成部分。当有关闭信号时，它们必须隔离工艺系统或者使其泄压。下面将讨论各种不同类型关断阀的设计和应用，并概括阐述阀和执行机构的各种形式的组合。

1. 阀体

大多数阀利用塑料作为一次阀座面材料。如果阀受到高温影响，座的材料可能熔化或燃烧，从而损坏座面。通常规定关断阀是防火安全型阀芯，这意味着该阀使用二次的金属对金属的座面，该座面在一次座面损坏时，仍然使该关断阀具有切断作用。为了保证该阀能够防火，必须根据 API（美国石油学会）607 软座球形调节阀的火情测试或 API 6FA 所述的火情状态，对阀进行测试。

2. 阀和执行系统组件

在选择紧急关断阀时，应考虑的关键问题是阀和执行机构的配合。执行机构必须根据接收信号正确地动作，对阀进行操作。

当阀起隔离作用时，通常，阀执行机构组件必须与事故关闭相配合。即当有信号作用到执行机构时，阀被打开；当信号消除时，阀被关闭。在阀起着泄压或者放空作用时，阀的动作相反，执行机构组件必须具有事故打开的动作。紧急关断阀应处于完全打开或者完全关闭状态，它们不具有节流阀的功能。

执行机构杆的动作必须同操纵阀所需动作一致。例如，一个闸阀需要一个垂直的线性移动去打开和关闭阀门，因而该执行机构也需要一个垂直的线性移动，这就称作线性执行机构。其他形式的阀（例如，直角回转球形调节阀或蝶形调节阀）需要旋转 90° 去打开和关闭阀门，这种形式的执行机构均称为旋转式执行机构。所以必须仔细地审查把执行机构安装在阀体和阀杆上的方法，以确保二者一致。

3. 推力和扭矩要求

执行机构具有多种规格和结构。为了保证阀执行机构组件适用于所有的工艺状况，必须确保执行机构能产生足够的动力去操作阀体。在线性操作器中，执行机构用特定的供给压力产生一定大小的推力，在旋转执行机构中，执行机构用特定的供给压力产生扭矩。

大多数阀门厂家会将生产的这些阀所需的推力或者扭矩的数值公布出来。这些数值通常由阀可能经受的最大压差（阀体的额定压力）来决定。因为使用一段时间的阀（由于摩擦的缘故）通常比新阀需要更高的扭矩，所以必须选择这样的执行机构，使其产生的最小推力或扭矩至少超过阀门厂所规定数值的 20%。必须注意在阀冲程的什么位置上确定最大的推力和扭矩。有些阀可能在打开时要求最大值，而另一些则可能在中间的某一位置上需要最大值。

当管线的压力倾向关闭一个闸阀或者球阀时（不平衡状态），在打开冲程的开始阶段，执行机构必须施加最大的推力去克服闸门上或者阀芯上最大的不平衡力。

当管线的压力倾向打开一个闸阀或者球阀时（不平衡状态），在关闭冲程的末尾阶段，执行机构将施加最大的推力以便克服闸门上或者阀芯上最大的不平衡力。

对于旋转阀来说，执行机构必须产生足够大的转矩，在冲程开始时启动阀，在运行阶段使阀继续旋转，最后，在结束冲程时关闭阀门。旋转执行机构使用一个轭架机构把活塞的线性运动转化为一个 90° 的旋转运动。这种形式的执行机构，厂家通常会给出 2 个转矩。第一是启动转矩，它是在执行机构冲程的开始阶段，或者在双动作执行机构冲程的每一端产生的转矩。第二个是运行转矩，它是执行机构在旋转中间点（45°）产生的转矩。

弹簧复位执行机构有一个薄膜或者活塞。薄膜或者活塞的一个方向作为动力冲程，而另一个方向则具有弹簧驱动的动能。当执行机构上的工作压力消失，弹簧则向相反的方向驱动执行机构。对于这类执行机构，与阀匹配时，必须考虑打开和关闭冲程机构的启动扭矩和终止转矩。

大多数执行机构供给系统有一个使执行机构正运行的范围。最小的实用供给压力应该用来确定执行机构的输出量，并且在计算中还应包括约 20% 的安全因素。

4. 连接装置

要将关断阀连接到应急关断 / 报警系统需要一个连接装置。对于电气关断系统，使用电磁阀，对于气动关断系统，则使用气动滑阀。

5. 附件

快速排气阀的作用是给执行机构排放气体并增大动作速度。

速度控制用于调整阀和执行机构组件的打开或关闭时间。该系统由一个安装在连接装置排气口上的可变节流器组成。应指出的是，节流器绝不能安装在执行机构的气源供给线上。该节流器是用来延长执行机构完全排放所需的时间。

电动限位开关或者气动限位开关既可用作远距离的阀位显示，也可用来确保阀在指定程序中打开或者关闭。气动开关是用来机械操作阻塞和泄放式阀，该阀一经触发，就会阻塞供给和发出信号。电动开关可以是磁力吸引簧片开关，也可以是电动机械式装置。它们必须安装在一个适应现场条件的电气封闭盒内，满足现场的防爆及防护要求。

ESD 紧急关断阀常常与锁定和手动复位装置安装在一起。一旦关断信号消除，就会促使执行机构作用于阀门，使其关断之后自行投入操作，而锁定和手动复位装置则防止阀门自动地再打开。

二 关断阀分类

1. 换向闸阀

这种类型的阀用于井口控制系统。该阀由一个相对阀的轴线做 90° 旋转的闸门组件组成。阀杆和闸门组件向上移动，使阀关闭；而向下移动则使阀打开。该作用同正常的闸阀相反，所以叫作换向闸阀。由于具有这种功能管线的压力可以反作用于闸门使其关闭，故这种类型的阀还需要一个线性执行机构。

2. 直角回转球形关断阀

这是工艺系统中最常见的阀，由一个精密磨削加工的球，球上带一个镗钻的孔。孔是在进口和出口的连接轴线上。球旋转 90°，使阀从全开到全闭。通常，球是由碳钢、蒙乃尔合金或者不锈钢加工而成，并被高度抛光和电镀从而达到镜面光洁度。凹形阀座的结构以及镜面式的光洁度可以达到气密密封要求。阀座可以用各种不同的材料进行加工，包括软弹性材料和金属对金属的阀座材料。材料的选择应该以阀的用途为根据，尤其要考虑工艺压力和温度。

3. 明杆式球形关断阀（Rising Stem Ball Valve）

同直角回转球形关断阀操作相似。它是通过把球向着流体通道做 90° 的旋转来打开和关闭闸门。所不同的是随着 90° 的旋转，球要做一个垂直的运动。这样避免了球和座面之间的摩擦和损耗，亦减少了线性执行机构所需的推力。这种特殊形式的阀对于华氏 800 ℉高温操作是很理想的。设计时需注意此阀不能设置在需进行清管作业的管道上。

4. 蝶形关断阀

蝶形关断阀是一个安装在轴上，并与流体轴向成 90° 的圆盘。圆盘旋转 90° 就可以打开和关闭阀门。该阀体需要安装的空间最小，并且只需一个简易的板插上贯穿螺栓即可使用。这种形式阀的应用只限于低压力和小尺寸的阀的范围，因为用在大尺寸或高压力降的条件下，对转矩式执行机构将提出过多的要求。

5. 球阀

作为关断阀，球阀的应用范围也是有限度的。因为它们不能提供可靠的关闭功能，所以它不能作为关断阀使用，该阀主要应用在节流系统中。

球阀在关断系统中最普遍的应用是泄放。即在气体系统中，当需要一个受控制的低压额定值的气量时，对气体进行泄放。通常规定低压系统用软座垫达到气密关闭目的；而对高压系统则采用金属对金属座件。薄膜执行机构必须有足够的尺寸，以便克服作用到阀上的最大压差，从而保持阀的关闭能力。

球阀也能安装在上游，并与容器上的标准液体泄放阀串联。它被连接在一个独立的液面控制器上，只要标准泄放阀运行，该控制器就维持球阀处在打开的位置。一旦标准泄放阀切断，该球阀就开始运行，防止气体泄漏。

三 关断阀安装及应用

1. 执行机构及系统的选择

1）线性活塞式执行机构

这种形式的执行机构可以应用在所有需要阀杆做线性移动的阀上。典型的应用是闸阀和明杆式球形调节阀。

该执行机构由一个垂直安装在阀体上部的活塞构成。装在活塞上的轴连接到阀杆上，活塞下面的力使轴上升；而活塞上面的力使轴下降。

闸阀或明杆式球形调节阀出现故障时，自动关闭的作用是通过在活塞上安装弹簧的方式达到目的的。一旦解除动力供给，安装在活塞上面的弹簧就使该阀关闭。这些阀的事故打开的触发作用需要施加一个相反方向的动力和安装相反位置的弹簧。弹簧安装在活塞下面，而动力则施加在活塞的上面。换向闸阀的结构则与上述相反。

2）旋转活塞式执行机构

旋转活塞式执行机构应用在需要旋转 90° 的球形调节阀和蝶形调节阀上。执行机构水平地安装于阀体上，与阀杆成 90°。执行机构的取向通常是平行于阀的液流通道；如果按管线结构需要，它亦可以垂直取向。旋转活塞式执行机构可以是双向作用式，也可以是弹簧返回的单向作用式。

弹簧返回单向作用执行机构只需作用在一个方向的驱动力即可。如果动力消失，弹簧将在相反方向驱动活塞。

如果在静止的情况下，执行机构安装在阀上，而阀是处在开的位置，那么，动力将会使阀关闭，弹簧力使阀打开。相反地，在静止的情况下，执行机构安装在阀上，阀是处于关的位置，那么动力将会使阀打开，弹簧力使阀关闭。

双向作用的执行机构需要有作用在每一个方向上的驱动力。如果除掉施加在执行机构上的动力，执行机构将停留在它最后的位置，直到有动力施加到对面的活塞上，改变它的运动方向。

3）薄膜式执行机构

薄膜式执行机构可以是双向作用也可以是单向作用弹簧返回式。弹簧的位置确定了阀的故障作用，它的原理类似于线性活塞式执行机构。薄膜式执行机构典型的应用是用在明杆式球形调节阀、蝶形调节阀和球阀中。

4）旋转叶片式执行机构

旋转叶片式执行机构由一个圆柱体组成。该圆柱体被分隔成两部分，每一部分是 180°。一个中心轴要装两个叶片，它们彼此相对 180°，各自占据一个部分。当压力施加到每一个叶片的对边上，由此引起轴的转动。

5）其他形式的执行机构

各种其他形式的执行机构也可以使用，例如电气执行机构或者电气——液压式执行机构。

6）执行机构系统

各种不同类型的执行机构都应用气操纵液压系统。该系统便于执行机构平稳地操作运行。液压流体的润滑特性也可以延长执行机构运动部件的使用寿命。

该系统包括一个液压流体储罐，该储罐由阀控制，通过加压的气体驱动液压流体从储罐中流出操作执行机构。某些活塞式执行机构则使用在一个方向上，一个专门的储罐驱使活塞运动，而在相反的方向上利用加压气体对活塞进行操纵。

旋转叶片式执行机构使用两个方向压力气源操纵液压缸：一个用于开式循环，而另一个用于闭式循环。

在一定形式的阀中，例如常规的闸阀或者明杆式球形调节阀中，管线的压力直接作用到阀杆上试图使阀打开；对于弹簧返回式执行机构来说，弹簧上的张力则使阀保持关闭状态。双向作用线性活塞式执行机构需要在密闭的气缸内一直保留供气压力，以便克服阀杆的作用力。为了达到这一目的，一个单流阀和供气储存罐则用来保证在失去供给气源条件下，阀门保持关闭状态。如果供给系统失效或者关断信号消除，系统将触发并且关闭阀门。

2. 连接装置及电磁阀的使用

1）连接装置

气动系统正常操作的压力为 30psig（1psig=6.89kPa）。关断阀执行机构通常需要的压力高于这个数值，因此需要一个连接装置接收 30psig 压力信号，并供给阀执行机构较高的压力。这一过程是通过使用滑阀来实现的。当来自关断系统的信号接触至滑阀的活塞末端时，阀芯开始移动，使得阀的供气口与输出口连通。当信号从活塞上消除时，活塞另一端的弹簧在相反的方向上推动阀芯，使得供气口阻塞，并且把输出口与排放口连接起来，从而降低了阀执行机构的压力。

如果阀的执行机构是一个双向作用类型的，就要求在两个方向上对执行机构进行操作，为此要采用一个四通阀。当来自关断系统的信号发送到滑阀的活塞上时，阀芯开始移动，使得阀的供气口连接到滑阀的敞开口，滑阀的封闭口连接到排放口。这样，供给压力被施加到紧急关断阀执行机构的动力活塞上，而动力活塞的另一边被放空，因此引起活塞的运动。当关断信号从滑阀上释放掉时，弹簧则推动滑芯，使得供气口连接到封闭口；敞开口连接到排放口，使充压的气体排到周围的大气中，引起活塞在适当的方向进行移动。

2）电磁阀

电磁阀被用来把气动或者液压操作的关断阀连接到电动紧急关断 / 报警系统中。大多数电磁阀的功能类似于气动滑阀。只是气动活塞的膜片由电磁圆筒形线圈取代。

滑阀仍然是气动切换的。但是，作用到活塞上的气动信号是由通电的电磁阀接收。通过滑阀内部钻通的孔道，把滑阀的供气口连接到电磁阀的输入口。当电磁阀通电时，供给气通过电磁阀作用到气动活塞上，使得滑芯移动。当电磁阀断电时，供气口被阻塞，作用在活塞上的气体通过电磁阀的排气口放空，而安装在滑阀另一端的弹簧推动阀向相反的方向移动。电磁阀的线圈适合在各种不同的交流电压和直流电压下操作。但是，被选取的电压要同紧急关断/报警系统的电压一致，最常用的是24V直流电。线圈通常是用环氧树脂浇铸，可以防潮和防霉菌。为防止飞虫异物由电磁阀的排放孔进入或堵塞电磁阀，需在电磁阀的排放孔加装防虫罩。外壳的设计要符合海上采油平台的电气防爆区域分类的规定。

3. 速度控制

速度控制用于减慢阀的打开和关闭速度，是否使用速度控制则取决于阀的用途。例如，井口阀的操作通常是瞬时的，不需速度控制。而关断系统中的其他阀则需要一定的延迟时间，使得系统压力趋于平衡，防止由于管线突然关闭而引起振动。在泄压管线中为防止管线振动，放空阀经常是减速操作的。

执行机构的速度控制是通过限制执行机构活塞排放气体的速度达到的。对于一个单向作用弹簧返回执行机构来说，限流孔被安装在滑阀排放口内，该限流孔将控制由动力活塞排出气体的流速。动力活塞的对面有一个装在活塞外壳上的放空口。通过活塞的移动，气缸中的空气从这个放空口排放到大气中。动力冲程上执行机构的速度可以通过在这个放空口中安装限流孔的方法来控制。对于双向作用执行机构，其两个方向上的速度控制可以通过在滑阀排放口上安装限流孔的方法达到。

为了避免环境污染，液压系统采用了在通向执行机构的液体流动管线上安装流量控制阀的方法。这些阀在一个方向上是自由流动的，而在相反的方向上则被限制流量。

4. 减压阀及限位开关的使用

1）减压阀

在大多数关断系统中，所有的阀从一个公共的供给源取得动力。由于阀的规格不同，并由此使用不同规格的执行机构，显而易见，执行机构的最大工作压力要小于动力中心供给压力。在这种情况下，可使用压力调节器降低施加到执行机构的压力。为了避免执行机构超压，必须在调节器后面安装一个减压阀。该减压阀必须设定在执行机构最大允许工作压力内，且该减压阀的规格要满足泄放调节器上全部压力的要求。

2）限位开关

限位开关用于阀的执行机构，提供阀的开或关的状态的远距离显示和紧急关断/报警系统的闭锁功能。限位开关可以是气动的，也可以是电动的。

（1）气动限位开关。

气动限位开关通常是机械操作的阻塞和泄放的装置，该装置由安装在阀杆上的手柄启动。开关的动作由关断的逻辑信号所决定。例如，如果启动开关是为了产生一个关断信号，那么，开关就要连接到泄放端。相反地，如果开关的动作是一个安全状态的闭锁，那么开关就要阻塞泄放端，产生一个正的关断逻辑信号。

（2）电动限位开关。

电动限位开关有多种结构形式。但是，由于海洋石油平台的环境比较恶劣，应用比较多的是全密封式磁力簧片开关。这种类型的开关有两个不锈钢盒，每个盒内安装一个簧片开关，这两个开关彼此相对 90°，且安装在一个罩内。两个磁体固定在阀杆上，彼此相对 180°。阀杆旋转时，使磁体接近一个开关，该磁体吸引簧片，把磁场变化转变为电的触点动作。如果阀杆做相反方向的旋转，另外一个磁体就会接近另一个开关，吸引簧片。电动限位开关要符合所处区域的防爆及防护等级要求。

第三节　安全阀

一　安全阀结构

在海洋石油生产过程中，为了安全生产，防止由于各种事故造成生产系统压力超过容器和管道的设计压力，从而发生爆炸事故，应在生产系统的容器和管道上设置安全泄压阀，通常称为安全阀。

安全阀是一种安全保护用阀。通过向系统外排放介质来防止管路或设备内介质压力超过规定数值。安全阀属于自动阀，常被用于锅炉、压缩机、压力容器和管道等，防止其介质压力过高。当管道或设备内介质压力超过规定值时，启闭件（阀瓣）自动开启排放介质；低于规定值时，启闭件（阀瓣）自动关闭。对管道或设备起保护作用的阀门称为安全阀。安全阀往往作为最后一道保护装置使用，因而其可靠性对设备和人身的安全具有特别重要的意义。

1. 阀门参数

安全阀在阀门产品类型中属高端阀门，由于结构复杂，理论计算公式繁杂，各种性能试验要求严格，与通用阀门相比参数更多，了解一些主要的术语和定义是必要的。

2. 安全阀的几何尺寸特性

（1）实际排放面积：流体通过安全阀时决定流量大小的最小流通面积。

（2）幕帘面积：当安全阀打开阀瓣在阀座上升起时，在其密封面之间形成的圆柱形或圆锥形通道的面积。

（3）有效排放面积：通过计算得到的介质流经安全阀的名义面积或计算面积，用于计算或确定安全阀尺寸，它小于实际排放面积。

（4）喷嘴面积：也称喷嘴喉部面积，是指喷嘴的最小横截面积。

（5）入口尺寸：安全阀入口连接管道的公称尺寸。

（6）出口尺寸：安全阀出口连接管道的公称尺寸。

（7）开启高度：安全阀打开时阀瓣从阀座上升起的高度。

3. 安全阀的系统操作压力特性

（1）最大操作压力：设备操作运行时可能达到的最高压力。

（2）最大允许工作压力（MAWP）：在指定温度下整个容器顶部最大允许表压，根据容器每个部件的公称厚度计算得到，最大允许工作压力是决定保护容器的安全阀定压的基础。

（3）设计压力：容器顶部最高允许压力，应不小于安全阀的定压，可以等于或小于最大允许工作压力。

（4）背压力：安全阀出口处的压力，它是静压力和动压力的总和。

（5）静压力（也称附加背压力或叠加背压力）：安全阀动作前，在安全阀出口处的压力，它是由排放系统中其他压力源造成的，它可能是稳定的也可能是变化的。

（6）动压力（也称排放背压力或积聚背压力）：安全阀在排放时所造成的安全阀出口的压力增加值。

（7）积聚压力：在安全阀泄压期间，安全阀入口压力超过最大允许工作压力的增加值，通常用最大允许工作压力的百分数表示。

（8）整定压力（开启压力）：安全阀在服务工况下开始打开时的安全阀入口压力。

（9）排放压力：阀瓣达到规定高度时安全阀的入口压力。

（10）回座压力：安全阀排放后阀瓣重新与阀座接触，及开启高度重新变为零时的安全阀入口压力。

（11）超过压力：排放压力与整定压力之差，通常用其与整定压力的百分数表示。

（12）启闭压差：整定压力与回座压力之差，通常用其与整定压力的百分数表示。

（13）冷态试验压力：安全阀在试验台架上调整到开启时的进口压力，它包括工况条件下温度和背压力的修正值。

二 安全阀分类

1. 重力式安全阀

重力式安全阀（见图 3-19）是利用重锤的重力控制定压的安全阀，当阀前静压超过安全阀的定压时，阀瓣上升以泄放被保护系统的超压，当阀前压力降到安全阀的回座压力时，可自动关闭安全阀。

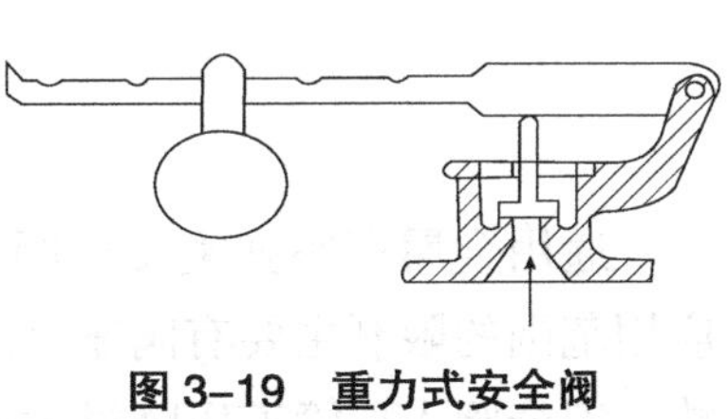

图 3-19 重力式安全阀

重力式安全阀具有结构简单、价格低廉、定压可以很低等优点，但其定压难以调节，密封差，开启前有较长的开启过程，阀达到全开时需要有很高的超压等缺点导致其应用范围受到了一定的限制。

2. 弹簧安全阀

1）通用式弹簧安全阀

通用式弹簧安全阀（见图 3-20）是由弹簧作用的安全阀。定压由弹簧控制，其动作受背压的影响。安全阀依据硬密封或软密封的不同又分为通用金属阀座弹簧安全阀和通用软阀座弹簧安全阀。

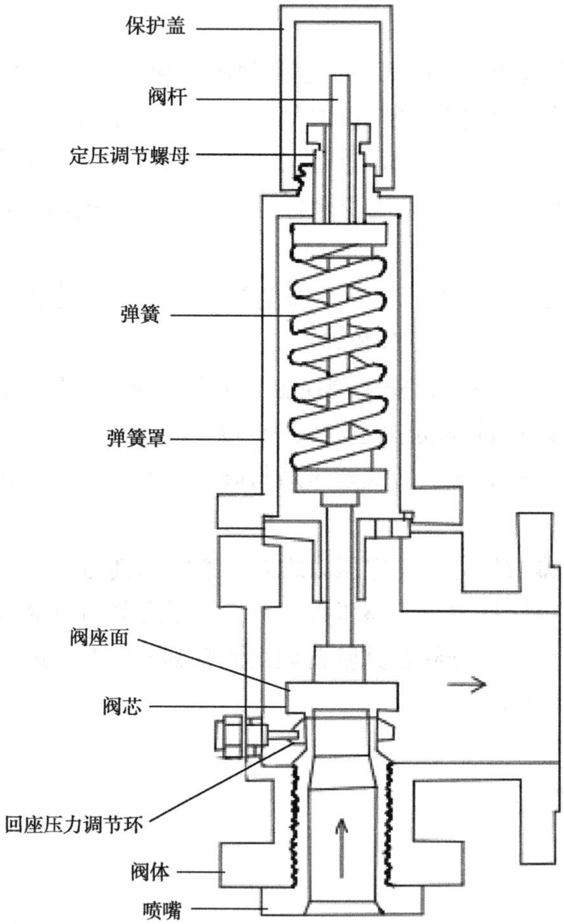

图 3-20　通用式弹簧安全阀

通用金属阀座弹簧安全阀价格较低，广泛应用于石油化工领域，适宜于高温应用。应用范围的限制主要有阀座易漏、开启时间长和回座过程慢导致阀前超压和介质过量排放、安全阀入口管道压降过大会影响安全阀的性能、背压对安全阀的定压和排量产生的影响、定压容易漂移等。

2）平衡式弹簧安全阀

平衡式弹簧安全阀（见图 3–21）是由弹簧作用的安全阀。定压由弹簧控制，利用活塞或波纹管减少背压对安全阀动作性能的影响。

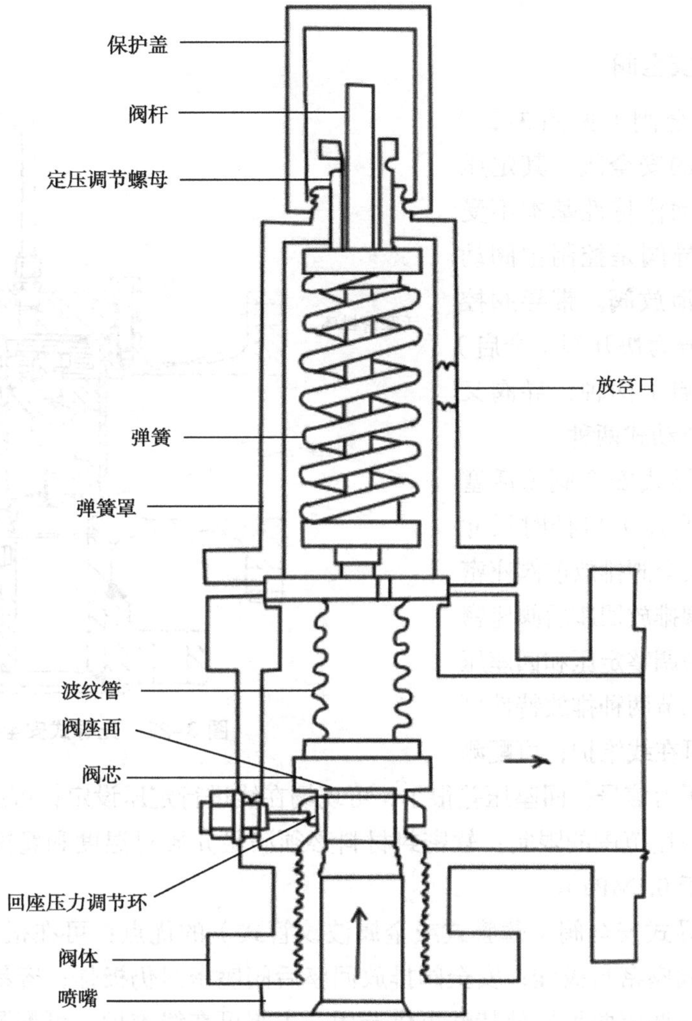

图 3–21　平衡式弹簧安全阀

平衡式弹簧安全阀依据硬密封或软密封的不同又分为平衡式金属阀座弹簧安全阀和平衡式软阀座弹簧安全阀。

平衡式金属阀座弹簧安全阀的优点：波纹管保护，阀座免受腐蚀；定压不受背压影响；只在高背压情况下才会影响安全阀的排量；有比较好的高温性能等。缺点：安全阀阀座易漏；开启时间长和回座过程慢，导致阀前超压和介质过量排放；安全阀入口管道压降过大会影响安全阀的性能；能承受的背压有限；波纹管寿命有限，价格贵、维护费用高；定压容易漂移。

平衡式软阀座弹簧安全阀的优点：安全阀排放前阀座密封良好、安全阀排放回座后阀座密封仍良好，反复启闭后仍有良好的回座密封性，维护费用低等。缺点：工作温度受阀座材料耐温性的限制，安全阀入口管道压降过大会影响安全阀的性能，能承受的背压有限。

3. 先导式安全阀

先导式安全阀（见图3–22）是由导阀控制的安全阀。其定压由导阀控制，动作特性基本不受背压的影响。导阀是控制主阀动作的辅助压力泄放阀。带导阀控制的安全阀又分为快开型（全启）和调节型（渐启）两种；导阀又分流动式和不流动式两种。

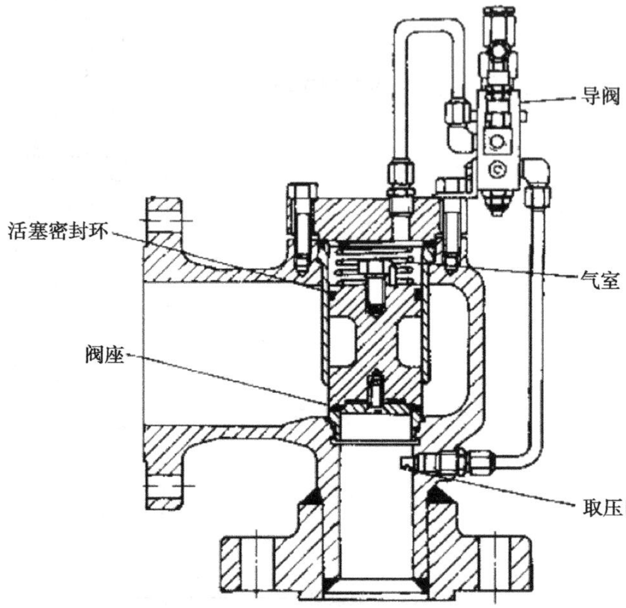

图3–22　先导式安全阀

软阀座先导式安全阀（活塞型）的优点：高压大口径时尺寸小、重量轻；安全阀排放前阀座密封极佳；安全阀排放回座后阀座密封仍极佳；容易调整定压和回座压力；有快开和调节两种排放特性可供选用；主阀可在线维护；可配测压元件，输出压力信号；回座压差很小；可现场在线进行定压设定；可遥控泄压；开启不受背压影响。应用范围的限制：软密封材料必须满足介质对温度和腐蚀的要求；定压不能太低（不低于0.1MPa）。

软阀座先导式安全阀（薄膜式或金属波纹管式）的优点：可在很低的定压下工作；安全阀排放前阀座密封极佳；安全阀排放回座后阀座密封仍极佳；容易调整定压和回座压力；有快开和调节两种排放特性可供选用；主阀可在线维护；可配测压元件，输出压力信号；回座压差很小；可现场在线进行定压设定；可遥控泄压；开启不受背压影响。应用范围的限制：软密封材料必须满足介质对温度和腐蚀的要求；定压不能太高（不高于0.35MPa）；不宜用于液体介质。

4. 全启式安全阀和微启式安全阀

全启式安全阀是当入口处的静压达到设定压力时，阀瓣迅速上升到最大高度，可最大限度地排出超压的物料。一般用于可压缩流体。

微启式安全阀是当入口处的静压达到设定压力时，阀瓣位置随入口压力升高而成比例地升高，可最大限度地减少物料的排出。一般用于不可压缩流体。

5. 弹簧式安全阀和先导式安全阀的比较

弹簧式安全阀是常用的一种安全阀，但其性能不及先导式安全阀，比较如下：

（1）安全阀阀座的关闭压力。由于安全阀的泄漏往往受阀的关闭力的影响，从作用原理上看，先导式安全阀阀前压力越高，阀门关闭越严密，而普通弹簧式安全阀则相反，阀前压力越接近定压，阀门的关闭力越小越易泄漏。

（2）软密封。先导式安全阀大多采用软密封，可保证良好的密封性；而弹簧式安全阀大多采用硬密封，密封性能相对较差。

（3）安全阀开启前的泄漏。先导式安全阀在阀前压力达到定压前（定压的 98% 时），开始泄漏，泄漏量较小；而阀前压力降到定压以下时又能较早地关闭，从而减少了泄漏及过量排放。

（4）背压。先导式安全阀可承受较弹簧式安全阀高得多的背压。

（5）价格。低压小口径时，先导式安全阀的价格较同样规格的弹簧式安全阀贵，比平衡式弹簧式安全阀低；高压、大口径时，先导式安全阀的价格较同样规格的弹簧式安全阀便宜。

（6）泄放量。在入口法兰尺寸相同的情况下，先导式安全阀的喷嘴尺寸可以比弹簧式安全阀的大，因而先导式安全阀泄放能力较大。

（7）安全阀入口管的压降。弹簧安全阀入口管的压降不可超过入口压力的 3%，否则可能会影响安全阀的使用；先导式安全阀的导压管可以加长，能直接接到压力源的容器或管道上取压。

三 安全阀安装及应用

1. 安全阀的选用要求

（1）灵敏度要高：管道或设备中的介质压力达到开启压力时，安全阀应能及时开启，当介质压力下降到回座压力时，安全阀应能及时关闭。

（2）应具有规定的排放压力。

（3）在额定的排放压力下，安全阀应达到规定的开启高度。

（4）在使用中应保证强度、密封及安全可靠。

（5）动作性能的允许偏差和极限值。

①整定压力（开启压力）的偏差。当整定压力小于 0.5MPa 时，为 ±0.14，当整定压力大于或等于 0.5MPa 时，为整定压力的 ±3%。

②开启高度极限偏差为开启高度平均值的 ±5%。

③启闭压差极限值。对于启闭压差可调节的安全阀，启闭压差极限值根据用户要求可选择下列二者之一：

a. 启闭压差最小值为整定压力的 2.5%，最大值为整定压力的 15%。

b. 整定压力小于 0.3MPa 时，启闭压差最大值为 0.03MPa。

（6）对于启闭压差不可调节的安全阀，启闭压差最大值为整定压力的 15% 。

（7）对于不可压缩介质的安全阀，启闭压差最大值为整定压力的 20% ；当整定压力小于 0.3MPa 时，闭压差最大值为 0.06MPa。

安全阀在选型时还要注意：

（1）排放不可压缩流体（如水或油等液体）时，应选用微启式安全阀；排放可压缩流体（如天然气等气体）时，应选用全启式安全阀。

（2）下列情况下应选用波纹管安全阀或带导阀的安全阀：

①安全阀的动背压大于其定压的 10% 时。

②安全阀的背压不稳定，其变化可能影响安全运行时。

（3）液体膨胀用安全阀允许采用螺纹连接，但入口尺寸不大于 1in（1in=2.54cm）。

（4）除液体膨胀用安全阀允许采用螺纹连接外，海洋石油工程中一般均采用法兰连接的安全阀。

（5）介质具有腐蚀性或易结垢时，应选用波纹管式安全阀。

（6）只有介质是水蒸气或空气时，才允许使用带扳手的安全阀。

（7）只要使用温度和介质允许，应尽量选用软密封安全阀，以便减少开启前的泄漏以及更为耐用和更易于维修。

（8）除夜体膨胀泄压用安全阀外，安全阀入口尺寸为 1in。夜体膨胀泄压用安全阀入口尺寸最小为 3/4in。

2. 安全阀的选材

（1）安全阀的阀体、弹簧罩的材料应同安全阀入口配管材料一致。

（2）某些特殊系统可能会出现经安全阀阀孔降压后温度降低的情况，应考虑选用合适的低温材料。

（3）阀杆选用 SS316 或相当的不锈钢。

（4）安全阀的阀瓣和喷嘴应选用 SS316 不锈钢，不允许使用碳钢。

3. 安全阀的安装

（1）安全阀必须垂直安装，尽量靠近被保护的设备和管线。

（2）安全阀应与容器或管线上部气相空间相接。

（3）安全阀应安装在易于检修和调节之处，周围要有足够的工作空间。

（4）安全阀入口一般不允许设置切断阀；若出于检修需要，设置切断阀，其位置要用锁锁在开启状态（LOCK OPEN）。

4. 安全阀的定压、积聚压力和背压的确定

（1）定压：安全阀的定压应不大于被保护的容器或管道的设计压力。

（2）积聚压力：在非火灾工况下，压力容器允许的最大积聚压力为设计压力的 10%；在火灾工况下，压力容器允许的最大积聚压力为设计压力的 20%；管道允许的最大积聚压力为设计压力的 33%。

（3）背压：背压对安全阀的泄放能力存在一定的影响。对于有背压的泄放系统，安全阀的出口法兰、弹簧罩、波纹管的机械强度都应满足背压的要求。

①通用式安全阀的允许背压值：在非火灾工况时，动背压的值不可超过定压的 10%；在火灾工况下，动背压的值不可超过定压的 20%。

②波纹管平衡式安全阀的允许背压：在非火灾工况及火灾工况下，总的背压的值不超过定压的 30%。

5. 安全阀常见故障及维护措施（见表 3-3）

表 3-3 安全阀常见故障及维护措施

常见故障	产生原因	预防和排除方法
密封面泄漏	由于制造精度低、装配不当、管道载荷等原因，使零件不同心	修理或更换不合格的零件，重新装配，排除管道附加载荷，使阀门处于良好状态
	安装倾斜，使阀瓣与阀座产生位移，以致接触不严密	应直立安装，不可倾斜
	弹簧的两端不平行或装配时歪斜；杠杆式的杠杆与支点发生偏斜或磨损，使阀瓣与阀座接触压力不均匀	修理或更换弹簧，重新装配；修理或更换支点磨损件，消除支点的偏移，使阀瓣与阀座接触压力均匀
	弹簧断裂	更换弹簧，更换的弹簧质量应符合要求
	由于制造质量、高温和腐蚀等因素使弹簧松弛	根据产生原因有针对性地更换弹簧，如果是选型不当应调换安全阀
	阀瓣与阀座密封面损坏；密封面上夹有杂质，使密封面不能密合	研磨密封面；开启带扳手的安全阀吹扫杂质或卸下安全阀清洗。对含杂质多的介质，适于选用橡胶、塑料类的密封面或带扳手的安全阀
	阀座连接螺纹损坏或密合不严	修理更换阀座，保持螺纹连接处严密不漏
	阀门开启压力与设备正常工作压力太接近，以致密封比压降低，当阀门振动或压力波动时，容易产生泄漏	根据设备强度，对开启压力作适当调整
	阀内运动零件有卡阻现象	查明阀内运动零件卡阻原因后，对症修理
阀门启闭不灵活	调节圈调整不当，使阀瓣开启时间过长或回座迟缓	应重新加以调整
	排放管口径小，排放时背压较大，使阀门开度不足	应更换排放管，减小排放管阻力

续表

常见故障	产生原因	预防和排除方法
未到规定开启压力就开启	开启压力低于规定值，弹簧调节螺钉、螺套松动或重锤向支点窜动	重新调整开启压力至规定值；固定紧调节螺钉、螺套和重锤
	弹簧弹力减小或产生永久变形	更换弹簧
	调整后的开启压力接近、等于或低于安全阀工作压力，使安全阀提前动作、频繁动作	重新调整安全阀开启压力至规定值
	常温下调整的开启压力用于高温工况，开启压力降低	适当拧紧弹簧调节螺钉、螺套，使开启压力至规定值。如果属于选型不当，可调换带散热器的安全阀
	弹簧腐蚀引起开启压力下降	强腐蚀性的介质，应选用包覆氟塑料的弹簧或选用波纹管隔离的安全阀
到限定开启压力仍不动作	开启压力高于规定值	重新调整开启压力
	阀瓣与阀座被脏物粘住或阀座被介质凝结或结晶堵塞	开启安全阀吹扫或卸下清洗，对因温度变冷容易凝结和结晶的介质，应对安全阀伴热或在安全阀底部连接处加装爆破膜隔断
	寒冷季节室外安全阀冻结	应进行保温或伴热
	阀门运动零件有卡阻现象，增加了开启压力	检查后，排除卡阻现象
	背压增大，使工作压力到规定值后，安全阀不动作	消除背压，或选用背压平衡式波纹管安全阀
安全阀振动	由于管道的振动而引起安全阀振动	查明原因后，消除振动
	阀门排放能力过大	选用阀门的额定排放量尽可能接近设备的必需排放量
	进口管口径太小或阻力太大	进口管内径应不小于安全阀进口通径或减少进口管的阻力
	排放管阻力过大，造成排放时背压过大，使阀瓣落向阀座后又被介质冲起，以很大频率产生振动	降低排放管的阻力
	弹簧刚度太大	选用刚度小的弹簧
	调整圈调整不当，使回座压力过高	重新调整调节圈位置

第四章

海上仪表的故障处理

第一节　自动化仪表故障综合分析

一　方法介绍

作为海上石油平台的维护人员，仪表故障分析不仅是他们的主要工作之一，对其快速准确地判断出故障点更是提出了很高的要求。根据多年仪表维修经验，本节由浅入深、由通用到专业，比较系统地整理了工业仪表故障分析判断的 9 种方法。维护人员在实际运用时，应融会贯通，在熟悉仪表工作原理的基础上，遵循先调查法、检查法，再使用其他方法进行判断，以期在故障排查中少走弯路，提高效率。下面就对这几种方法进行介绍。

1. 分部法

分部法是在查找故障的过程中，将电路和电气部件分成几个部分，以查明故障原因的方法。

一般检测控制仪表电路可分为三大部分，即外部回路（由仪表的接线端往外直到检测元件、控制执行机构为止的全部电路）、电源回路（由交流电源到电源变压器等全部电路）、内部回路（除外部回路、电源回路以外的全部电路）。在内部电路中，可以划分为几小部分（根据其内部电路特点、电气部件结构进行划分）。分部检查即根据划分出的各个部分，采取从外到内、从大到小、由表及里的方法检查各部分，逐步缩小怀疑范围。当检查判断出故障在哪部分后，再对这一部分做全面检查，找到故障部位。

分部检查按顺序对仪器仪表各部分进行检查分析判断，虽比较有条理，但检查时间长，在检查中往往抓不住重点，浪费不少时间。适用于检修人员维修经验较少，对仪器仪表故障现象不太熟悉，且故障较复杂的情况。

此法也可以叫作排除法，可以说是解决故障的一般性、通用性方法，可以和其他方法结合使用。

同样以海上平台井口控制盘为例，井口控制盘一般分为以下几个部分：气动控制回路、液动控制回路、单井模块、ESDV 回路、BDV 回路、易熔塞回路、ESD 手动站回路。在出现主液压系统压力不稳下降较快、液压油箱的液位又无明显变化时，基本可以判定是某一个回路存在元件失效造成内漏导致的。此时，首先应对液动控制回路、单井模块、ESDV 回路、BDV 回路，按照系统原理进行逻辑分部，逐个进行检查，一般可采用断路法，逐一隔离回路，确定故障回路后，重点考虑各个回路上的安全阀是否起跳，三通阀是否卡滞不能复位或动作。

2. 调查法

调查法是通过对故障现象和它产生发展过程的调查了解，分析判断故障原因的方法。一般有以下几个方面：

（1）故障发生前的使用情况和有无什么先兆。

（2）故障发生时有无打火、冒烟、异常气味等现象。

（3）供电电压变化情况。

（4）过热、雷电、潮湿、碰撞等外力情况。

（5）有无受到外界强电场、磁场的干扰。

（6）是否有使用不当或误操作情况。

这种情况在现场经常出现，比如某平台中压缩机 A 机一级入口洗涤器液位高报警，造成 A 机停机。其故障原因就是断塞流捕集器去火炬调节阀——PV-1512A 阀后的球阀被人为关闭，造成断塞流捕集器压力达到 2000kPa，中压压缩机 A 机一级入口洗涤器不能正常排液，液位憋高从而造成液位过高而关停。

（7）是在正常使用中出现的故障，还是在修理更换元器件后出现的故障。

（8）以前发生过哪些故障及修理情况等。

（9）通过查看历史趋势记录，分析故障的可能原因。

例如某平台主机关停，原因是冷却水温度高报警。现场检查温度探头没有问题，接线也没有问题。在事件记录中发现一个涡轮增压的速度探头报警记录。查看速度探头和温度探头的趋势记录，发现这两个存在高度一致性，都在一个时间点出现异常。最后现场检查速度探头，发现探头松动造成速度指示不准，影响了温度调节，造成主机关停。

（10）通过 PLC 程序顺藤摸瓜，查找故障点。

例如某平台一台天然气压缩机，在电机过载停机后，压缩机其他部位依然在运转，没有引发压缩机关停。这个故障从表面上很难找到问题所在，最后通过分析 PLC 程序，发现是一个设计缺陷，设计时没有考虑到这种情况，编程缺少一部分内容。另有一平台主机在维修后能启动但不能发电。电气人员检查了所有参与发电的设备，都没有异常，最后请厂商协助解决。最终服务工程师通过阅读 PLC 程序发现在高压控制盘的一个测试开关被设置为“测试”状态，这个开关会给 PLC 程序发出一个不能发电的指令。把这个开关复位后，主机启动正常，正常发电。

采用调查法检修故障，调查了解要深入仔细，特别是对现场使用人员的反映内容要核实，不要急于拆开检修。维修经验表明，使用人员的反映内容有许多是不正确或不完整的，通过核实可以发现许多不需维修的问题。

例如，生产人员反映，某分离器气相出口压力调节阀近期一直工作在 100% 开度位置，但之前开度一直维持在 60%；仪表维护人员不应该盲目地进行控制回路的测量检查，应该首先向生产人员询问近期是否对生产流程的其他阀门进行过调节；调节阀出口下游管路上通常还装有二级节流手动阀门，如果二级节流手动阀门开度减小，会造成调节阀背压升高，控制系统为了稳定分离器的罐内压力，自然会增大调节阀开度。

3. 直观检查法

直观检查法是不用任何测试仪器，通过人的感官（眼、耳、鼻、手）去观察发现故障的方法。检查内容主要包括：

（1）指示灯是否正常显示，是否有报警灯亮起。

（2）仪器仪表外壳及表盘玻璃是否完好，指针是否变形或是否与刻度盘相碰，装配紧固件是否牢固，各开关旋钮的位置是否正确，活动部分是否转动灵活，调整部位有无明显变动。

（3）连线有无断开，各接插件是否正常连接，电路板插座上的簧片是否弹力不足、接触不良，对于采用单元组合装配的仪表，特别要注意各单元连接螺丝是否拧紧。

（4）机内有无高压打火、放电、冒烟现象；各继电器、接触器的接点，是否有错位、卡住、氧化、烧焦粘死等现象。

（5）电源保险丝是否熔断，电路板元件是否裂碎、变色、断极，电阻是否烧焦，线圈是否断丝，电容器外壳是否膨胀、漏液、爆裂。

（6）印刷电路板敷铜条是否断裂、搭锡、短路，各元件焊点是否良好，有无虚焊、漏焊、脱焊现象。

（7）机内有无振动并发出噼啪声、摩擦声、碰击声；机内有无特殊气味，如变压器、电阻等因绝缘层烧坏而发出的焦煳味；各零部件排列和布线是否歪斜、错位、脱落、相碰。

（8）机内变压器、电机、功率管、电阻、集成块等易发热元器件温升是否正常、有无烫手现象。

（9）机械传动部分是否运转正常，有无齿轮啮合不好、卡死及严重磨损、打滑变形、传动不灵等现象。

（10）是否有设备振动导致的端子松动、固定螺栓松动等现象。

例如某平台透平报火警关断，原因就是透平排气波纹管尾端见机橇连接法兰有三个紧固螺栓脱落，其他螺栓均无松动和脱落（见图 4-1），现场分析在机组运转时，此处可能有高温热气泄漏引起火焰探头报警。

对于故障的排查，尤其是对于控制系统，如控制电路板、UPS 电源、开关电源、安全栅、接线端子等，都可以先通过直观检查第一时间发现问题，尽量缩短故障排查时间。

直观检查一定要十分仔细认真，切忌粗心急躁。在检查元件和连线时只能轻轻摇拨，不能用力过猛，以防拉断元件、连线和印刷板铜箔。开机检查接通电源时，手不要离开电源开关，如发现异常应及时关闭。要特别注意人身安全，绝对避免两只手同时接触带电设备。电源电路中的大容量滤波电容在电路中带有充电电荷，要注意防止触电。

图 4-1 透平排气波纹管尾端见机橇连接法兰三个紧固螺栓脱落

例如某平台透平 B 机启机，在 NGP 达到 100% 后，产生发电机永磁丢失（CN_Gen_PMG_Loss）报警后停机，此时没有产生励磁电压和电流，发电机未输出电能。故障原因是发电机永磁反馈回路中的继电器 K2120-3 一常开触点端子烧坏，导致检测不到永磁机电压。通过外观直观观察，发现继电器的一触点有烧焦结炭痕迹，发现常开触点对应的插槽金属有熔化及结炭痕迹（见图 4-2），判断为继电器常开触点故障；继而推断出故障的直接原因是什么。

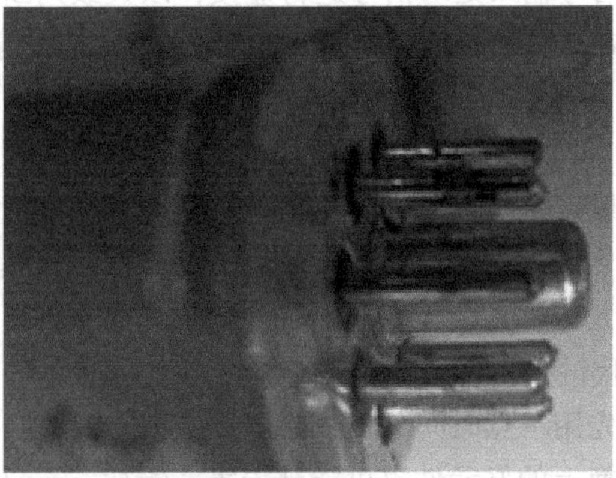

图 4-2 常开触点对应的插槽金属有熔化及结炭痕迹

4. 断路法

断路法是通过将所怀疑的部分与整机或单元电路断开，看故障可否消失，从而断定故障点的方法。

仪器仪表出现故障后，先初步判断故障的几种可能性。在故障范围区域内，把可疑部分电路断开，以确定故障是发生在断开前还是断开后。通电检查如发现故障消失，表明故障多在被断开的回路中，如故障仍然存在，再做进一步断路分割检查，逐步排除疑虑，缩小故障范围，直到查出故障的真正原因。

断路法不仅针对电气线路，还可以拓展到其他回路。例如，对于井口控制盘的渗漏故障排查时，断路法尤其适用，将液压回路按用户逐个切除，通过判断系统压力有无明显变化（例如压力不再下降），来判断故障点十分有效。

断路法对单元化、组合化、插件化的仪器仪表故障检查尤为方便，对一些电流过大的短路性故障也很有效。但对整体电路是大环路的闭合系统回路或直接耦合式电路结构不宜采用。

5. 短路法

短路法是通过将所怀疑发生故障的某级电路或元器件暂时短接，观察故障状态有无变化来断定故障部位的方法。

短路法用于检查多级电路时，短路某级，故障消失或明显减小，说明故障在短路点之前，故障无变化则在短路点之后。如某级输出端电位不正常，将该级的输入端短路，如此时输出端电位正常，则该级电路正常。短路法也常用来检查元器件是否正常。

短路法在实际应用中也非常广泛。如在判断压力开关误报警时，可疑故障点很多，如压力开关取压回路、压力开关机械开关部分、压力开关电气触点部分、信号传输节点端子、控制系统 I/O 卡硬件故障、控制系统软件问题等。为大致判断故障所在区域，可在控制系统 I/O 卡硬件信号输入处对信号进行短接，以大致判断故障点是在控制室内还是在现场，再进一步排查，一般通过两到三个节点的排查就基本能够锁定故障点。

6. 替换法

替换法是通过更换某些元器件或线路板以确定故障在哪一部位的方法。

用规格相同、性能良好的元器件替换下所怀疑的元器件，然后通电试验，如故障消失，则可确定所怀疑的元器件是故障所在。若故障依然存在，可对另一被怀疑的元器件或线路板进行相同的替代试验，直到确定故障部位。

在进行替换前，要先用一点时间分析故障原因，而不要盲目替换，如果故障是由短路或热损伤造成，则替换上的好元件也可能被损害。譬如，一只继电器触点烧结，可能是由于该触点所在的回路工作电流过大，或存在短路现象，若此时换上另一只同型号的继电器也会很快被烧坏。对于保险烧毁的现象，一般只允许更换两次保险，决不能贸然更换大容量保险。

另外，多数元器件的更换均应切断电源（支持热插拔的除外，如中控 DCS 卡件大多支持热插拔），更不允许在通电的情况下边焊接边试验。在替换时一定不要漏装元器件，还要注意不要损坏周围其他元件，以免造成人为故障。

7. 电压法

电压法就是用万用表（或其他电压表）适当量程测量怀疑部分，分为测交流电压和测直流电压两种。交流电压主要指交流 AC 供电电压，如 220V AC 电压、交流稳压器输出电压、变压器线圈电压及振荡电压等，直流电压指直流供电电压、信号反馈电压等。

电压法是维修工作中最基本的方法之一，但它所能解决的故障范围仍是有限的。有些故障，如线圈轻微短路、电容断线或轻微漏电等，往往不能在直流电压上得到反映。有些故障，如出现元器件短路、冒烟、跳火等情况时，就必须关掉电源，此时电压法就不起作用了，必须用其他方法检查。

以压力开关误报警为例，在诸多可疑故障点中，如：压力开关取压回路、压力开关机械开关部分、压力开关电气触点部分、信号传输节点端子、控制系统 I/O 卡硬件故障、控制系统软件问题等；为大致判断故障所在区域，可在控制系统 I/O 卡信号输入端子处，检查各个信号线的单相对地电压，如果电源线对地电压为 24V DC 或 36V DC（浮地系统），说明供给压力开关的电源正常，如果信号线对地电压为零，则可判定故障点存在于现场压力开关部分；也可以测量电源和信号线之间的电压，如果电压为 24V DC，则说明现场压力开关没有信号反馈，如果电压为 0V，则说明信号反馈正常，问题可能存在于中控室。

8. 电流法

电流法分直接测量和间接测量两种。直接测量是将电路断开后，串入电流表，测出电流值与仪器仪表正常工作状态时的数据进行对比，从而判断故障。如发现哪部分电流不在正常范围内，就可以认为这部分电路出了问题，至少受到了影响。间接测量不用断开电路，只需测出电阻上的压降，根据电阻值的大小即可计算出近似的电流值。

电流法比电压法要麻烦一些，一般需要将电路断开后串入万用表的电流挡进行测试。但它在某些场合比电压法更加容易检查出故障。电流法与电压法相配合，能检查判断出电路中绝大部分故障。

例如，在压力变送器信号检测回路中，正常的反馈电流为 4~20mA DC，如果电流超出此范围，则基本可判定变送部分有问题。大型 DCS 系统多数都有断线报警，但在某些情况下，小电流故障信号还是很隐蔽的。

9. 电阻法

电阻法即在不通电的情况下，用万用表电阻挡检查仪器仪表整机电路和部分电路的输入输出电阻是否正常，各电阻元件是否开路短路，阻值有无变化；电容器是否击穿或漏电，电感线圈、变压器有无断线、短路，半导体器件正反向电阻，各集成块引出相对地电阻，并可粗略判断元件的好坏。

应用电阻法检查故障时，应注意以下几点：

（1）由于电路中有不少非线性元件，如晶体管、大容量的电解电容等，采用电阻法测量某两点间的电阻时，因这些非线性元件连接着，所以要注意万用表的红、黑（正、负）极性，因为不同极性所测出的结果是不同的。

（2）要避免用 Ω×1 挡（电流较大）和 Ω×10K 挡（电压较高）直接测量普通小电流和耐压低的电子元件、集成电路块，以免造成损坏。

（3）仪器仪表中被测元件大多在电路上会牵连（串联或并联）许多其他元件，因此，对于不是直接击穿而是漏电或电阻阻值比较大的场合，要把被测元件脱开后再进行检查测量。对于只有两根引出线的电阻、电容器等元件，只需脱开一根引出线即可，而对于具有 3 根引出线的元件，如晶体三极管等，则应脱开 2 根引出线。

二 一般规律

1. 仪表故障的一般规律

当一台仪表在使用中发生故障时，应该首先从“漏、堵、卡、松、坏”五个方面考虑，经验表明，海上平台 80% 的仪表故障是由此造成，因此仪表维护人员应透彻理解这五个方面，并将其作为故障排查的指导性原则运用到实践中：

漏——因为仪表信号的检测、控制基本包括以下几种：被测介质、控制气源、控制液压源，所以控制或检测管理的任何一部分泄漏都会造成仪表的偏差或失灵。易漏的部分有仪表接头、橡皮软管、密封圈、垫片，特别是一些尼龙件、橡胶件，在使用数年后容易老化造成泄漏。通过观察气雾、声音、试漏液、分段憋压的方法很容易找到泄漏点。

堵——在仪表被测介质、控制气源、控制液压源的管路中仍含有一定水汽、灰尘和油性杂质，长期运行过程中，会使一些节流部件堵塞或半堵。如放大器节流孔、喷嘴、挡板等处，只要沾上一点灰尘，就会不同程度地引起输出信号改变，特别是在潮湿天气，空气中湿度大，更应注意这点。又如压力变送器的引压管线，在冬季低温情况下就非常容易冻堵。

卡——现场仪表基本可分为气动、液动、电动三类，只要某部位摩擦力增大、驱动管路中有杂质沉积、内部推力弹簧长期处在受力位置产生疲劳而不能复位，都会造成阀芯、传动机构卡住或反应迟钝。常见部位如：带弹簧复位的阀芯、气动阀连杆、指针和其他机械传动部件。

松——仪表在使用一段时间后，由于环境振动、装配不当、维护不当意外损坏、外力等因素，都会导致仪表插件板插头、接线端子松动、表面氧化、端子和导线的似断非断状态，以及控制气（液）路管线接头等部位出现松动现象，进而造成仪表工作不正常或误报警；尤其对压缩机、发动机等振动较大的设备周围的仪表，要特别注意振动对仪表松动的影响。

坏——除了以上四个原因外，仪表元器件自身的损坏也是导致仪表故障的主要原因，如仪表的短路烧坏、击穿、外力损坏、海水腐蚀损坏等，结合上面介绍的故障检查方法，仪表损坏一般容易通过排查发现。

2. 故障处理的一般方法

下面结合实例说明（以 PLC-RTD 热电阻温度监测 TT-1501 回路，温度显示达到满量程 280℃为例）：

（1）先观察后动手，当仪表失灵时，不要急于动手，可先观察一下记录曲线的变化趋势。若数值缓慢到达终点，一般是工艺原因造成；若数值突然偏离正常值，一般是感温元件或二次仪表发生故障。另外，还可参照其他相同类型的、同一工艺流程点的其他仪表加以确定。在基本确认是仪表故障后，即可开始动手。

（2）先外部后内部。故障究竟是发生在二次仪表的内部还是外部，一般的检查方法是先外部后内部，即先排除仪表接线端子以外的故障，再处理仪表内部故障。如：

①可以先检查 PLC-I/O 卡件以外的部分，在回路中是否存在接线端子松动、保险烧坏、开路等情况，PLC 卡件是否有明显的报警。

②如果不能排除故障再考虑现场探头是否损坏，该探头所处的环境是否高振动环境，是否有明显的外力损伤，然后取出探头测量热电阻的阻值是否正常。

③如果探头电阻都正常，可考虑使用电阻箱串入回路，模拟现场温度变化，观察 PLC 卡件输入电流值的变化（可使用工程师站在线监测 PLC 输入数值），以判断 PLC 卡件是否存在硬件故障。

（3）先机械后线路。在生产中发现，一台仪表机械部分故障的可能性比线路（电、气信号传递放大回路）部分多得多，且机械方面故障比较直观，也容易发现。所以在确认是仪表内部故障需检查机芯时，应先查机械部分，后查线路部分。机械部分重点查有无卡、松脱、接触不良等，线路部分重点检查电压、电流信号是否正常。

（4）先整体后局部。在排除机械故障的可能性后，就要检查整个电、气传递、放大回路。因线路部分由输入、比较、变换、放大、输出、驱动等多级组成，所以首先要纵观整台仪表的情况，估计问题出在哪一部分。如无法估计，则可采用分部排查法，如怀疑某一部分不正常，可从大到小步步缩小，迅速而准确地判断故障出在哪个环节。故障范围限定在很小的局部，处理起来就十分方便。

（5）维修风险要控制。一个温度的显示和报警对于现场流程可能并不是很重要，因此在维修之前要考虑清楚风险控制，原则是不要让故障越修越大。不要因为一个点牵连其他的点，也不要因为一时没有合适的解决方法而铤而走险进行破坏性维修。

3. 应用万用表分析和解决仪表故障

1）电压测试法

所谓电压测试法，就是通过测试仪表的电压与额定数值加以比较，判断仪表故障部位的一种测试方法。该方法方便，不用断开仪表线路，可直接测试。

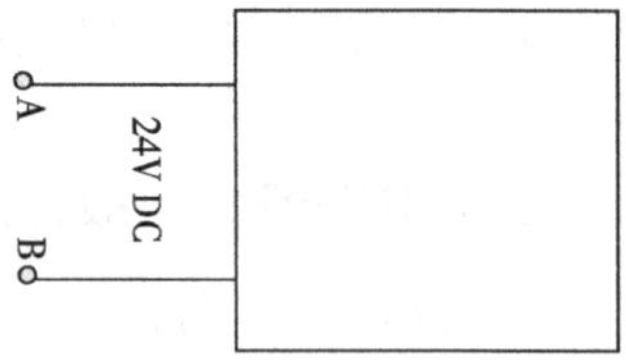

图 4–3 现场 Rosemount 变送器

如图 4–3 所示，以现场 Rosemount 变送器为例，已知电源为 24V DC，信号电流 4~20mA，二线制供电，其供电线又是信号线。我们测量 A、B 间电压，根据测试结果加以分析判断。

（1）U_{AB}≫24V DC 时，则肯定是仪表电源出现异常，导致电压升高。

（2）U_{AB}≈ 24V DC 时，基本上仪表能正常工作，但是，当仪表内部开路时，电源会略高于 24V DC，要确定故障还需用电流测试法测试电流。

（3）U_{AB}= 0 时，则可能出现两种情况：

其一，线路开路，相当于 $I \to 0$ 构不成回路，没有电流流过，因而 U_{AB}= 0 或仪表没送电；

其二，线路短路，相当于 $R \to 0$，这时电流很大，U_{AB}= 0。

若要分清是仪表供电线路还是仪表内部短路，还要断开线路，然后测试 U_{AB}，若仍为 0，则是供电线路开路或没送电，否则为仪表内部短路。

（4）U_{AB} 在 0~12V DC 时，则多为线路或仪表存在短路性故障，使电路 R 降低，导致 $U_{AB}=RI$ 下降，要想判断是线路还是仪表故障，也需断开线路测试。

2）电流测试法

所谓电流测试法就是将电流表串接在线路中，通过测量流过线路电流的大小来判断仪表故障的方法。这种方法需断开线路，与电压测试法结合能更准确地判断故障部位。

以 Fisher DVC6030/AC 电气阀门定位器（见图 4–4）为例，已知线圈内阻 $R = 250\Omega$，电流信号在 4~20mA，通过测试结果加以分析。

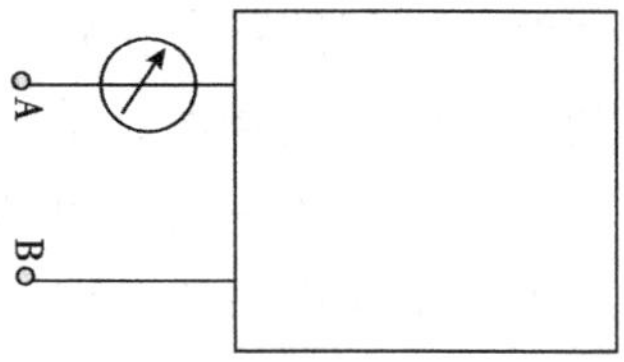

图 4–4 Fisher DVC6030/AC 电气阀门定位器

（1）I_{AB}≫20mA 时，负载短路或电压升高，导致 $I = U_{AB}/R$ 增大。

（2）I_{AB} 在 4~20mA 时，仪表工作正常。

（3）$I_{AB} \to 0$ 时，则必为开路性故障，有两种情况：

其一，线路开路或电源没有送电，导致 $I_{AB} \to 0$。

其二，若断开线路，测电压为 24V DC，则为 $R \to \infty$，导致 $I_{AB} = U_{AB}/R \to 0$。

这里需要特别说明，在正常时，测试 U_{AB} 应该为 1~5V DC 而不是 24V DC。因为 $U_{AB} = RI_{AB} = 250 \times (4 \sim 20) \times 10^{-3} = 1 \sim 5$V DC。负载的状况不同，判断故障时要认真加以分析，才能得到正确结论。同样，通过测试电阻的方法，也能判断出仪表故障。

第二节 液位检测类仪表

一 液位变送器浮球变形引发压缩机停机

1. 故障现象

二级洗涤器高高液位造成压缩机停机。

2. 故障原因

液位变送器故障。

3. 处理过程

（1）通过现场显示屏，发现二级洗涤器中 LT3121A 与 LT3122A 两液位变送器的读数不一致。

（2）分别检查和校验 LT3121A 与 LT3122A。

（3）通过检查发现，LT3122A 的读数与实际液位一致，而 LT3121A 的读数与实际不符。

（4）通过反复对 LT3121A 进行校验，初步断定液位计里的浮子卡在浮筒里。

（5）解体液位变送器 LT3121A。

（6）发现液位计浮球卡死在浮筒里，如图 4-5 所示。

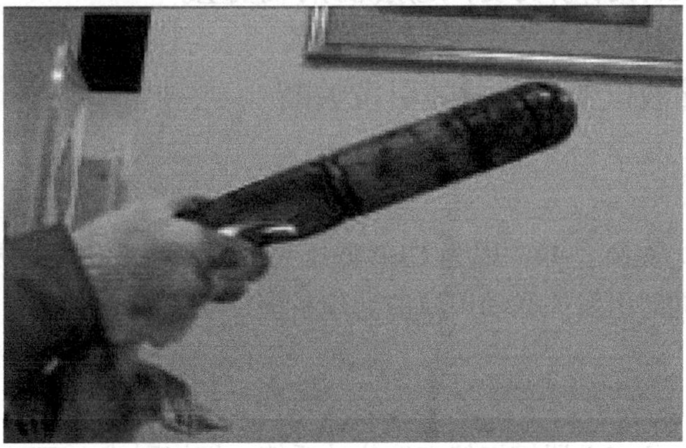

图 4-5 液位计浮球卡死在浮筒里

（7）通过特殊工具将浮球从浮筒里取出，发现浮球已经变形。

（8）经过维修，此浮球已无法再使用，只有更换。

4. 教训或建议

（1）平时勤排放，避免浮子较长时间不动，出现卡死现象。

（2）加强对液位计的保养力度，定期洗刷浮筒内壁。

二 LT2031A 液位变送器检修

1. 故障现象

LT2031A 液位变送器中控液位长时间没有变化。

2. 故障原因

液位变送器浮子卡滞。

3. 处理过程

（1）根据现场情况和经验，初步判断为油泥沉积，导致浮子卡滞。

（2）关闭液位变送器气、液相截止阀，并对浮筒内介质进行排空泄压。

（3）拆卸底部法兰，取出浮子进行清理，并对变送器浮筒内部进行柴油浸泡清洗。

（4）回装液位变送器。

（5）中控检查数据显示与现场一致，变送器工作正常。

4. 教训或建议

（1）平时勤排放，避免浮子较长时间不动，出现卡死现象。

（2）加强对液位计的保养力度，定期洗刷浮筒内壁。

三 磁致伸缩液位变送器故障引发关断

1. 故障现象

2011 年 2 月 22 日 16：44，因为 CEP 低压火炬分液罐液位变送器 LI-3411 故障，造成平台三级关断，同时引发关联油田原油处理系统三级关断。

2. 故障原因

（1）磁致伸缩液位变送器探杆偏离液位计浮筒，探杆因感应不到浮子的磁性而报警。

（2）磁致伸缩液位变送器探杆没有固定到液位计浮筒上，长时间处于振动环境中探杆发生偏移。

3. 处理过程

从图 4–6 可见，16：44：22 时 CEP 低压火炬分液罐液位变送器 LI-3411 先后液位高和液位高高报警，报警值均为 1416.31mm，而 LI-3411 的量程为 250~1350mm，1416.31mm 超量程，折算为 4~20mA 电流值为 20.96mA。磁致伸缩液位变送器一旦故障就会输出 20.96mA 的电流。而中控 ESD 系统默认的 3~21mA 电流为正常电流，因而将液位变送器的故障状态当作高高值的信号，从而触发了低压火炬分液罐高高液位三级关断的逻辑。

从图 4–7 中 LI-3411 的液位趋势图可以看出，16：44：25 时 LI-3411 的液位值显示为 1416.31mm，该趋势图为每 10 秒采集一次数据，由此看出 16：44：22~16：44：25 时液位变送器一直处于故障状态输出的 20.96mA 信号。

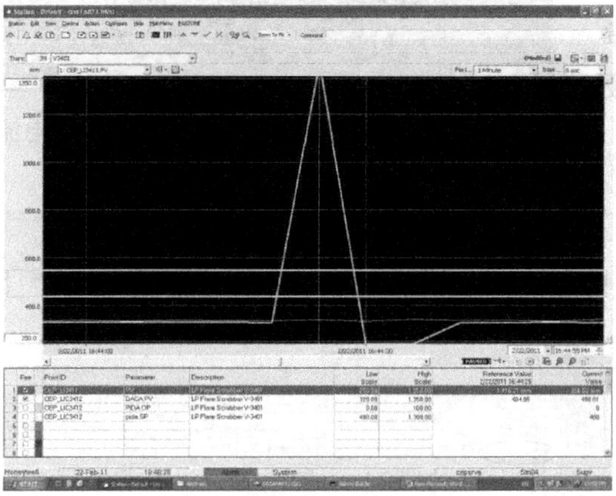

图 4–6 低压火炬分液罐 LI-3411 先后液位高和液位高高报警

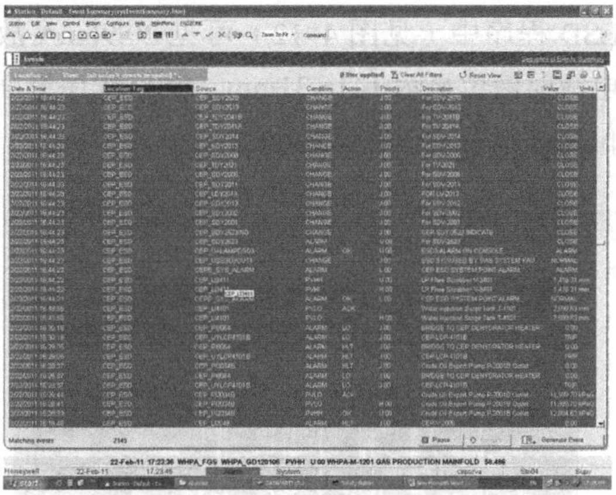

图 4–7 LI-3411 的液位趋势图

对液位变送器 LI-3411 进行检查，从外观上未见异常（见图 4–8），但将保温装置拆除后发现该液位变送器的探杆没有固定在液位计浮筒上（见图 4–9）。

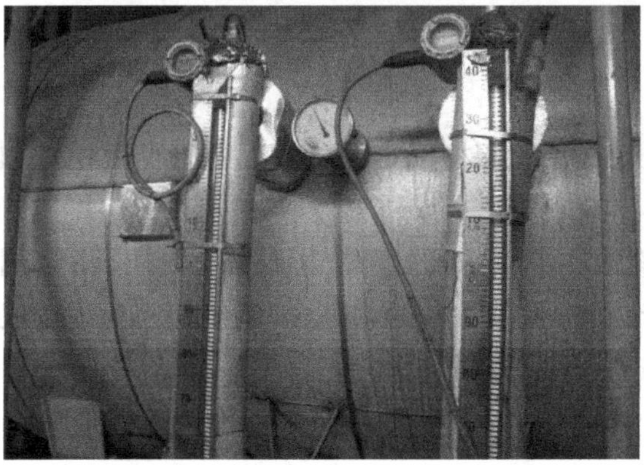

图 4–8 液位变送器 LI-3411 的外观

图 4–9 液位变送器的探杆没有固定在液位计浮筒上

根据现场情况，初步怀疑是因为该液位变送器探杆没有做固定，而由于长期处于振动环境中，液位变送器探杆逐渐发生偏移，当探杆偏移到一定角度，离液位计浮筒内浮子达到一定距离时，因检测不到浮子的磁性而报警，输出 20.96mA 的电流。

为了验证该故障原因，在对 LI-3411 液位高高信号临时旁通后进行测试，测试结果如下：

当液位变送器探杆底端偏离液位计浮筒约 2cm 时现场表头即显示 20.96mA 的故障电流（见图 4-10），反复试验了几次均是如此。从中控 LI-3411 的液位趋势图（见图 4-11）和 ESD 程序中（见图 4-12）可见 20.96mA 故障电流时液位显示 1416.31mm，ESD 程序里面液位高高报警逻辑也已经触发。

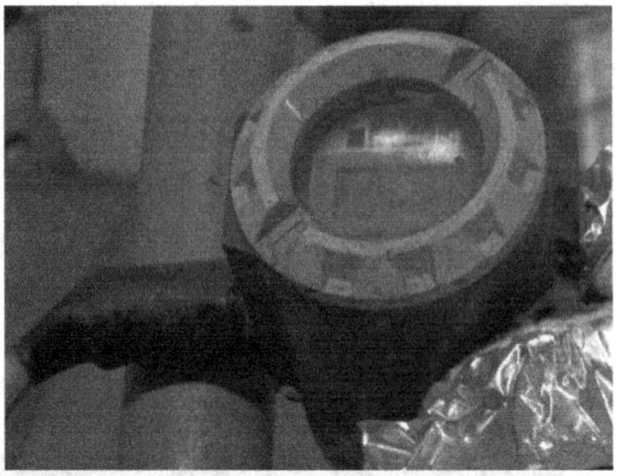

图 4-10 现场表头显示 20.96mA 的故障电流

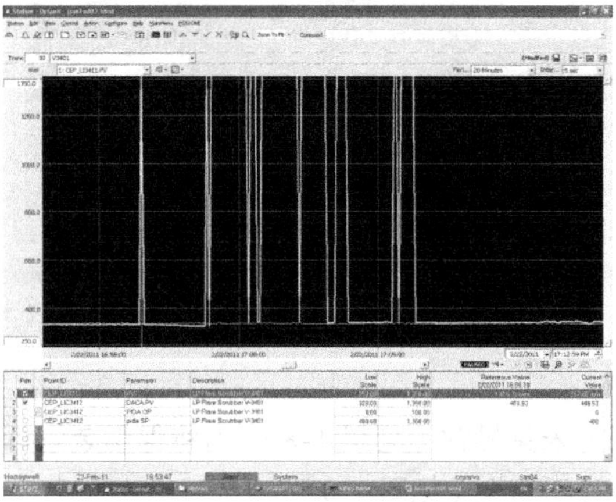

图 4-11 中控 LI-3411 的液位趋势图

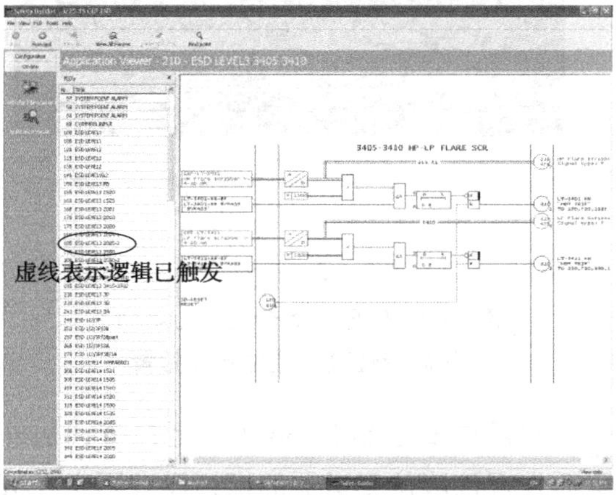

图 4-12 ESD 程序中故障电流时液位和液位高高报警逻辑

处理情况：

（1）对现场所有外置式的磁致伸缩液位变送器的探杆固定绑扎情况进行彻底检查和加固。

（2）对 ESD 和 FGS 系统的逻辑进行修改，将默认的正常电流信号范围调整到 3.5~20.5mA，当电流值低于 3.5mA 或者高于 20.5mA 时，ESD 和 FGS 系统将视为现场仪表故障，但不触发关断，避免因为仪表故障造成油田关停。

4. 教训或建议（设备维护及管理方面）

（1）施工建造时应对厂家成撬，并对已伴热保温的重点设备进行彻底检查。

（2）现场仪表如变送器、流量计等故障状态多为输出 3.04mA 或 20.96mA 的电流信号，而 ESD 系统默认的正常电流信号范围为 3~21mA，由此故障电流信号在 ESD 系统里会被认定为相应的压力、液位等低低或者高高的信号触发相应逻辑。

四 磁致伸缩液位变送器故障检修案例

1. 故障现象

2013 年 6 月 29 日，平台热水柜出现液位低低信号报警，电加热器停止。

2. 故障原因

查看中控操作站状态，显示液位为 450mm，低低值为 600mm。现场查看磁翻板液位计为 1005mm，初步判定为液位变送器故障。该液位变送器为磁致伸缩液位变送器，无可观察磁浮子的视窗，磁浮子在不锈钢测量管内。

3. 处理过程

现场查看变送器液位显示为 450mm、电流显示为 3.86mA。将上、下截止阀关闭，打开底部放空阀将其中的水放空，即液位变送器显示最低值，然后再恢复流程进水。反复操作几次后，发现变送器没有一点变化。用万用表测量液位变送器电压、电流正常，在接线端子处断电送电，变送器显示状态没有改变，排除变送器电气故障。将变送器磁浮子（图 4–13）进行拆卸发现下端的垫片、杆和磁浮子部分结垢严重，但上下能够正常活动，将磁浮子放在水桶中却发现磁浮子不能浮起。把磁浮子从连杆中拆卸下来后发现浮子内部有水，导致整体密度增大，在水中不能浮起，故障原因查明。

图 4–13 变送器磁浮子

故障处理：对垫片和磁浮子进行清洁，发现有被腐蚀的痕迹但没有发现裂痕或者穿孔。利用砂纸把磁浮子表面打磨干净，用 1mm 的钻头在腐蚀严重的区域打开小孔，将内部浮子放空。将磁浮子积水清理完毕后，用铁水泥（A、B 胶按体积比 4：1 混合）把有腐蚀的地方粘一遍。在铁水泥晾干后将磁浮子放入水中，发现浮子能自浮于水面上，用手按压明显能感受到不小的浮力，证明浮子修补效果良好。

回装变送器并打开上、下截止阀，变送器和中控操作站上都显示液位值为 1012mm，与磁翻板液位计显示一致，故障解除。

4. 教训或建议（设备维护及管理方面）

对于液位计进行定期的预防性维护是非常有必要的，可以避免类似事情的发生。

第三节　压力检测仪表故障案例

一　压力变送器取压管断裂故障案例

1. 故障现象

A 平台中控机 A6 井 PT-1012 低压报警，压力显示为 0MPa，操作人员立即去现场确认，发现 A6 井采油树翼安全阀与油嘴之间的 PT-1012 根部取压仪表管线断裂，原油从断裂的仪表管线处外泄。现场操作人员立即赶往井口盘关闭 A6 井主、翼安全阀（主、翼安全阀关闭后，PSL-1006 触发电潜泵自动停泵）。PT-1012 根部取压仪表管线断裂前模拟状态、PT-1012 根部取压仪表管线断裂点、海水冲击隔水套管分别如图 4–14、图 4–15、图 4–16 所示。

图 4–14　PT-1012 根部取压仪表管线断裂前模拟状态

图 4–15　PT-1012 根部取压仪表管线断裂点

2. 故障原因

由于变送器表头加上两个仪表阀门，重量大约 5kg，作为支撑点是“1/2”仪表管，处于“头重脚轻”的状态。这种状态下，当海冰导致平台出现较大震动和晃动时（断裂前后平台的振幅最高达到 84gal）表头发生颤动，在仪表管卡套的连接处产生连续的扭力，导致 PT-1012 根部取压仪表管线断裂。

3. 处理过程

更换新的取压管线，并对变送器进行适当的固定。对其他的变送器做出相应的固定措施。

4. 教训或建议（设备维护及管理方面）

（1）由于冰情严重，尽量安排值班船在 A 平台值班，但从当时的船舶配置和实际需要看，无法保证船舶 24h 破冰。

（2）更改此类仪表的固定方式，进行柔性固定，或增加支撑，固定太紧可能会有副作用。

（3）震动较大的场合，避免使用仪表管做导压管，直接使用外丝进行连接。

图 4-16 海冰冲击隔水套管

二 燃料气净化器 PT-3111 故障案例

1. 故障现象

燃料气净化器 PT-3111 压力值突然变为 0，导致 SOLAR 透平切换柴油，并且产生二级关断。

2. 故障原因

（1）中控盘卡件故障报警。

（2）中控盘内输出保险烧毁。

（3）端子松动。

（4）线缆有断线现象。

3. 处理过程

（1）检查现场 PT-3111 外观及接线盒内部，无异常。

（2）将现场端接线端子及中控端接线端子拆下分别进行单线校验，正常无断路现象。排除线路断线原因。

（3）检查中控盘内端子，牢固可靠，排除松动故障。

（4）测量中控盘内保险，发现保险烧毁。

（5）测量 AI 卡件输出无电压，说明卡件同时报警。

（6）重新将 AI845-1 断电复位，更换保险，故障解决。

三 PSLL2201C 冻堵动作引发故障

1. 故障现象

PSLL2201C 引压管线仪表阀与压力开关连接处冻堵，造成误动作，引起 MS8 关井。

2. 故障原因（直接原因和间接原因）

故障直接原因：中南平台 MSW-E-241C 出口管线处 PSLL2201C 开关低压动作，引起 MS8 关井，经现场确认管线压力正常，无泄漏情况，属于误动作造成的单井关断。

故障间接原因：由于天气寒冷，引压管线较长，并且没有加设伴热带，造成仪表阀处冻堵，长时间后引起低压开关动作。

3. 处理过程

检修过程：

（1）拆卸下压力开关，通过手动打压泵打压进行重新标定，使其动作值和复位值在正常范围内。

（2）给引压管线加设伴热带，重新做好保温工作，对考克进行解堵。

（3）考克处压力泄放，确认引压管线导通。

（4）装设标定好的压力开关，开关正常复位，报警解除。

（5）观察一段时间后，开关正常，旁通恢复。

预防措施：冬季要注意加强对现场开关的保温检查工作力度。

目前系统恢复正常，生产正常。

4. 教训或建议（设备维护及管理方面）

教训：要对现场的开关做好保温工作，特别是一些涉及关断逻辑的。

建议：要做好冬季保温预防工作。

第四节　流量检测故障

一 缓冲罐气相出口快速孔板流量计故障案例

1. 故障现象

该 FT-1501 由快速孔板和差压变送器组成，FT 一直显示为 0。

2. 故障原因

导通气路后，打开 5 阀组的进气口，并无差压显示，怀疑 5 阀组有问题，后经过检查，该 5 阀组并没有问题，只是其进气口和排放口与普通的 5 阀组正好相反，属不正常操作，正确导通 5 阀组流程后，仍然没有输出，再分别单独导通高压侧和低压侧，关闭平衡阀，缓慢打开一侧泄放阀，FT 均有指示，判定高低压侧同压，进而检查快速孔板。

参考相关快速孔板的操作方法后，对该孔板进行提升和下放，这时 FT 有指示，但中控反映该数值偏小，只有实际流量的大约一半，怀疑孔板型号不对。但在取出孔板的操作过程中发现，关闭中间截止阀后，该快速孔板的上腔室的压力泄不掉，怀疑密封脂太少，或中间截止阀存在内漏现象，可能引起孔板上下游压差互串，进而使压差受损，导致变送器不能测量出真实的压差，计量不准。

3. 处理过程

（1）对孔板流量计流程进行隔离，泄压、拆卸孔板。

（2）对隔板处加注密封脂。

（3）活动保养中间截止阀和放气阀。

4. 教训或建议

（1）设备初始投用时的验收要严格把关；

（2）做好初始投运的维护保养工作，以免给后期生产造成不可预知的故障。

二 某平台计量分离器气相（天然气）流量计故障案例

1. 故障现象

FT-2401 测量值失准；将 MS8 井导入计量流程后，发现计量值与日常经验测量值存在 1000m²/h 的差距；将 6D 井导入计量流程后，发现计量值为 0，扩大油嘴到 16in/64in 后，发现测量值升至 600m²/h，与经验流量值偏差较大。

2. 故障分析

（1）工艺介质的自身问题。

（2）压差测量元件失准（变送器、孔板）。

3. 故障处理

（1）对工艺参数进行观察，发现在油嘴开度一致的情况下，油压与故障前基本相同，同时计量分离器气相调节阀 PV-2064 的开度与正常时比较也基本一致，因此排除故障分析中的第一种情况。

（2）对于压力类变送器来说，测量管线积液、结水化物常常导致管线堵塞，影响测量值的准确性，但对此差压变送器高低压腔室进行排液后发现数值没有明显的变化，排除外界对差压变送器的影响。

（3）虽然测量值存在一定的误差，但是，仪表依然能进行持续、稳定的测量，可以认为此变送器的元件没有损坏。且在无流量的情况下，流量指示为零，说明零点正常，而在有气流的情况下，仪表指示值偏低，初步怀疑量程的设定值发生了漂移，遂决定利用气泵对差压变送器进行打压，对其量程进行标定，但是，由于此变送器已经服役 13 年，其量程调节螺丝发生风化腐蚀，调节困难。

（4）对变送器进行拆解，直接从内部对其零点和量程旋钮进行操作。重新标定过后，气体流量测量值恢复至正常水平，计量分离器成功投运。

4. 教训及建议（设备维护及管理方面）

（1）对仪表密封、连接部件、调节螺丝进行周期性维护、涂抹黄油。

（2）对压力类仪表及时排液、排气，避免管线堵塞影响测量的准确性。

（3）清点库房备件，熟悉备件的参数、位置、数量，对无备件的关键仪表应及时申请备件。

三　化学药剂泵流量计被堵检修案例

1. 故障现象

2012 年 10 月 21 日上午 8：30，当班人员发现化学药剂泵 P-702B 泵出口压力表压力只升不降。

2. 故障原因

（1）压力表损坏。

（2）泵运行异常。

（3）泵出口有堵塞的地方，无法正常向流程中注入药剂，造成泵出口高压。

3. 处理过程

（1）首先，对压力表进行校验，装到其他药剂泵上显示正常；其次，对化学药剂泵进行检查，运行一切正常；最后，判断为泵出口至海管段管线堵塞。

（2）针对出口管线堵塞，采取逐段排除法进行校验。

（3）先断开泵出口处管线，然后断开进海管处管线，从泵出口处接入生产水，往进海管处驱顶，发现这段管线不通。

（4）从流量计进口处断开，仍从泵出口处接入生产水驱顶，发现此段管线畅通。最后确定为流量计处管线被堵。

（5）拆开流量计，发现流量计内单流阀芯被原油、杂物等堵死，清除原油、杂物等，流量计恢复正常。

（6）恢复流程，启动药剂泵，压力表显示正常，泵排量标定正常，说明管线已恢复畅通。

4. 教训或建议（设备维护及管理方面）

为避免类似问题发生，对没有滤网的增加滤网，有滤网的则需定期进行清洁，以防对设备、管线造成堵塞，影响正常生产。

四 热介质炉燃气流量计无显示

1. 故障现象

热介质炉 B 炉燃气流量计没有显示。

2. 故障原因

（1）流量计接线回路开路，端子松动等。

（2）涡轮转子卡滞，转动不灵活。

（3）中控信号输入卡件故障。

3. 处理过程

（1）经过检查仪表信号回路良好，没有端子松动卡件故障的现象。

（2）燃气流量计管线泄压，检查涡轮转子是否损坏。

（3）将燃气流量计拆卸，发现内部转子被类似油泥的杂质覆盖，转动不灵活，锅炉燃气压力低，在这种工况下，燃气的不清洁很容易造成沉积。

（4）对燃气流量计清洁保养后安装，系统恢复正常。

4. 教训或建议（设备维护及管理方面）

（1）燃气系统滤网的日常检查、保养不到位，造成设备的运行不畅。

（2）燃气滤网的缺失或者失效，会给后面的运行带来隐患；燃气的质量会影响燃烧效果，重质和带有杂质的燃气会造成炉膛积炭、积垢，造成更大的危害。

做好全系统的检查保养工作，树立系统全局的设备管理概念，跨专业的分工和协调要进一步做细，不给设备管理留死角。

第五节　温度仪表故障

一　废热回收装置热油高温故障案例分析

1. 故障现象

2012年5月26日中午11：30左右，废热C机停机，发现报警为热油盘管温度高停机。

2. 故障原因

短接片质量不佳，造成电压衰减。

3. 处理过程

（1）逐个对热油盘管温度开关进行复位，然后在控制盘复位后报警未能消除。

（2）打开温度开关中间接线箱，对进线和出线端测量，电阻为通路，排除温度开关故障。

（3）通过图纸查找继电器，测量线圈电压为零，对地测量温度开关接线箱出线的电压为63V，入线电压为220V，锁定为接线箱内问题。

（4）对地测量温度开关出线电压为220V，经过短接片后电压降至63V，判断为短接片故障，在短接片两端并联一条跨接线替代短接片后，复位控制盘报警解除。

（5）重新制作并联跨接线后，废热C机恢复正常。

4. 教训或建议（设备维护及管理方面）

把接线箱纳入定期保养工作范畴。

二　注水泵A泵壳体温度传感器故障案例分析

1. 故障现象

2010年10月12日注水泵A泵壳体温度显示不正常。

2. 故障原因

（1）接线端子松动。

（2）信号电缆破损。

（3）传感器或探头损坏。

3. 处理过程

（1）现场控制盘显示泵壳体温度不正常，怀疑温度传感器故障。

（2）将温度传感器解体，发现内部接线有积水。

（3）更换新的温度传感器，现场仪表接线恢复正常。

（4）泵壳体温度显示正常。

4. 教训或建议（设备维护及管理方面）

（1）定期检查接线盘柜，接线盒的密封情况，打开进行维护，并使端子紧固。

（2）完善维保制度，将现场设备撬块的维保进一步深化，提高精细化管理水平。

三 某注水泵 A 泵滑油热电阻温度计故障案例分析

1. 故障现象

2011 年 3 月 30 日，现场 A 泵滑油温度计无温度显示。

2. 故障原因

（1）接线端子松动或接线错误。

（2）信号电缆破损。

（3）传感器或探头损坏。

（4）滑油热电阻温度计接线破损且脱落，导致显示仪无数值。

3. 处理过程

（1）打开注水泵 A 泵控制柜，测量温度显示仪电源是否正常。

（2）断开控制电源，测量热电阻温度计 3 根信号线的电阻值，测量发现其中一对信号线电阻无穷大，证明热电阻温度计接线可能出现问题。

（3）拆下滑油热电阻温度计，拆盖，检查发现里面信号线有破损且已经脱落。

（4）剪下破损的导线，重新紧固接好信号线。

（5）温度显示仪有温度显示，检修完成。

四 主机高温停机故障案例

1. 故障现象

一号主机启动测试，约 5 分钟后，机组入口滑油母管温度探头 1TE-2170 高温报警，FI-45 监控画面显示为 1TE-2170 HH（达到 73℃），主机停机。

2. 故障原因

PLC 温度信号输入模块故障，输入信号不正常。

3. 处理过程

（1）单独连接 1TE-2170，MCC 显示 16℃，单独连接 2TE-2170，MCC 显示 12℃，测试两个探头的电阻值仅差 0.2Ω，基本相等。资料说明 1TE-2170 作显示报警用，2TE-2170 带关断，70℃高报，73℃关断。

（2）将两个探头的接线互换，单独将 1TE-2170 的插头安装在 2TE-2170 探头上，MCC 显示 16℃，单独将 2TE-2170 的插头安装在 1TE-2170 探头上，MCC 显示 12℃，说明探头及接线都正常。

（3）在中间接线箱 MX 处，摘除端子排上探头侧接线，分别测量电阻值，结果基本相等，说明探头和电缆均正常。

（4）初步判断 PLC 卡件存在问题，更换卡件 A605.11（2A RTD，6ES7 134–4JB50–0AB0），按照上述第（1）条的方法测试,MCC 显示均为 27℃（实际滑油温度有变化，而不是之前显示的 16℃）。启动主机后空载测试 20 分钟，温度显示正常。

4. 教训或建议（设备维护及管理方面）

（1）为判断 PLC 卡件是否存在问题，可以用代替测试的方法。

（2）加强对设备的维护，确保机柜内环境的温度、湿度，避免高振动。

第五章

海上平台控制系统

第一节 自动化控制基础

海上采油生产过程的特点：原油以水、油、气的混合状态，连续地在密闭的管道和容器中进行分离，操作须在规定的流量、压力、温度下进行。这要求必须在生产设备上配置自动化设备（包括计算机等），自动地检测生产运行状况，如流量、液位、压力、温度、油含水量等参数的大小，并根据要求严格地控制这些参数处于规定值，以求优质高产、安全生产，并大大降低操作人员的劳动强度。这种用自动化设备管理海上采油生产过程的办法称为海上采油生产过程自动化。

一 自动控制技术基础认识

为了实现生产过程自动化，一般要包括自动检测、自动信号联锁保护、自动操纵、自动开停车和自动控制等方面的内容，现分别予以介绍。

1. 自动检测系统

利用各种检测仪表对主要工艺参数进行测量、指示或记录的，称为自动检测系统。它代替了操作人员对工艺参数的不断观察与记录，因此起到人的眼睛的作用。图 5–1 的热交换器是利用蒸汽来加热冷液的，冷液经加热后的温度是否达到要求，可用测温元件配上平衡电桥来进行测量、指示和记录，冷液的流量可以用孔板流量计进行检测，蒸汽压力可用压力表来指示，这些都是自动检测系统。

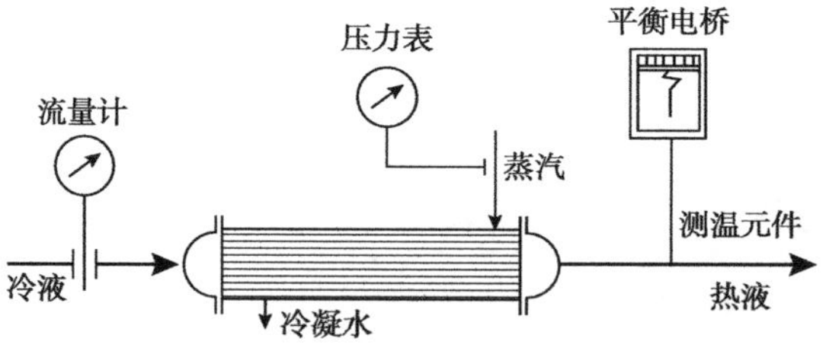

图 5–1 热交换器自动检测系统示意图

2. 自动信号联锁保护系统

生产过程中，受偶然因素的影响，导致工艺参数超出允许的变化范围而出现不正常情况时，就有引起事故的可能。为此，常对某些关键性参数设有自动信号联锁保护装置。当工艺参数超过了允许范围，在事故即将发生以前，信号系统就会自动地发出声光信号，告诫操作人员注意，并及时采取措施。当工况到达危险状态时，联锁系统会立即自动采取紧急措施，打开安全阀或切断某些通路，必要时紧急停车，以防止事故的发生和扩大。它是生产过程中的一种安全装置。例如，某反应器的反应温度超过了允许极限值，自动信号系统会发出声光信号，报警给工艺操作人员以及时处理生产事故。由于生产过程的强化，仅靠操作人员处理事故已不可能，因为在一个强化的生产过程中，事故常常会在几秒钟内发生，由操作人员直接处理根本来不及。自动联锁保护系统可以圆满地解决这类问题，如当反应器的温度或压力进入危险限时，联锁系统可立即采取应急措施，加大冷却剂量或关闭进料阀门，减缓或停止反应，从而可避免引起爆炸等生产事故。

3. 自动操纵及自动开停车系统

自动操纵系统可以根据预先规定的步骤自动地对生产设备进行某种周期性操作。例如合成氨造气车间的煤气发生炉，要求按照吹风、上吹、下吹制气、吹净等步骤周期性地接通空气和水蒸气，利用自动操纵机可以代替人工自动地按照一定的时间程序扳动空气和水蒸气的阀门，使它们交替地接通煤气发生炉，从而极大地减轻了操作人员的重复性体力劳动。

自动开停车系统可以按照预先规定好的步骤，将生产过程自动地投入运行或自动停车。

4. 自动控制系统

生产过程中各种工艺条件不可能是一成不变的，特别是化工生产，大多数是连续性生产，各设备相互关联，当其中某一设备的工艺条件发生变化时，都可能引起其他设备中某些参数或多或少地波动，偏离正常的工艺条件，为此，就需要用一些自动控制装置，对生产中某些关键性参数进行自动控制，使它们在受到外界干扰（扰动）的影响而偏离正常状态时，能自动地控制而回到规定的数值范围内，为此目的而设置的系统就是自动控制系统。

5. 各系统之间的区别

自动检测系统只能完成“了解”生产过程情况的任务；信号联锁保护系统只能在工艺条件进入某种极限状态时，采取安全措施，以避免生产事故的发生；自动操纵系统只能按照预先规定好的步骤进行某种周期性操纵；只有自动控制系统才能自动地排除各种干扰因素对工艺参数的影响，使它们始终保持在预先规定的数值上，保证生产维持在正常或最佳的工艺操作状态。

二 自动控制系统

自动控制系统是在人工控制的基础上产生和发展起来的，所以在开始介绍自动控制系统之前，先分析人工操作，并与自动控制加以比较，对分析和了解自动控制系统是有裨益的。

1．自动控制系统的基本组成

液体贮槽在生产中常用来作为一般的中间容器或成品罐，从前一个工序来的物料连续不断地流入槽中，而槽中的液体又送至下一工序进行加工或包装。当流入量 Q_i（或流出量 Q_o）波动时会引起槽内液位的波动，严重时会溢出或抽空。解决这个问题的最简单办法，是以贮槽液位为操作指标，以改变出口阀门开度为控制手段。如图 5-2 所示，当液位上升时，将出口阀门开大，液位上升越多，阀门开得越大；反之，当液位下降时，则关小出口阀门，液位下降越多，阀门关得越小。为了使液位上升和下降都有足够的余地，选择玻璃管液位计指示值中间的某一点为正常工作时的液位高度，通过改变出口阀门开度而使液位保持在这一高度上，这样就不会出现贮槽中液位过高而溢至槽外，或使贮槽内液体抽空而发生事故的现象。

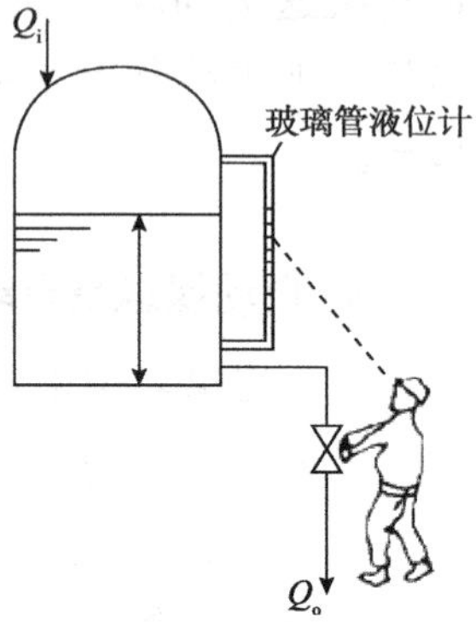

图 5-2　改变出口阀门开度控制液位波动示意图

归纳起来，操作人员所进行的工作有 3 个方面，如图 5-3 所示。

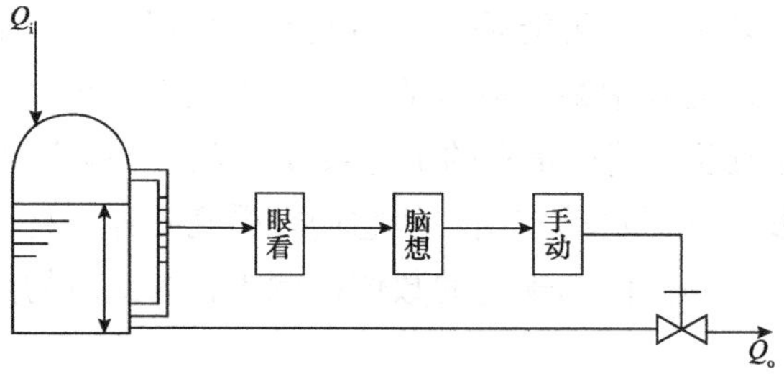

图 5-3　操作人员工作步骤示意图

（1）检测。用眼睛观察玻璃管液位计（测量元件）中液位的高低，并通过神经系统告诉大脑。

（2）思考。命令大脑将看到的液位高度与要求的液位值进行比较，得出偏差的大小和正负，然后根据操作经验，经思考、决策后发出命令。

（3）执行。根据大脑发出的命令，通过手去改变阀门开度，以改变出口流量 Q_o，从而使液位保持在所需高度上。

眼、脑、手三个器官，分别担负了检测、运算和执行三个作用，来完成测量、求偏差、操纵阀门以纠正偏差的全过程。由于人工控制受到人的生理上的限制，因此在控制速度和精度上都满足不了大型现代化生产的需要。为了提高控制精度和减轻劳动强度，可用一套自动化装置来代替上述人工操作，这样就由人工控制变为自动控制了。

为了完成人的眼、脑、手三个器官的任务，自动化装置一般至少应包括三个部分，分别用来模拟人的眼、脑和手的功能。自动化装置的三个部分分别是：

（1）测量元件与变送器。它的功能是测量液位并将液位的高低转化为一种特定的、统一的输出信号（如气压信号或电压、电流信号等）。

（2）自动控制器。它接收变送器送来的信号，与工艺需要保持的液位高度相比得出偏差，并按某种运算规律算出结果，然后将此结果用特定信号（气压或电流信号）发送出去。

（3）执行器。通常指控制阀，它与普通阀门的功能一样，只不过它能自动地根据控制器送来的信号值来改变阀门的开启度。

显然，自动化装置具有人工控制中操作人员的眼、脑、手的部分功能。因此，它能完成自动控制贮槽中液位高低的任务。

液体贮槽和自动化装置一起构成了一个自动控制系统，如图 5–4 所示。在自动控制系统的组成中，除了前述的自动化装置外，还必须具有控制装置所控制的生产设备。在自动控制系统中，将需要控制其工艺参数的生产设备或机器叫作被控对象，简称对象。液体贮槽就是这个液位控制系统的被控对象。化工生产中的各种塔器、反应器、换热器、泵和压缩机以及各种容器、贮槽都是常见的被控对象，甚至一段输气管道也可以是一个被控对象。在复杂的生产设备中，如精馏塔、吸收塔等，在一个设备上可能有好几个控制系统。这时在确定被控对象时，就不一定是生产设备的整个装置。譬如，一个精馏塔，往往塔顶需要控制温度、压力等，塔底又需要控制温度、塔釜液位等，有时中部还需要控制进料流量，在这种情况下，就只有塔的某一与控制有关的相应部分才是某一个控制系统的被控对象。例如，在讨论进料流量的控制系统时，被控对象指的仅是进料管道及阀门等，而不是整个精馏塔本身。

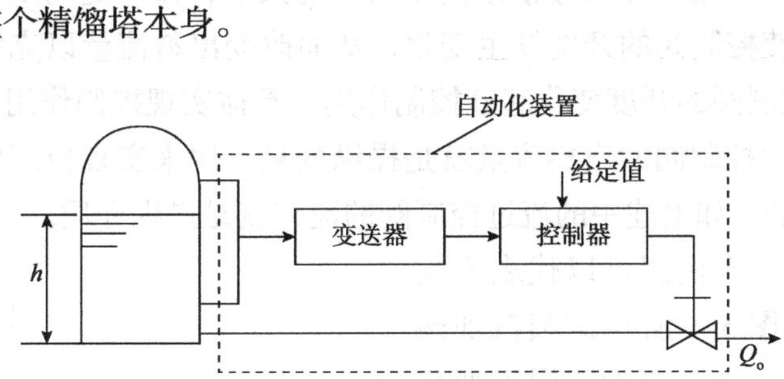

图 5–4　液位自动控制系统

2．自动控制系统的方框图

在研究自动控制系统时，为了能更清楚地表示出一个自动控制系统中各个组成环节之间的相互影响和信号联系，便于对系统进行分析研究，一般都用方框图来表示控制系统的组成。对于图 5–4 所示的液位自动控制系统，可以用下面的方框图（见图 5–5）来表示。每个方框表示组成系统的一个部分，称为“环节”。两个方框之间用一个带有箭头的线条表示其信号的相互关系，箭头指向方框表示为这个环节的输入，箭头离开方框表示为这个环节的输出。线旁的字母表示相互间的作用信号。

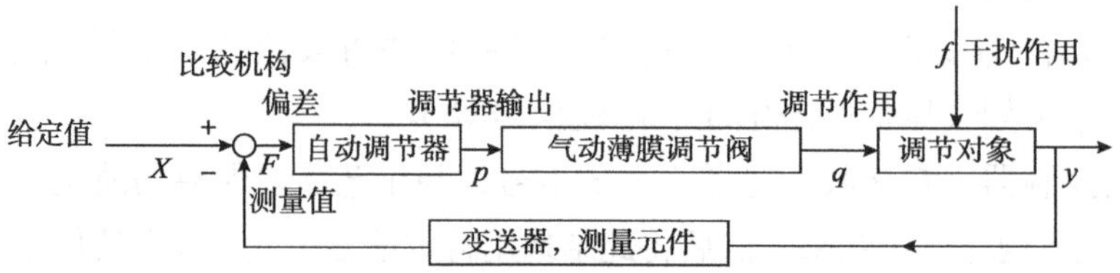

图 5–5　液位自动控制系统方框图

贮槽在图 5–5 中用一个“调节对象”方框来表示，其液位就是生产过程中所要保持恒定的变量，在自动控制系统中称为被控变量，用 y 表示。在方框图中，被控变量 y 就是对象的输出。影响被控变量 y 的因素来自进料流量的改变，这种引起被控变量波动的外来因素，在自动控制系统中称为干扰作用（扰动作用），用 f 表示。干扰作用是作用于对象的输入信号。与此同时，出料流量的改变是由控制阀动作所致，如果用一方框表示控制阀，那么，出料流量即为“控制阀”方框的输出信号。出料流量的变化也是影响液位变化的因素，所以也是作用对象的输入信号。出料流量信号 q 在方框图中把控制阀和调节对象连接在一起。

贮槽液位信号是测量元件及变送器的输入信号，而变送器的输出信号 z 进入比较机构，与工艺上希望保持的被控变量数值，即给定值（设定值）x 进行比较，得出偏差信号 e（$e=x-z$），并送往控制器。比较机构实际上只是控制器的一个组成部分，不是一个独立的仪表，在图中把它单独画出来（一般方框图中是以“○”或“⊗”表示），为的是能更清楚地说明其比较作用。控制器根据偏差信号的大小，按一定的规律运算后，发出信号 p 送至控制阀，使控制阀的开度发生变化，从而改变出料流量以克服干扰对被控变量（液位）的影响。控制阀的开度变化起着控制作用，具体实现控制作用的变量叫作操纵变量，如图 5–5 中流过控制阀的出料流量就是操纵变量。用来实现控制作用的物料一般称为操纵介质或操纵剂，如上述中的流过控制阀的流体就是操纵介质。

用同一种形式的方块图可以代表不同的控制系统。例如图 5–6 所示的蒸汽加热器温度控制系统，当进料流量或温度变化等因素引起出口物料温度变化时，可以将该温度变化测量后送至温度控制器 TC。温度控制器的输出送至控制阀，以改变加热蒸汽量来维持出口物料的温度不变。这个

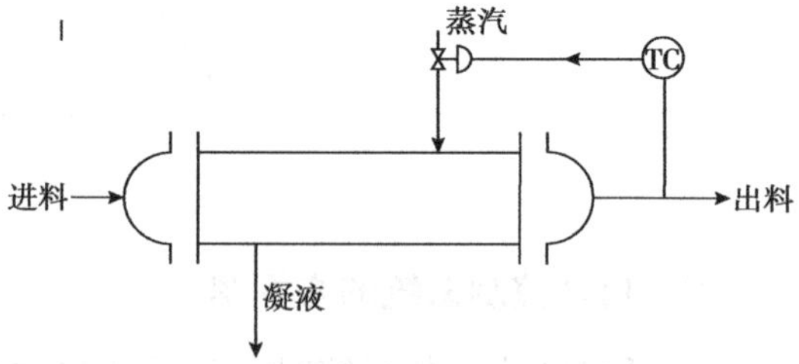

图 5–6　蒸汽加热器温度控制系统

控制系统同样可以用类似于图 5-5 的方块图来表示。这时被控对象是蒸汽加热器，被控变量 y 是出口物料的温度。干扰作用可能是进料流量的变化、进料温度的变化、加热蒸汽压力的变化、加热器内部传热系数或环境温度的变化等。而控制阀的输出信号即操纵变量 q 是加热蒸汽量的变化。在这里，操纵介质或操纵剂指的是加热蒸汽。

必须指出，方块图中的每一个方块都代表一个具体的装置。方块与方块之间的连接线，只是代表方块之间的信号联系，并不代表方块之间的物料联系。方块之间连接线的箭头也只是代表信号作用的方向，与工艺流程图上的物料线是不同的。工艺流程图上的物料线是代表物料从一个设备进入另一个设备，而方块图上的线条及箭头方向有时并不与流体流向相一致。例如对于控制阀来说，它控制着操纵介质的流量（操纵变量），从而把控制作用施加于被控对象去克服干扰的影响，以维持被控变量在给定值上。所以控制阀的输出信号 q，在任何情况下都是指向被控对象的。然而控制阀所控制的操纵介质却既可以是流入对象的，也可以是由对象流出的。这说明方块图上控制阀的引出线只是代表施加到对象的控制作用，并不是具体流入或流出对象的流体。如果这个物料确实是流入对象的，那么信号与流体的方向才是一致的。

对于任何一个简单的自动控制系统，只要按照上面的原则去作它们的方块图时，就会发现，不论它们在表面上有多大差别，它的各个组成部分在信号传递关系上都形成一个闭合的环路。其中任何一个信号，只要沿着箭头方向前进，通过若干个环节后，最终又会回到原来的起点。所以，自动控制系统是一个闭环系统。

3. 自动控制系统的过渡过程

自动控制系统在运行过程中，存在两种状态，一种是静态（稳态），另一种是动态。静态时，系统受到的外来干扰恒定不变，给定值不变，因此被控变量也不会随时间变化而变化，这时整个系统处于一个相对平衡的状态，各个组成环节如控制器、变送器、调节阀等都暂不工作，生产稳步进行。而当系统受到外来扰动的影响或者改变了给定值后，原来这种平稳的状态被打破，系统中各组成部分的输入输出量都发生了相应的变化，这时系统处于动态。经过一段调整时间后，如果系统重归稳定，被控变量将重新回到原给定值或达到新的给定值，整个系统又恢复到稳定平衡的状态。这种从一个平衡状态到达另一个平衡状态的过程称为过渡过程。

4. 油田自动控制系统举例

海上采油平台原油预处理装置的功能是除去从油井生产出的原油中的水、天然气及少量的泥沙，得到合格的外运原油。

在原油分离过程的自动控制程序中，主要包括了游离水分离器的自动检测与控制，热处理器的自动检测与控制，电脱盐、脱水系统的检测与控制等过程。

1）游离水分离器的自动检测与控制

如图 5–7 所示，从井口产出的原油、游离水、天然气（以下简称井产原油）混合物在井口压力作用下流入罐 CB-V-201A/B（以下简称 V-201），在罐中停留约 15min，在沉降作用下，把游离水沉降在罐底部，然后通过控制阀 LCV-222 流入污水处理系统，在罐 V-201 中也进行油、气分离过程，分离出的天然气从罐顶进入罐 CB-V-205A/B（以下简称 V-205）。在此罐中再进行一次分离，将凝聚下来的原油从 V-205 底部排入热处理器部分与其他原油混合处理，将分离出的高压天然气从 V-205 顶部，经控制阀 PCV 排到天然气燃烧火炬，部分用作其他燃料，大部分燃烧掉。在罐 V-201 的中部分离后的原油经热交换器 E-202、E-201 预热后送入热处理器处理，热交换器 E-201、E-202 的热载体是经处理过的热原油，这种热原油需稍冷却后才能进入油罐储存。在此一方面加热了从 V-201 来的低温原油，另一方面冷却了已处理好的待储存的高温原油。为了促进游离水和天然气的分离，V-201 的操作条件规定为 30~70℃，工作压力为 0.25MPa。为了维持一定的温度范围，在井产原油进入 V-201 之前，先与热处理器、电脱盐、电脱水等设备排出的热废水混合，然后流入 V-201。操作温度 30~70℃是一个允许较大波动的范围，不必控制温度。显然生产的重要参数是 V-201 的油水界面（以下简称水面）高度、油的液位高度、罐上部空间的压力。水面高度过高会有游离水随原油流入热处理器，加重后面设备的生产负荷。水面过低，会把原油混在污水中从罐底排到污水处理系统，这是绝对不允许的。油面过高时，V-201 上部空间少，不利于油气分离，压力高同样不利于油气分离，会把不安全的过轻的天然气混于原油中，压力低时会使部分原油的轻组分挥发，作为高压天然气白白烧掉。

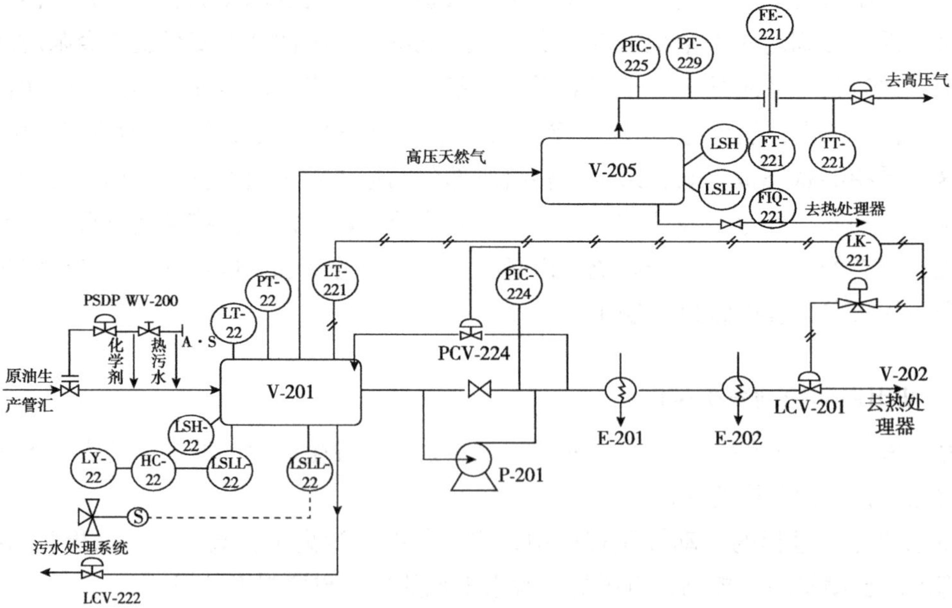

图 5–7　游离水分离器系统工艺流程

（1）V-201 油水界面控制。

油水界面控制实质上是水位控制，由电子水位控制开关 LSH-222 及 LSL-222 监视水面的允许高位和低位，当水面高时，LSH-222 的测量电极被水浸没，电子水位控制开关的继电器动作，其触点发出高水位信号给入操作室的可编程序调节器 HC-222A/B，后者产生输出电流信号（4~20mA DC 范围内某一事先设定的高值信号），此电流输给电气转换器（M5502）、Ly-22，后者使阀 LCV-22（风开阀）进一步打开，将过多的水从 V-201 中放出来，油水界面随之逐渐下降。经过一定时间之后，水位低于 LSL-222A/B 的电极，此电极处于导电能力差的油中，电子水位控制开关 LSL-222A/B 的继电器动作，其触点发出低水位信号，此信号送入操作室的 HC-222，可编程序调节器 SLPC 产生事先已设定好的低电流信号，电气转换器输出较低气压，调节阀 LCV-222 趋向关闭，罐 V-201 中的水位又开始上升。显然这是一个具有中间区的两位式调节系统。为了能监视此系统运行情况，水位高或低在操作室均有灯光报警。水位过低属生产事故，在低水位检测电极下部装了过低水位电子控制开关 LSLL-222，当其电极被油浸没时，电子水位控制开关的继电器动作，立即使调节阀 LCV-222 关闭，同时操作室产生水位过低报警。

（2）V-201 油位高度控制。

使用沉筒（浮筒）液位变送器 LT-221A/B 检测油面，并产生相应的气压信号送到液位指示调节器 LIC-221A/B，由 LIC-221 控制气动控制阀 LCV-221 动作，液面高时阀门开大，液面低时阀门关小，LIC-221 是比例积分调节规律，能使油面维持在一定的高度。当油位因事故过高时，高液位报警开关 LSHH-201A/B 动作，立即打开气动控制阀 LCV-221 使油位立即下降。当油位因事故过低时，低液位报警开关 LSLL-201A/B 动作，立即关闭控制阀 LCV-221，使油位立即上升。

（3）V-201 压力控制。

罐 V-205 与 V-201 是相同的，其压力是相等的，在 V-205 顶部装了一台压力指示调节器 PIC-225，由此调节器控制调节阀 PCV-225 以调节 V-205 中的压力，维持压力在定值 0.25MPa。同时电子压力变送器 PT-221 将所测压力变成 4~20mA DC 信号送到操作室，在操作室有一数据记录器记下此压力值。在高压气输出管线上还装有孔板流量计 FE-221，其电子差压变送器将流量信号变成 4~20mA DC 信号送到操作室，在数据记录器上记下流量值。在孔板下游装了一个电阻温度计和电子温度变送器 TT-221，此变送器输出 4~20mA DC 信号反映了 V-201、V-205 的气相空间的温度（液相也是此温度），变送器输出信号同样送到操作室记录下来。在操作室根据这三个从变送器来的信号和水面高低变化信号就可知 V-201、V-205 的运行情况。压力过高过低均有报警信号。游离水分离器与热处理器之间的原油流动是靠两装置之间的压力差维持的。

当游离水分离器与热处理器之间的压力差较小、不能维持原油流量时，可启动备用泵 P-201A/B 工作，泵入口压力 0.28MPa 左右，出口压力 0.5MPa，泵的投运、停运由操作室的手动开关控制，泵出口压力用气动指示调节器 PIC-224 控制，其控制阀 PCV-224

装在回流管线上，当压力高时，阀门开大，回流量上升，泵的排出量上升，泵出口压力下降，可维持进入热处理器的流量稳定。

2）热处理器的自动检测与控制

从游离分离器流出的原油还含有大量污水，需要进一步进行三相分离，此时原油与水基本上处于乳化状态，游离水已很少，要实现分离需要较高的温度（75℃）和较长的停留时间，在加入破乳剂的情况下进行。其流程图如图 5-8 所示，在游离水分离器与热处理器 V-202（也像 V-201 一样是个大空罐）之间的压力差作用下，从游离水分离器来的原油经换热器 E-201 和 E-202 加热到 75℃，送入热处理器 V-202，在此罐中注入的破乳剂的作用下把乳化水变成游离水，沉降后由泵 P-204A/B/C 排到污水处理系统或送入游离水分离器 V-201A/B 中（控制其温度为 30~70℃）。在罐 V-202 的气相空间，气体进入除油器 V-206（也是一个空罐）停留一段时间，冷凝后从其底部流入热处理器 V-202，而低压天然气从其顶部流到低压火炬燃烧掉。在热处理器中已除水原油泵 P-202 排到电脱盐、脱水装置，在泵出口装有油含水量测量仪表 Bs&w，估计此时原油仍含水 20% 左右。按工艺要求，热处理器操作压力为 0.02MPa，原油在罐 V-202 中的停留时间最少 30min，操作温度 75℃。

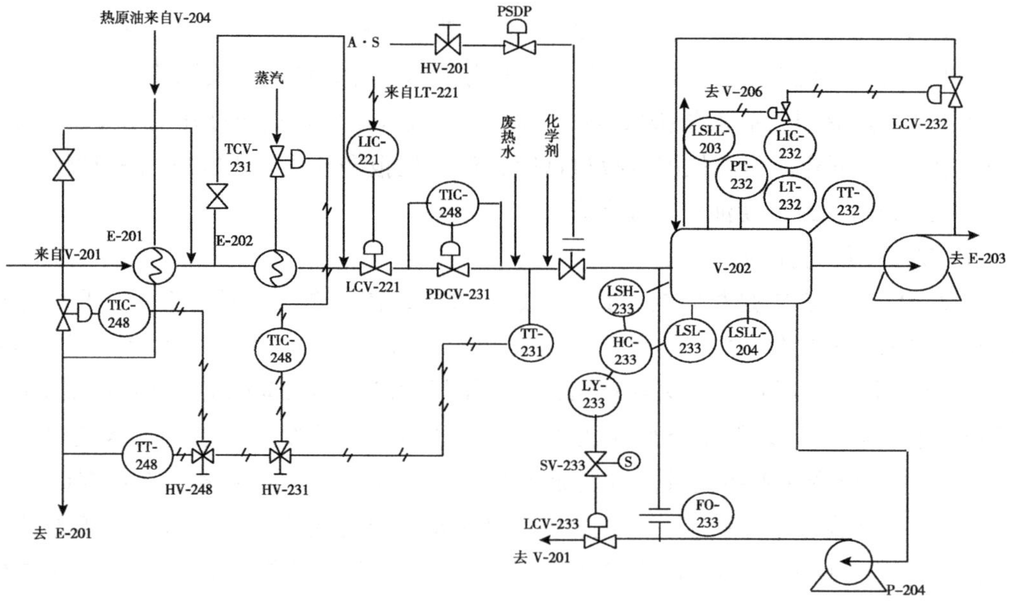

图 5-8 热处理器系统工艺流程

（1）操作温度控制。

进入热处理器 V-202 的原油温度控制为 75℃，控制方法有两种方案。

方案一：如图 5-9 所示，来自脱盐后原油，若其温度较高，没必要用热处理器的预热器 E-202（蒸汽加热换热器）进行加热，可旁路蒸汽，用脱盐装置处理过的原油经换热器 E-201 将原油（与水的乳化液）加热，使后者达到 75℃，控制此温度的方法是在 V-202 的进入原油管线上装一温度变送器 TT-231，其输出送给指示型温度调节器 TIC-248，TIC 为比例积分气动调节器，它的输出控制气动执行器 TCV-248。从而控制 E-201 的旁路流量，当 TT-231 发出信号上升时，TIC-248 输出信号变化，使 TCV-248 开大，脱盐后的热原油通过旁路量上升，流过 E-201 的量必然下降，流入 V-202 的原油温度必然下降。所以控制 E-201 的旁路就可控制流入 V-202 的原油（与水的乳化液）的温度。已处理好的原油流入储罐前温度应降到 65℃，往往高于此温度，此时用 TIC-251 指示型气动温度（比例积分）调节器控制冷却器 E-204 的冷却剂——海水流量，使之达到 65℃。此回路的执行器为气动调节阀 TCV-251。

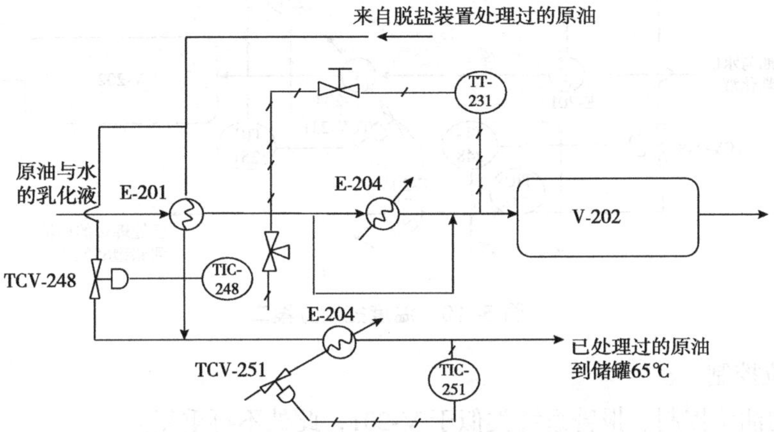

图 5–9　温度控制方案一

方案二：如图 5–10 所示，来自脱盐后的原油有效热量不能把原油与水的乳化液加热到 75℃时，应使用预热器 E-202 加热此乳化液，为了控制乳化液能达到 75℃，使用 MC 型气动温度变送器 TT-231 与气动比例积分调节器 TIC-249 控制气动执行器 TCV-231，以改变热交换器 E-202 的蒸汽流量。此蒸汽流量大则所控制温度高。所以乳化液的 75℃温度是靠 E-202 的蒸汽量维持的。此时为使输出原油（进储罐）能维持 65℃左右，可用 TT-248 气动温度变送器和 TIC-248 指示型气动比例积分调节器和执行器 TCV-248 组成的控制系统维持此温度。温度低于 65℃时，TCV-248 开大；否则关小。此方案的 E-204（冷却器）被旁路。

无论哪种温度控制方案，到储罐去的已处理原油管线上均装有含水分析器，并有信号送入控制室，在仪表盘上由仪表 AI-244 显示之。含水量应低于 0.5%，否则发生报警，把不合格原油排入污油罐，重新处理。已处理原油温度超出允许值，还产生温度报警信号，此原油的流量大小由容积式流量计检测。不论哪种方案，是否将乳化液维持在要求范围，均有温度检测报警系统。所检测温度在操作室由记录仪 TUR-220 记录之。

（2）水位控制。

V-202 的油水界面检测、控制、报警系统类似于 V-201，此处不再重复。可由图 5–9 与图 5–10 对比看出所用设备编号。为了界面不会过低（此时可能排出污水含油），在排水泵 P-204 的出口装了回流管线，将抽出的污水部分返回到 V-202 的入口。因 V-202 中的乳化水要经破乳、沉降为游离水要经一段较长时间且含水量又少，界面控制稍不稳定会长时期出现界面过低，使用部分回流有利于油水界面上升。

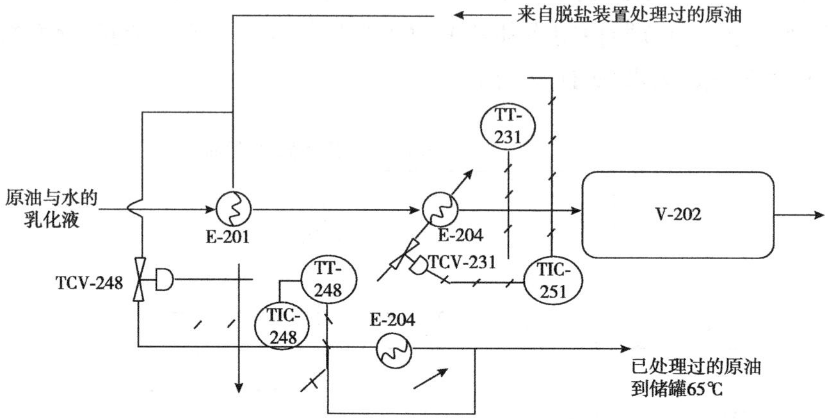

图 5–10　温度控制方案二

（3）油位控制。

V-202 的油位控制、报警系统类似于 V-201，此处不再重复。

3）电脱盐、脱水系统的检测与控制

电脱盐、脱水系统的工艺流程如图 5–11 所示。从热处理器流出的原油仍含有较多的乳化水，经泵 P-202 将此原油排出，经换热器 E-203，用高温蒸汽加热到 129℃，与化学剂 G 混合进入电脱水器 V-203，在此罐中维持压力 1.05MPa，又在强电场作用下，乳化水很快变成游离水沉降在罐底部，然后经换热器 E-206 后排到污水处理系统。从 V-203 中流出的电脱水原油与从水箱 T-203 排出的冲洗水（经 E-206 加热）混合后进入电脱水器 V-204，冲洗水的注入有助于除去油中以乳化形式存在的悬浮水分，并作为溶剂来溶解油中的盐分。冲洗水以一定的流量由泵 P-206 排出。在 V-204 中维持 127℃温度和 0.9MPa 压力，在强电场作用下一方面进行脱水，另外原油中的盐分溶解到污水中，从罐底排出。经电脱盐后的合格原油由罐顶部流出，通过热交换器 E-201 与游离水分离器出来的原油进行热交换后，再经冷却器 E-204 用海水冷却，使其温度降到 65℃左右，进到储罐，此原油即为成品，含水量在 0.5% 以下。此生产过程的进行关键的生产参数是压力、温度。如 V-203 应维持压力在 10.5MPa，温度在 129℃；V-204 应维持压力在 0.9MPa，温度在 127℃。自然油水界面也是重要的必保参数。

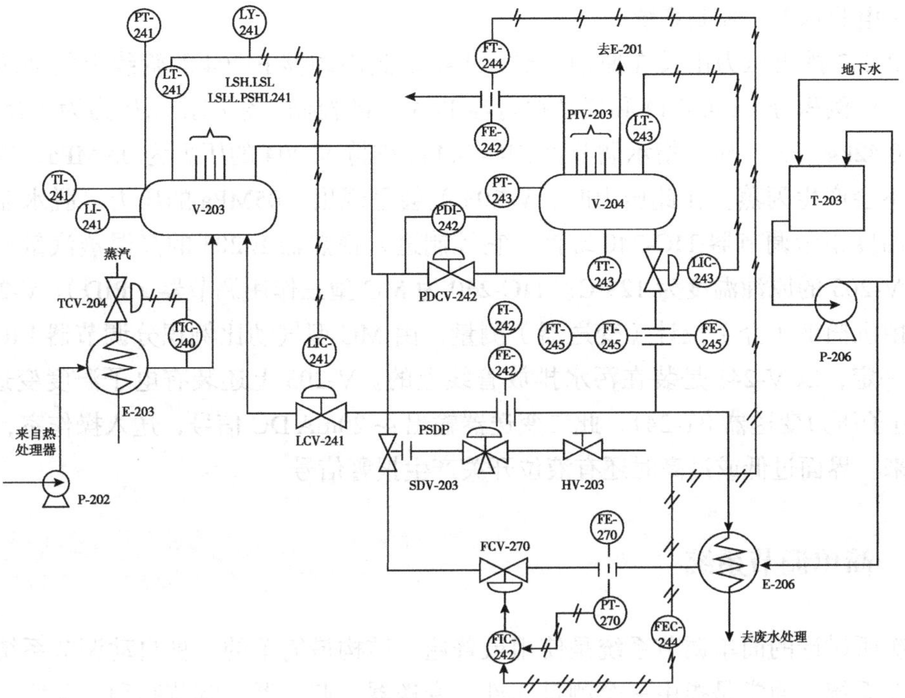

图 5–11 电脱盐、脱水系统的工艺流程

（1）电脱盐器的控制系统。

由电脱水器流出的脱水原油经控制阀 PDCV-242 后进入电脱盐器，在控制阀前与冲洗水混合，为了保证混合均匀，应维持此阀恒定压力降，采用能控制（测量）差压的气动比例积分调节器 PDIC 测量阀上压降，并产生信号控制阀的开度以维持此压降恒定。V-204 的界面控制及温度、压力测量等与 V-203 相同。冲洗水流量应与原油流量成正比，原油流量变化时，冲洗水流量也应随之变化。处理过的原油流量用孔板 FE-244 测量，用差压变送器 FT-244 产生输出信号。而冲洗水的流量由孔板 FE-270 和差压变送器 FT-270 测量，变送器输出信号传送给流量气动指示调节器 FIC-270，由后者产生还信号控制气动执行器 FCV-270，以维持冲洗水为一定流量。此流量值的大小取决于 FIC-270 的给定值，其给定值不是固定的，此调节器是个远给定型调节器，其给定值由已处理原油流量变送器 FT-244 的输出提供，此输出经比值器 FFC-244 后送到 FIC-270 的接收元件（给定元件），这样冲洗水流量测量调节器 FIC-270 的给定值按一定比值（由 FFC-244 决定）随已处理原油流量变化。使冲洗水按此给定值变化，即冲洗水与处理过的原油的流量成一定比值，比值系数由 FFC-244 决定。FFC 是一台单输入信号的气动减压器，其加减功能在此未使用，只是使用其可变的相乘系数，使输入与输出之变化构成固定比例关系。由 V-203 及 V-204 底部排出的污水分别由孔板差压流量计 FE-242 和 FT-245 检测并显示之。

（2）电脱水器的控制系统。

泵 P-202 排出压力由设在原油换热器 E-201 到冷却器 E-204 的管线上气动压力指示调节器（比例积分）PIC-244 和气动执行器 PCV-244 控制。泵的排出压力为 1.2MPa，吸入压力 0.42kg/cm^2 。压力指示调节器 PIC-244 能维持 V-204 的压力为 0.9MPa，在此压力下原油不会产生闪蒸。在此压力时，V-203 就会呈现出 1.05MPa 的压力。脱水器的温度由气动温度指示调节器 TIC-240 维持，它控制进入换热器 E-203 的高温蒸汽量，进而维持进入 V-203 的原油温度为 129℃。TIC-240 为 MC 型三作用调节器（PID）。V-203 的油水界面由沉筒液（介）位计（变送器）测量，由 MC 型气动比例积分调节器 LIC-241 控制界面一定，LCV-241 是装在污水排放管线上的。V-203 上还装有电子温度变送器 TT-241 和电子压力变送器 PT-241，此二变送器输出 4~20mA DC 信号，送入操作室，用记录器记下来。界面过低或过高时还有液位开关产生报警信号。

三 简单调节系统

本次所讨论的简单调节系统是使用最普遍、结构最简单的一种自动调节系统。所谓简单调节系统，通常是指由一个测量元件、变送器、调节器、调节阀和对象所构成的闭环调节系统，因此也称为单回路调节系统。

1. 简单调节系统的组成

图 5–12 的液位调节系统与图 5–13 的温度控制系统都是简单调节系统的例子。图中⊗表示测量元件及变送器。调节器用小圆圈表示，圆内写有两位（或三位）字母，第一位字母表示被测变量，后续字母表示仪表的功能。

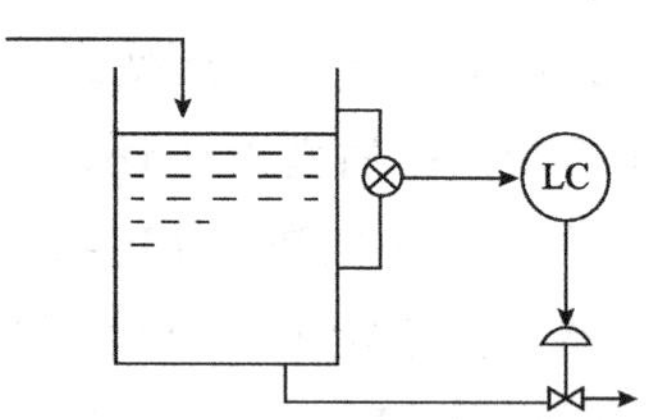

图 5–12 液位调节系统

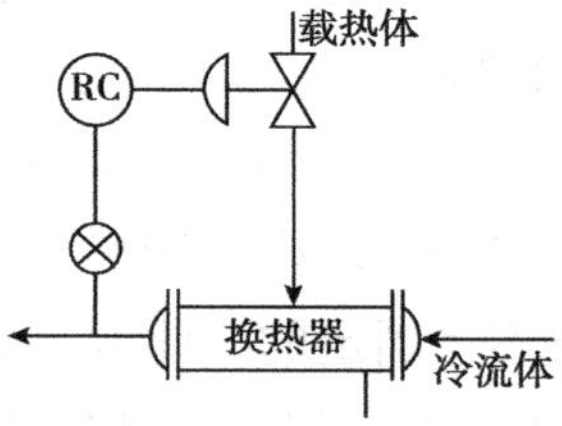

图 5–13 温度控制系统

常用被测变量和仪表功能的字母代号见表 5–1。

表 5–1 被测变量和仪表功能的字母代号

字母	第一位字母		后续字母
	被测变量	修饰词	功能
A	分析		报警

续表

字母	第一位字母		后续字母
	被测变量	修饰词	功能
C	电导率		控制（调节）
D	密度	差	
E	电压		检测元件
F	流量	比（分数）	
I	电流		指示
K	时间或时间程序		自动 / 手动操作器
L	物位		
M	水分或湿度		
P	压力或真空		
Q	数量或件数	积分、累计	积分、累计
R	放射性		记录或打印
S	速度或频率	安全	开关、联锁
T	温度		传递
V	黏度		阀、挡板、百叶窗
W	力		套管
Y	供选用		继动器或计算器
Z	位置		驱动、执行或未分类的终端执行机构

注：供选用的字母（例如表中 Y），指的是在个别设计中反复使用，而本表中未列入含义的字母。使用时字母含义需在具体工程的设计图例中作出规定，第一位字母是一种含义，而作为后续字母，则为另一种含义。

图 5-12 的液位调节系统中，贮槽是调节对象，液位是被调参数，变送器将反映液位高低的信号送往液位调节器 LC。调节器的输出信号送往调节阀，调节阀开度的变化使贮槽输出流量发生变化以维持液位稳定。

在图 5-13 的温度控制系统中，通过改变进入换热器的载热体流量，维持换热器出口物料的温度在工艺规定的数值上。

简单调节系统的典型方框图如图 5-14 所示。

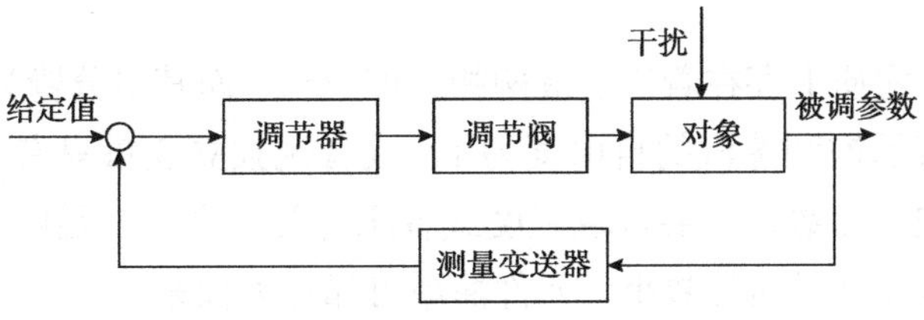

图 5-14 简单调节系统方框图

2. 调节系统被调参数的选择

根据工艺要求而设计的单回路调节系统，是为工艺上某一目的服务的。例如为了控制工艺操作参数，设计了液面、压力、流量、温度等调节系统，很明显被调参数就是液面、压力、流量及温度等。但在实际工作中还存在一些特殊情况：一种是因无合适的测量方法直接反映质量指标，从而采用测量间接指标的办法，选用间接指标要注意与直接指标之间必须有单值线性对应关系和足够强的信号，或是存在一定的数学关系。另一种是虽有直接参数可测，但信号微弱，还不如选用具有单值线性对应关系的间接信号为好。

被调参数的选择十分重要，它关系到系统能否达到稳定操作、增加产量、提高质量、改善劳动条件等目的，关系到调节方案的成败。如果被调参数选取不当，不管组成什么形式的调节系统，也不管配上多么精确的工业自动化仪表，都不能达到预期的调节效果。

被调参数的选择与生产工艺密切相关。影响一个生产过程正常操作的因素很多，但并非所有影响因素都要加以自动调节，因此必须深入实际、调查研究、分析工艺，找出影响生产的关键参数作为被调参数。关键参数即对产品的产量、质量以及安全具有决定性的作用，而人工操作又难以满足要求，或者虽然人工操作可以满足要求，然而这种操作是既紧张又频繁的情况。

例如：要对一个产生饱和蒸汽的锅炉蒸汽质量进行调节，有三种方案：

（1）P（压力）与 T（温度）皆为被调参数。

（2）T 为被调参数。

（3）P 为被调参数。

为了使所选的方案最为合理，必须深入了解工艺，首先弄清表征饱和蒸汽的质量指标，P 与 T 之间的联系，是否为独立变量，若为独立变量则应选取两个参数，否则，可取其中一个参数。如图 5-15 所示，可应用物理化学中的相律关系进行鉴别。

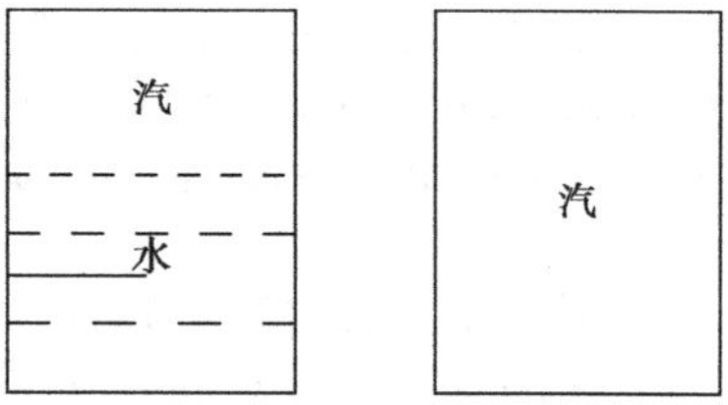

图 5-15 饱和蒸汽与过热蒸汽

$$F = C - P + 2 \tag{5-1}$$

式中 F——自由度；

C——组分数；

P——相数。

作为饱和蒸汽，实质上存在着气、液两相，即 P=2。而其组分皆为水，即组分数 C=1，故得 F=1–2+2=1，表示饱和蒸汽的自由度为 1，或者说独立变量只有 1 个，所以反映蒸汽质量，不必选两个被调参数，只要选取温度或者压力两者之一就足够了。至于究竟选压力还是温度，可从测量元件时间常数小、元件简单可靠等方面来考虑，以选择压力为宜。

如果不遵循独立被调参数，即为调节系统数的原则，当设计出既有温度，又有压力为被调参数的系统方案，那么这种调节系统将是无法投运的。

假如现在讨论的是过热蒸汽的质量调节，因为蒸汽在过热状态下只存在一个气相，所以根据相律，其自由度为 2。在这种情况下把压力与温度都选作被调参数，则是完全必要的。

总的来说，选择被调参数时，一般要遵循下列原则：

（1）被调参数应能代表一定的工艺操作指标或能反映工艺状态，一般都是工艺过程中比较重要的参数。

（2）被调参数在工艺操作过程中常常受到一些干扰影响而变化。为维持被调参数的恒定，需要进行较频繁的调节。

（3）尽量采用直接指标作为被调参数。当无法获得直接指标信号，或其测量和变送信号滞后很大时，可选择与直接指标有单值对应关系的间接指标作为被调参数。

（4）被调参数应能被测量出来，并且有足够大的灵敏度。

（5）选择被调参数时，必须考虑工艺合理性和国内仪表产品现状。

（6）被调参数应是独立可调的。

3. 调节系统调节参数的选择

当对象的被调参数被选定以后，下一步要考虑如何构成简单调节回路，选择什么调节参数去克服干扰对被调参数的影响。为此设计调节回路时，要认真分析各种干扰，深入研究对象特性，正确地选择调节参数。干扰是影响调节系统平稳运行的破坏因素，调节参数则是克服干扰影响，使调节系统正常运行的积极因素。没有干扰就不需要调节，干扰和调节是互相矛盾与对立的，只要合理地确定调节参数，正确地选择调节通道，组成一个可控性良好的调节系统，就能有效地克服干扰影响，使被调参数恢复到给定值。

一般来说，选择调节参数的原则是：

（1）首先要考虑工艺上的合理性，除物料平衡调节外，应避免用主物料流量为调节参数，调节参数应有克服干扰影响的校正能力。

（2）调节参数应是可控的，即工艺上允许调节的参数。

（3）调节参数一般应比其他干扰对被调参数的影响更加灵敏。为此，应通过合理选择调节参数，使调节通道的放大倍数适当大，时间常数适当小，滞后时间尽量小。为使其他干扰对被调参数的影响减小，应使干扰通道的放大倍数尽可能小，时间常数尽可能大。干扰通道与调节通道示意图如图 5-16 所示。

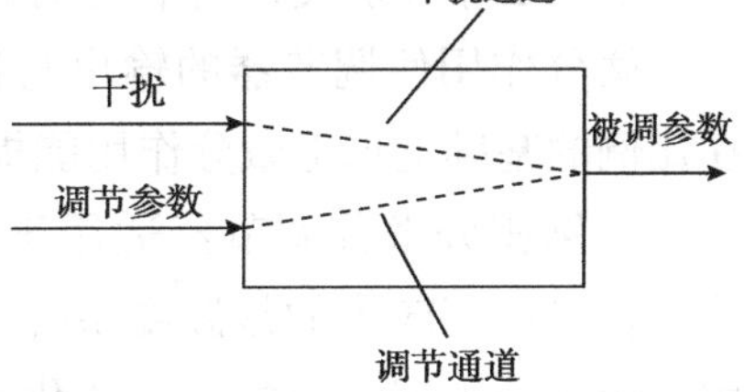

图 5-16　干扰通道与调节通道示意图

4. 调节系统调节规律的选择

调节系统的基本任务，在于借助调节作用克服干扰对于系统的影响，使被调参数重新稳定。这种调节作用是调节器产生的，因此，合理选择调节规律成为一个重要问题。

目前工业上常用的调节器主要有三种：比例、比例积分和比例积分微分调节器，分别简写为 P、PI 和 PID。

按调节系统是否需要消除余差，可把调节器分为两大类：一类为有差调节器（比例调节器、比例微分调节器），另一类为无差调节器（比例积分调节器、比例积分微分调节器）。

按调节系统是否需要克服容量滞后，调节器又可分为两大类：一类为有微分调节器（比例微分调节器、比例积分微分调节器），另一类为无微分调节器（比例调节器、比例积分调节器）。

选择哪种调节规律主要是根据调节器的特性和工艺的要求来决定。

1）比例调节器的特点

调节器的输出与偏差成比例，阀门位置与偏差之间有一一对应关系。当负荷变化时，比例调节器克服干扰能力强，过渡过程时间短。在常用调节规律中，比例作用是最基本的调节规律，不加比例作用的调节规律是很少被采用的。但是，纯比例调节器在过渡过程终了时存在余差。负荷变化愈大，余差就愈大。

比例调节器适用于调节通道滞后较小，负荷变化不大，工艺上没有提出无差要求的系统。如一般的精馏塔塔釜液位、贮槽液位、冷凝器液位和不太重要的蒸汽压力等。

2）比例积分调节器的特点

积分作用使调节器的输出与偏差的积分成比例，故过渡过程结束时无余差，这是积分作用的显著优点，但是加上积分作用，会使稳定性降低。虽然在加上积分作用的同时，可以通过加大比例度（比例度与放大倍数成反比关系），使稳定性基本保持不变，但超调量和振荡周期都相应增大，过渡过程时间也加长。

比例积分调节器是使用最多，应用最广的调节器。它适用于调节通道滞后较小，负荷变化不是很大，工艺参数不允许有余差的系统。如流量、压力和要求严格的液位调节系统，常采用比例积分调节器。

3）比例积分微分调节器的特点

微分作用使调节器的输出与偏差变化速度成比例。它对克服容量滞后有显著效果。在比例的基础上加上微分作用能提高稳定性，再加上积分作用可以消除余差。

比例积分微分调节器适用于容量滞后较大、负荷变化大、调节质量要求较高的系统，目前应用较多的是温度系统。对于滞后很小或噪声严重的系统，应避免引入微分作用，否则会由于参数的快速变化引起调节作用的大幅度变化，严重时会导致调节系统不稳定。

5. 调节系统中调节器参数的工程整定方法

一个自动调节系统的过渡过程或者调节质量，与调节对象的特性、干扰形式与大小，调节方案的确定及调节器的参数整定有着密切的关系。对象特性和干扰情况是受工艺操作和设备特性限制的。在确定调节方案时，只能尽量设计合理，并不能任意改变它。一旦方案确定之后，对象各通道的特性就已成定局。这时调节质量就只取决于调节器参数的整定了。所谓调节器参数的整定，即按照已定的调节方案，求取使调节质量最好的调节器参数值，亦即确定最合适的调节器比例度δ、积分时间 T_i 和微分时间 T_D。

整定的方法很多，这里只介绍几种工程上最常用的方法。

1）临界比例度法（稳定边界法）

这是目前使用较多的一种方法。它是先通过实验得到临界比例度δ_k 和临界周期 T_k，然后根据经验总结出来的关系求出调节器各项参数值。具体做法如下：

在闭环调节系统投入自动后，先将调节器变为纯比例作用，即将 T_i 放在“∞”位置上，T_D 放在“0”位置上，在干扰作用下，从大到小逐渐改变调节器的比例度δ，每改变δ一次，做一次定值干扰实验，观察控制过程曲线，观察被调参数是否达到临界振荡状态，一直实验到比例度减小到被调参数作临界振荡为止。临界振荡曲线如图 5–17 所示，这时控制系统已处于“稳定边界”。这时的比例度叫临界比例度δ_k，周期为临界振荡周期 T_k。

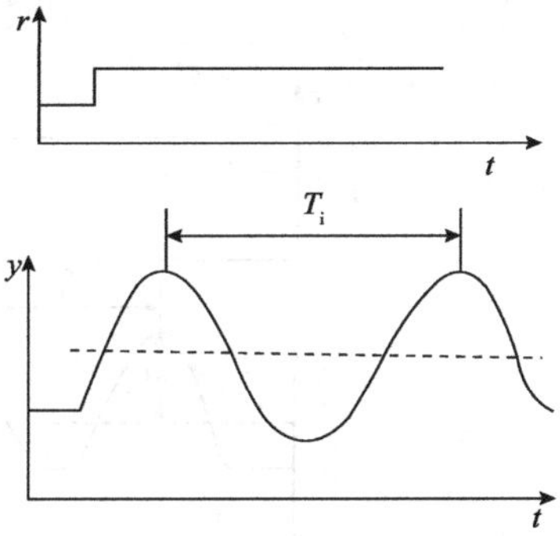

图 5–17　临界比例度实验曲线

记下 δ_k 和 T_k，然后按表 5–2 中的经验公式计算出调节器的各参数整定值。

表 5–2　临界比例度法调节器参数计算表

调节规律	比例度 δ_k（%）	积分时间 T_i（min）	微分时间 T_D（min）
比例度 + 积分	$2.2\delta_k$	$0.85T_k$	
比例度 + 微分	$1.8\delta_k$		$0.1T_k$
比例度 + 积分 + 微分	$1.7\delta_k$	$0.5T_k$	$0.125T_k$

临界比例度法比较简单方便，容易掌握和判断，适用于一般的调节系统。但是，对于临界比例度很小的系统不适用。这是因为，如果临界比例度很小，则调节器输出的变化一定很大，被调参数容易超出允许范围，影响生产的正常进行。临界比例度法是要使系统达到等幅振荡后，才能找出δ_k 与 T_k，对于工艺上不允许产生等幅振荡的系统不适用。

2）衰减曲线法

衰减曲线法是通过使系统产生衰减振荡来整定调节器的参数值的。具体做法与临界比例度法相同，只是要求得到的响应曲线不是等幅振荡曲线，而是直到出现 4∶1 衰减比例的曲线为止。如图 5–18（a）所示，记下此时的比例度δ_s（4∶1 衰减比例度），并从曲线上得出衰减周期 T_s，然后根据表 5–3 中的经验公式，求出调节器的参数整定值。

有的过程，4∶1 衰减仍嫌振荡过强，可采用 10∶1 衰减曲线法。方法同上，得到 10∶1 衰减曲线后，如图 5–18（b）所示，记下此时的比例度 δ_s'和最大偏差时间 T_s'（又称上升时间），然后根据表 5–4 中的经验公式，求出相应的 δ、T_i 与 T_D 值。

采用衰减曲线法应注意以下几点：

（1）加的干扰幅值不能太大，要根据生产操作要求来定。

（2）必须在工艺参数稳定情况下才能施加干扰，否则得不到正确的 δ_s、T_s，或 δ_s' 和 T_s' 的值。

（3）对于反应快的系统，如流量、管道压力和小容量的液位调节等，要在记录曲线上严格得到 4∶1 衰减曲线比较困难，一般以被调参数来回波动两次达到稳定，就可以近似认为达到了 4∶1 衰减过程。

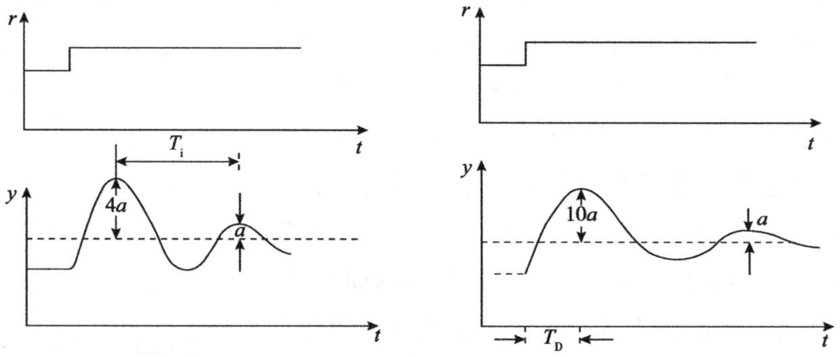

（a）衰减比例度为4∶1　　（b）衰减比例度为10∶1

图 5–18　衰减比例度为 4∶1 与 10∶1 的衰减曲线示意图

表 5–3　4∶1 衰减曲线法调节器参数计算表

调节作用	比例度 δ_s（%）	积分时间 T_i（min）	微分时间 T_D（min）
比例度 + 积分	$1.2\delta_s$	$0.5T_s$	
比例度 + 积分 + 微分	$0.8\delta_s$	$0.3T_s$	$0.1T_s$

表 5–4　10∶1 衰减曲线法调节器参数计算表

调节作用	比例度 δ_s'（%）	积分时间 T_i（min）	微分时间 T_D（min）
比例度 + 积分	$1.2\delta_s'$	$2T_s'$	
比例度 + 积分 + 微分	$0.8\delta_s'$	$1.2T_s'$	$0.4T_s'$

衰减曲线法比较简便，适用于一般情况下的各种参数的调节系统。但在干扰频繁，记录曲线不规则，不断有小摆动时，由于不易得到正确的衰减比例度 δ_s 和衰减振荡周期 T_s，使得这种方法难以投入使用。

3）经验凑试法

经验凑试法是在长期的生产实践中总结出来的一种整定方法。它是根据经验先将调节器参数放在一个数值上，直接在闭环系统中，通过改变给定值施加干扰，在记录仪上观察过渡过程曲线，以 δ、T_i、T_D 对过渡过程的影响为指导，按照规定顺序，对比例度 δ、积分时间 T_i 和微分时间 T_D 逐个整定，直到获得满意的过渡过程为止。

各类调节系统中调节器参数的经验数据，列于表 5–5 中，供整定时参考选择。

表 5–5　各调节系统中调节器参数的经验数据表

被调参数	特点	δ（%）	T_i（min）	T_D（min）
流量	对象时间常数小，参数有波动，δ 要大，T_i 要短；不用微分	40~100	0.3~1	
温度	对象容量滞后较大，即参数受干扰后变化迟缓，δ 应小，T_i 要长；一般需要加微分	20~60	3~10	0.5~3
压力	对象的容量滞后一般，不算大，一般不加微分	30~70	0.4~4	
液位	对象时间常数范围较大。要求不高时，δ 可在一定范围内选取，一般不用微分	20~80		

表 5–5 中给出的只是一个大体范围，有时变动较大。例如，流量调节系统的 δ 值有时需在 200% 以上，有的温度调节系统积分时间长达 15min 以上。另外，选择 δ 值还应注意测量部分的量程和调节阀的尺寸。如果量程范围小（相当于测量变送器的放大系数大）或调节阀尺寸选大了（相当于调节阀的放大系数大）时，δ 应选得适当大一些。

经验凑试法整定的步骤一般有以下两种：

（1）先用纯比例作用进行凑试，待过渡过程基本稳定并符合要求后，再加积分作用消除余差，最后加入微分作用是为了提高调节质量。按此顺序观察过渡过程曲线进行整定工作。具体做法如下：

根据经验并参考表 5–5 的数据，选出一个合适的 δ 值作为起始值，暂时去掉积分作用与微分作用（$T_i=\infty$，$T_D=0$），将系统投入自动。改变给定值，观察记录曲线形状。如果曲线不是 4：1 衰减（这里假定要求过程是 4：1 衰减振荡的），如衰减比大于 4：1，说明选的 δ 值偏大，适当减小 δ 值再看记录曲线，直到曲线呈 4：1 衰减为止。注意，当把调节器比例度调小后，如无干扰就看不出衰减振荡曲线，一般都要改变一下给定值才能看到，若工艺上不允许改变给定值，那只好等候工艺本身出现较大干扰时再看记录曲线。δ 值调整好后，如要求消除余差，则要引入积分作用。一般积分时间可先取为衰减周期的一半值，并在积分作用引入的同时，将比例度增加 10%~20%，看记录曲线的衰减比和消除余差的情况，如不符合要求，再适当改变 δ 值和 T_i 值。如果是三作用调节器，则在已调整好的 δ 和 T_i 的基础上引入微分作用，而在引入微分作用后，允许把 δ 值和 T_i 值再缩小一点。微分时间也要凑试，以使过渡过程时间短，超调量小，调节质量满足生产要求。

经验凑试法的关键是"看曲线，调参数"。因此，必须弄清楚调节器参数值变化对过渡过程曲线的影响关系。一般说来，在整定过程中，观察到曲线振荡很频繁，须把比例度增大以减小振荡，曲线最大偏差大且趋于非周期过程，须把比例度减小。当曲线波动较大时，应延长积分时间；曲线偏离给定值后，长时间回不来，则须缩短积分时间，以加快消除余差的过程。如果曲线振荡得厉害，须把微分作用减到最小，或暂时不加微分作用，以免加剧振荡；曲线最大偏差大而衰减减慢，须把微分时间加长。经过反复凑试，一直调到过渡过程振荡两个周期后基本达到稳定、品质指标达到工艺要求为止。

在一般情况下，比例度过小，积分时间过小或微分时间过大，都会产生周期性的激烈振荡。但是，积分时间过小引起的振荡，周期较长，比例度过小，振荡周期较短，微分时间过大，振荡周期最短。如图 5–19 所示，曲线 a 的振荡是积分时间过小引起的，曲线 b 是比例度过小引起的，曲线 c 是微分时间过大引起的。

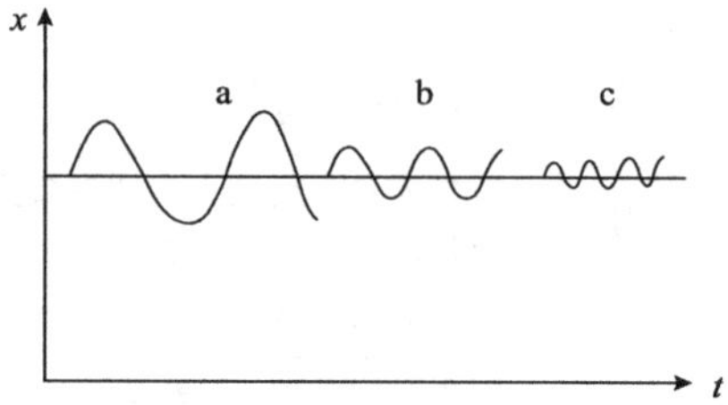

图 5–19　三种振荡曲线比较

如果比例度过大或积分时间过大，都会使过渡过程变化缓慢。一般地说，比例度过大，曲线东跑西跑，不规则地、较大地偏离给定值，而且形状像波浪般绕大弯，如图 5–20 中的曲线 a 所示。如果曲线通过非周期的不正常路径，慢慢地恢复到给定值，就说明积分时间过大，如图 5–20 中的曲线 b 所示。应当引起注意的是，积分时间过大或微分时间过大，超出允许的范围时，不管如何改变比例度，都是无法补救的。

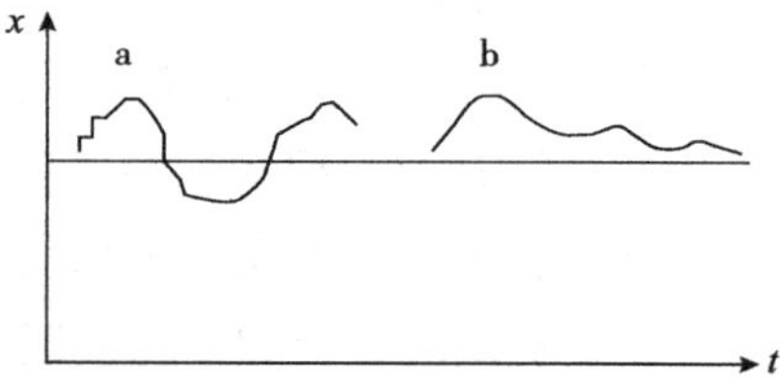

图 5–20　比例度过大，积分时间过长曲线比较

（2）先按表 5–5 中给出的范围把 T_i 定下来，如要引入微分作用，可取 $T_D=(1/4\sim1/3)T_i$，然后对 δ 进行凑试，凑试步骤与前一种方法相同。

一般来说，这样凑试可较快地找到合适的参数值。但是，如果开始 T_i 和 T_D 设置得不合适，则可能得不到所要求的记录曲线，这时应将 T_D 和 T_i 作适当调整，重新凑试，直到记录曲线合乎要求为止。

经验凑试法的特点是方法简单，适用于各种调节系统，因此应用非常广泛。特别是外界干扰作用频繁、记录曲线不规则的调节系统，采用此法最为合适。但此法主要是靠经验，在缺乏实际经验或过渡过程本身较慢时，往往费时较多。为了缩短整定时间，可以运用优选法，使每次参数改变的大小和方向都有一定的目的性。值得注意的是，对于同一个系统，不同的人采用经验凑试法整定，可能得出不同的参数值，这是由于对每一条曲线的看法，有时会因人而异，没有一个明确的判断标准，而且不同的参数匹配有时会使所得的过渡过程衰减情况一样。

最后必须指出，在一个自动调节系统投运时，调节器的参数必须整定，才能获得满意的调节质量。同时，在生产进行的过程中，如果工艺操作条件改变，或负荷有很大变化，调节对象的特性就会随之改变，因此，调节器的参数必须重新整定。由此可见，整定调节器参数是经常要做的工作，对工艺人员与仪表人员来说，都是需要掌握的。

6. 调节系统的分类

调节系统有多种分类方法，可以按工艺参数（如压力、流量、温度等）分类，也可以按调节规律等分类。每一种分类方法都只反映了自动调节系统的某一特点。但是，在分析调节系统特性时，给定值的形式不同会涉及不同的分析方法，所以一般将调节系统按给定值的不同情况来分类，这样可将调节系统分为三类，即定值调节系统、随动调节系统和程序调节系统。

1）定值调节系统

所谓定值就是恒定给定值的简称。工艺生产中要求调节系统的被调参数保持在一个生产技术指标上不变，这个技术指标就是给定值。化工石油生产中大多要求这种类型的系统，因此本书讨论的系统多属定值调节系统。

2）随动调节系统（也称跟踪系统）

这类系统的特点是给定值在不断地变化，并要求系统的输出随之变化。如各种变送器均可看作一个随动调节系统，它的输出（指示值）应严格、及时地随着输入（被测值）而变化，这样才能既测得准，又测得快。

3）程序调节系统

这类系统的给定值也是变化的，但它是一个已知的时间函数，即生产技术指标需按一定的时间程序变化. 如制造胶鞋的硫化罐的温度调节系统和冶金工业金属退火炉的温度调节系统都是这类系统的例子，在一般石油化工生产中较少碰到程序调节的要求。这类系统的给定值常用凸轮或曲线板来实现，如图 5-21 是给定凸轮对应工艺要求的温度变化规律。

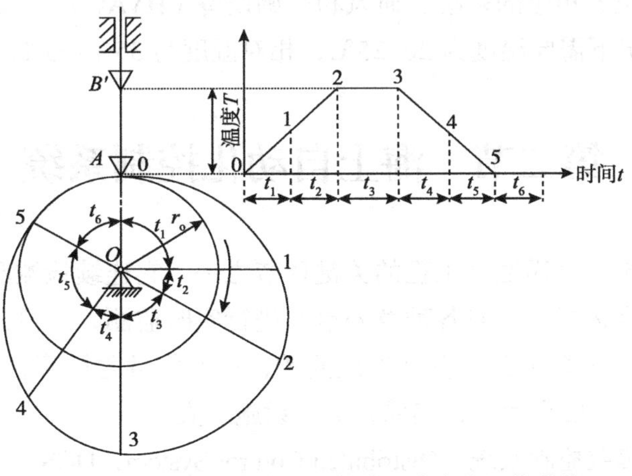

图 5-21　时间程序给定凸轮的温度变化规律曲线

四 中央控制室

中央控制室要根据其功能、特点，依据相应的标准、规范，为计算机和其他自动化设备的可靠运行创造必要的条件，为管理操作人员创造一个适宜的环境。

1. 位置选择

海洋油气平台的中央控制室的位置设置要考虑主风向，只要有可能，控制室要设在工艺区的顶风处，以使得控制室所处区域内的可燃气体聚集程度减至最小。

中央控制室尽量设置在非危险区域内，在满足防火间距和防爆要求的条件下，以接近主要工艺生产设备为宜。如果设置在危险区域，要对其进行空气密封。

中央控制室的空气进口应该安装在工艺区的顶风处，并且应设在非危险区内。

中央控制室要远离强噪声源，远离火炬；周围不应该有频率为25Hz以上的机械性连续振动源和有经常性的电磁干扰源；不能与变压器室相贴临。

中央控制室的设计要考虑紧急撤离时的最近逃生路线，特别需要指出的是，在相对接近控制室的地方要设置一条或多条逃生路线。

2. 防火和可燃气体的保护

中央控制室要设置防火和可燃气体的保护，通常在室内要根据控制室的面积选择数量合适的热探头和烟探头进行合理布置，以监测中央控制室的火灾情况；控制室的进风口要设置相应的可燃气体探头，以监测进风口的可燃气体聚集情况；同时，中央控制室要配备二氧化碳灭火释放系统和相应的释放报警系统。

3. HVAC 的保护

中央控制室要设置相应的采暖、通风和空调设备（HVAC），以确保室内的操作条件满足要求，通常情况下需要温度为20~25℃，相对湿度为35%~65%。

第二节　海上自动化控制系统

自动化控制系统是海洋油气工程的关键环节之一，它连续检测和控制海洋油气田各种生产、设备的正常运行，又对各种意外事故进行实时监测，一旦出现意外，就会在第一时间进行报警并通过系统逻辑自动处理问题，以便将危险因素控制在最小的范围内，从而保障海洋油气田的安全生产，确保人员、设施的安全。

本节主要介绍集散控制系统（Distributed Control System，DCS）、火气保护系统（Fire

and Gas Control System，F&GS）与紧急关断系统的相关内容。随着自动化控制技术的高速发展，目前我国的海洋油气工程的控制系统自动化程度非常高，以上系统被有机地设计、组合在一起，构成了海洋油气工程功能完整而强大的自动化控制系统。

一 集散控制系统

集中分散控制系统（以下简称集散控制系统），也叫分布式控制系统，是集计算机技术、控制技术、通信技术和 CRT 技术于一体的综合性高技术产品。DCS 通过操作站对整个工艺过程进行集中监视、操作、管理，通过控制站对工艺过程各部分进行分散控制，既不同于常规仪表控制系统，又不同于集中式的计算机控制系统，而是集中了两者的优点，克服了它们各自的不足。DCS 以可靠性、灵活性、人机界面友好性及通信的方便性等特点日益被广泛应用。

1. 集散控制系统的发展历程

1975 年，Yokogawa 公司推出 YEWPACT MARK Ⅱ，诞生了世界上第一套集散控制系统。此时，它已经具备集散控制系统的三大组成部分，即集中管理部分、分散控制监视部分和通信部分。这一时期的集散控制系统的通信系统只是一种初级局部网络，全系统由一个通信指挥器指挥，对各单元的访问方式是轮流讯问方式。除 Yokogawa 公司的 YEWPACT MARK Ⅱ外，典型的产品还有 HONEYWELL 公司的 TDC 2000、TAYLOR 公司的 MOD3、FOXBORO 公司的 SPECTRUM 等。

1987 年，FOXBORO 公司推出的 I/A 系列集散控制系统，标志着集散控制系统进入了扩展期，Yokogawa 公司相继推出采用 V-NET 的 CENTUM XL、CENTUM CS 系统，HONEYWELL 公司推出了带有 UCN 网络的 TDC 3000 系统。这些系统的主要改变体现在局域网络方面，采用的网络符合国际标准化组织（ISO）的 OSI 开发系统互联的参考模型，因此，符合开发系统的各制造商的产品可以互联、相互通信以及进行数据交换。同时，这些系统在控制功能方面增加了自适应、自整定、优化等控制算法，同时采用专家系统、MAP（制造自动化技术）标准以及先进的表面安装技术。

20 世纪 80 年代后期，随着现场总线技术的出现，人们开始在 DCS 的基础上开发一种适用于工业环境的网络结构和网络协议，并实现了传感器、控制器的通信。由于从根本上解决了网络控制系统的自身可靠性问题，现场总线技术逐渐成为计算机工业控制系统的发展趋势。

以上 3 种控制模式是当今世界最为常用的控制模式，它们起源于不同的年代并有各自的优势，在技术上有着相互渗透的趋势，更多的情况是多种技术同时使用。

2. 集散控制系统的基本构成

该系统概括起来可分为集中管理、分散控制监视和通信三大部分，如图 5-22 所示。

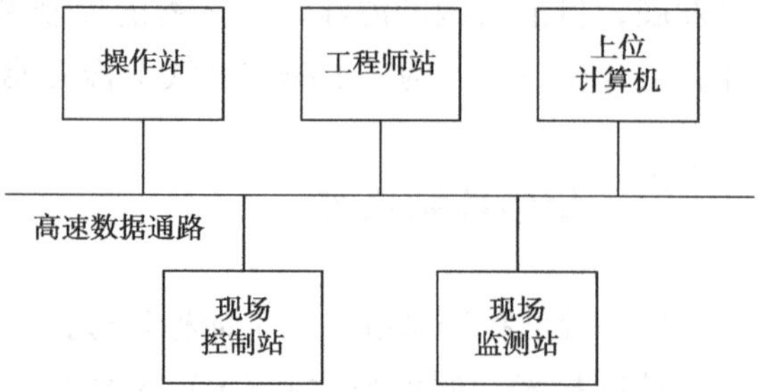

图 5-22　集散控制系统基本构成图

（1）集中管理部分。操作人员通过集中管理部分了解生产过程的运行状况，并由它发出操作指令到生产过程。对于操作人员、管理人员而言，随时可以通过该部分对生产过程中的各种信息进行监视与修改。集中管理部分又可分为操作站、工程师站和上位计算机。操作站是由微处理器、CRT、键盘、打印机等组成的人机系统，可实现集中显示、集中操作和集中管理。工程师站主要用于组态和维护。上位计算机用于全系统的信息管理和优化控制。

（2）分散控制监视部分。分散控制监视部分是集散控制系统与工业生产过程间的界面，实现分散的过程控制。各种生产过程的变量通过该部分转化成监视控制变量，而操作的各种信息也通过该部分送到生产过程的各种设备输出（执行机构）。分散控制监视部分的各种装置要能适应恶劣的工业生产环境，特别是对安装在现场的一些设备；要体现分散控制的特征，将地域分散的过程装置用分散的控制来实现，将监视和控制分离，提高系统的可靠性；能准确反映过程参数的变化，实时性好；具有较强的独立性，在与上位计算机通信或在上位计算机出现故障的情况下，也能正常运行。

分散控制监视部分按功能可分为现场控制站和现场监测站。现场控制站由微处理器、存储器、I/O 输入输出板、A/D 及 D/A 转换器、内总线、电源和通信接口等组成，可以控制多个回路，具有较强的运算能力和各种控制算法功能，可自主地组成回路控制任务，实现分散控制。现场监测站又叫数据采集装置，也是微计算机结构，主要是采集非控制变量以进行数据处理，并将某个采集的过程信息经高速数据公路送到上位计算机。

（3）通信部分。通信部分又叫高速数据通路，是实现分散控制和集中管理的关键。其连接 DCS 的操作站、工程师站、上位计算机、控制站和监测站等各个部分，完成数据、指令及其他信息的传递。在开放型集散控制系统中，对该部分的要求除传输速率、误码率等外，还应具备开放性和互操作性，因此要求该部分具有统一的标准和协议，这个通信标准的框架结构就是国际标准化组织的开放系统互联参考模型。

3. 集散控制系统的特点

集散控制系统是一个以微机为基础的标准产品的分级系列，这些产品可以根据控制对象任意组合，为连续或间歇过程提供任意程度的分散控制，具有如下特点：

（1）控制功能多样化。DCS 的最低级为现场控制站或现场控制单元，一般都具有几十种运算控制算法或其他数学和逻辑功能，如四则运算、逻辑运算、前馈、超前控制、PID 控制、自适应控制和滞后时间补偿等，还有顺序控制和各种联锁保护、报警功能。根据控制对象的不同要求，把这些功能有机地组合起来，能方便地满足系统的要求。

（2）操作简便。DCS 各级都配备了灵活且功能强大的人机接口，操作员通过 CRT 可以对被控对象进行集中监视，通过各种功能键实现各种操作功能。打印机可以打印各种需要的信息及报表。

（3）系统便于扩展。DCS 的设计是根据不同规模的工程对象进行的，部件设计采用积木式的结构，可以模板、模板箱以至控制柜和站等为单位，逐步增加。用户通过通信链路可以方便地从单台数字调节器或过程控制站扩展成小系统，或将小规模系统扩展成中规模或大规模系统。DCS 设置有工程师站或工程师键盘，系统工程师根据控制对象可生成需要的自动控制系统。

（4）维护方便。DCS 的设计是按照标准化、积木化、系列化进行的。积木式的模板功能单一，便于装配和维修更换，系统配有智能的自动故障检查诊断程序和再启动等功能，维修非常方便。

（5）可靠性高。DCS 是监视集中而控制分散，故障影响面小，并且在设计时就设置了联锁保护功能、自诊断功能、冗余措施、系统故障人工手动控制操作措施等，使系统可靠性大大提高。

（6）便于与其他计算机联用。DCS 配备有高、中、低不同速率和不同模式的通信接口，可方便地与个人计算机或其他大型计算机联用，组成工厂自动化综合控制和管理系统。随着 DCS 系统向开放系统发展，在符合开放系统的各制造厂产品间可以相互连接、相互通信和进行数据交换，第三方的应用软件也能在系统中应用，从而使 DCS 进入了更高的阶段。

4. 集散控制系统接地的目的

将电路、单元与充作信号电位公共参考点的一等位点或等位面实现低阻抗连接，称为接地。在 DCS 中，接地是抑制噪声和防止干扰的主要方法，在设计和实施中如能把接地和屏蔽正确结合起来使用，即能解决大部分噪声问题。

接地有 4 个基本目的：

（1）消除各电路电流流经一个公共地线阻抗时所产生的噪声电压。

（2）避免受磁场和地电位差的影响，即不使其形成地环路，如果接地方式处理得不好，就会形成噪声耦合。

（3）使屏蔽和滤波有环路。

（4）安全，即安全接地。

接地的含义可理解为一个等电位点或等电位面，是电路或系统的基准电位，但不一定为大地电位。保护地线必须在大地电位上，信号地线依据设计要求，可以是大地电位，也可以不是大地电位。

5. 集散控制系统接地的处理方法

在集散控制系统中，大致可分为以下几种地线（采用行业通用词汇表述）。

（1）数字地。这种地线也叫逻辑地，是各种开关量（数字量）信号的零电位。

（2）模拟地。这种地线是各种模拟量信号的零电位。

（3）信号地。这种地线通常为传感器的地线。

（4）交流地。交流供电电源的地线，这种地线通常是产生噪声的地线。

（5）直流地。直流供电电源的地线。

（6）屏蔽地。这种地线也叫机壳地，为防止静电感应和磁场感应而设。

为了正确接地，必须正确处理各种不同信号的接地。在 DCS 中，地线如何处理有以下 5 项原则。

1）一点接地和多点接地

一般情况下，高频电路应就近多点接地，低频电路应一点接地。在低频电路中，布线和元件间的电感不是大问题，而接地形成的环路所产生的干扰影响很大，因此常以一点作为接地点。但一点接地不适用于高频，地线上具有电感而增加了地线阻抗，同时各地线之间又产生电感耦合。一般来说，频率在 1MHz 以下可用一点接地，高于 10MHz 时，采用多点接地，在 1MHz 到 10MHz 之间可用一点接地，也可采用多点接地。通常 DCS 采用一点接地。

2）交流地与信号地不能共用

由于在一段电源地线的两点间会有数毫伏甚至几伏电压，对低电平信号电路来说，这是一个非常严重的干扰，因此必须加以隔截和防止。

3）浮地与接地的比较

全机浮空即系统各个部分与大地浮置起来，其方法简单，但整个系统与大地的绝缘电阻不能小于 50MΩ。这种方法具有一定的抗干扰能力，但一旦绝缘下降就会带来干扰。还有一种方法，就是将机壳接地，其他部分浮空。这种方法抗干扰能力强，安全可靠，但实现起来比较复杂。通常 DCS 以接大地为好。

4）模拟地

模拟地的接法十分重要。为了提高抗共模干扰能力，对于模拟信号可采用屏蔽浮地技术。

5）屏蔽地

在 DCS 中，为了减少信号中电容耦合噪声，以便准确检测和控制，对信号采用屏蔽措施是十分必要的。根据屏蔽目的的不同，屏蔽地的接法也不一样。电场屏蔽解决分布电容问题，一般接大地。电磁场屏蔽主要避免雷达、电台，这种高频电磁场辐射干扰，利用低阻金属材料高导流而制成，可接大地。磁气屏蔽防止磁铁、电机、变压器、线圈等磁感应、磁耦合，其屏蔽方法是用高导磁材料使磁路闭合，一般接大地为好。

当信号电路是一点接地时，低频电缆的屏蔽层也应一点接地。如果电缆的屏蔽层接地点有一个以上时，将产生噪声电流，形成噪声干扰源。当一个电路有一个不接地的信号源与系统中接地的放大器相连时，输入线的屏蔽应接至放大器的公共端。相反，当接地的信号源与系统中不接地的放大器相连时，输入线的屏蔽层也应接到信号源的公共端。这种单端接地方式如图 5-23 所示。

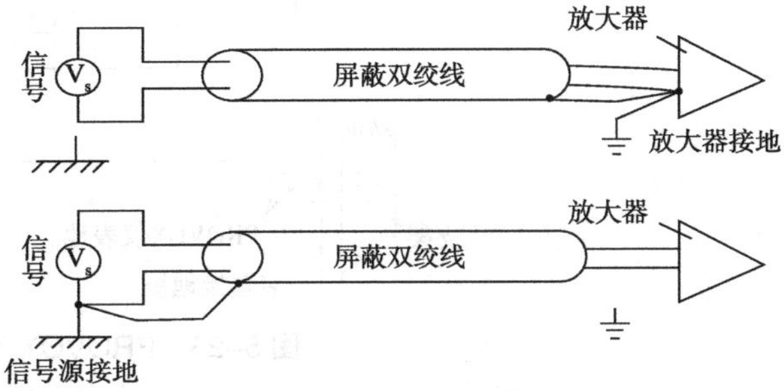

图 5-23 屏蔽接地图

6. 集散控制系统接地举例

不同的 DCS 厂家对其产品的接地要求各有不同，一般要按厂家的安装要求接地。如图 5-24 为 CENTUM 系统的接地图，如图 5-25 为 PROVOX 系统的接地图。

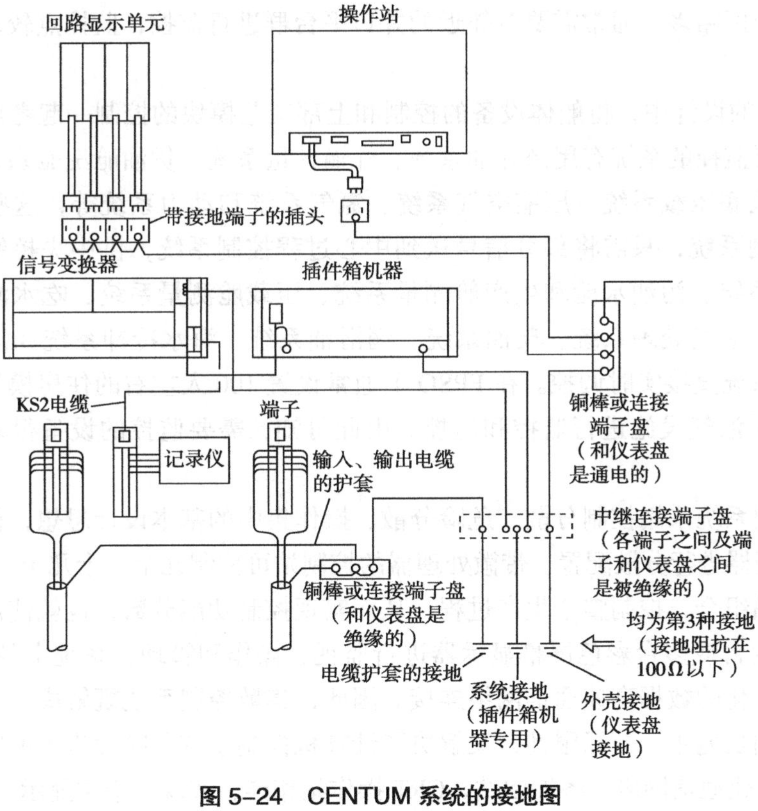

图 5-24 CENTUM 系统的接地图

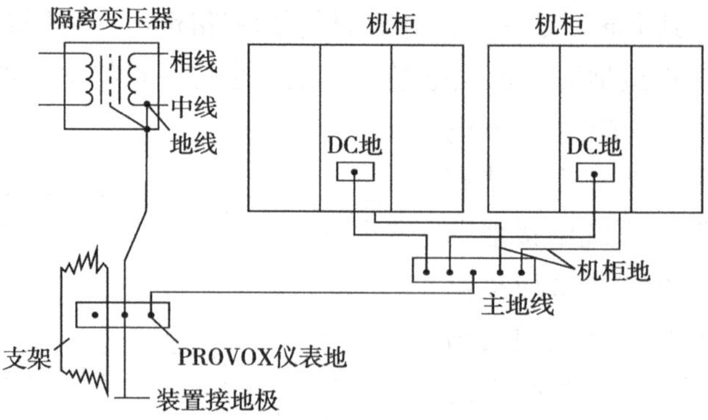

图 5-25　PROVOX 系统的接地图

7. 集散控制系统应用举例

1）浮式生产储油轮和油田群中心平台

浮式生产储油轮和油田群中心平台通常选用集散控制系统或者是集散控制系统和现场总线（FCS）相结合的控制系统。

浮式生产储油轮和油田群中心平台具有一些共同特点，例如，需要监控的设备和调节的仪表控制回路多，通常需要对邻近的井口平台群进行监控，监控点较多，并且住房模块也较大。

在 FPSO 的设计中，将船体设备的控制和上部工艺模块的控制一起考虑，设计成一个系统，需要监控的系统有尾部卸油系统、外输计量系统、货油舱洗舱系统、惰气保护系统、机舱舱底压载系统、压缩空气系统、氮气系统和动力系统等，这些系统都有自己独立的控制系统，只需将部分信号送到中心过程控制系统，供中央控制室监控。而货油舱测量系统、污油水舱和生产舱测量系统、压载舱测量系统、吃水测量系统、阀门定位系统、油气处理系统、柴油系统、润滑油系统、海水冷却系统和淡水系统等需要过程控制系统直接实时调控。在 FPSO 上通常设置 100 人左右的住房模块，还需要对它周边的海洋油气设施进行监控和遥控。由此可知，需要监控的设备很多，情况也很复杂。

集散控制系统采用控制分散、危险分散、操作集中的基本设计思想，按控制功能或区域将微处理器进行分散配置。带微处理器的控制站可控制几个、十几个、几十个回路，用若干控制站组合，控制整个生产过程，从而实现控制功能分数，也就使危险分散。人机接口采用两台或多台彩色屏幕显示器进行监视、操作和管理，系统中各个站（节点）通过完全双重化的数据高速通信网络连接。因此，集散控制系统既解决了常规模拟仪表控制系统控制功能单一的局限性，又解决了计算机控制系统危险性集中的问题，同时该系统采用双重化通信网络与各控制站、CRT 操作站相连，实现了集中显示、操作和管理，有效地克服了常规模拟仪表系统的人机接口的缺点，能够实现连续控制、批量（间歇）

控制、顺序控制、数据采集、先进过程控制等。

现场总线是连接智能现场设备和自动化系统的数字式、双向传输和多分支结构的通信网络。它有以下 4 个特点：

（1）现场总线把通信延伸到了现场仪表，实现了现场设备的互联，其中，现场设备包括变送器、执行器、服务器、网桥以及监控设备等。

（2）现场总线实现了各制造商现场设备的互操作性和互换性。

（3）现场总线系统废弃了 DCS 的输入 / 输出单元和控制模块的概念，把 DCS 控制站的功能块分配给现场仪表，从而构成虚拟控制站，对所需控制系统实现了彻底的分散控制。

（4）现场总线为开放式互联网络，既可与同层网络互联，也可与不同层网络互联。开放式互联网络还体现在网络数据库共享，通过网络对现场设备和功能块统一组态，可使不同厂商的网络及设备融为一体。

DCS 和 FCS 相结合的控制系统继承了这两种控制系统的优势，将重要的调节回路放到了现场控制，并对不具备现场控制的调节回路仍采用传统的 DCS 控制，达到了分散风险和降低成本的目的。对于该控制系统模式的网络结构通常建议采用三层结构：工厂管理网（AMS）、工业控制网及现场总线。不同厂家的产品都有其自身的特点，其控制系统的网络拓扑结构也不相同，可视具体情况而定。

2）综合平台和井口平台

综合平台和井口平台通常集油气生产系统、油气处理系统、工艺辅助系统、公用系统、钻机模块、动力系统及生活楼于一体，平台工艺系统较复杂，控制回路和监控点较多，为了控制系统的高效性，常采用集散控制系统。

3）简易井口平台和无人井口平台

对于简易井口平台和无人井口平台，常采用 PLC 和小型 DCS。

对于边际油田和经济效益不太好的油田，为了降低投资费用，通常采用简易井口平台或无人井口平台的模式，平台上一般只有采油树、单井计量装置和一些简单的公用设施，这种油田的开采通常需要依托老油田的设施。这类平台的调节回路和监控点都较少，也基本没有人员驻守，因此采用 PLC 和小型 DCS。

对于该控制系统模式的网络结构通常采用两层结构：工厂管理网及工业控制网。不同厂家的产品都有其自身的特点，其控制系统的网络拓扑结构也不相同，可视具体情况而定。

8. 国内外集散控制系统生产厂家

国内外生产 DCS 厂家一览见表 5–6。

表 5-6 国内外生产 DCS 厂家一览

国别	生产厂家	系统型号
中国	北京和利时自动化工程有限公司	HS-2000
	浙大中控自动化公司	JX-300X；SUPCON；WebField；ECS-100
	浙江威盛自动化有限公司	FB-2000；FB-2000NS
	重庆工业自动化仪表研究所	DJK-7500
	上海新华控制工程有限公司	DJKF-1000
	清华大学	DCS-100
	无锡自动化仪表研究所等	DJK-200
	核工业部二院	PRK-80
	上海调节器厂	μ-2000
	化工部自动化研究所	HTCS
	华东理工大学自动化所	ONSPEC-PCMS
日本	横河	YEWPACK MARK Ⅱ；CENTUM；CENTUM-μXL； CENTUM-XL；CENTOM-CS
	山武—霍尼威尔	TDCS3000
	东芝	TOSDIC-200；TOSDIC-SS；TOSDIC-210D；TOSDIC-AS；TOSDIC-AD
	日立	∑系列；UNITROL EX；EX-1000；HX-1000；EX-1000 NEW MODEL
	富士	MICREX；NEW MICREX；FPEC-10； MICRO F500、600、700、800；MICRO/FFI
	三菱	MACTUS 620；MACTUS 770；MACTUS 810
	北辰	900/TX
	岛津	PTS-1100；SIDAC
美国	霍尼威尔（HONEYWELL）	TDC-2000；TDC-3000；TDC-3000/PM
	福克斯波罗（FOXBORO）	SPECTRUM；I/A SERIES
	费希尔（FISHER）	PROVOX；PROVOX-PLUS
	贝利（BAILEY）	NETWORK 90；INFI-90
	泰勒（TAYLOR）	MOD-Ⅲ；MOD-30；MOD-300
	西屋（WESTING HOUSE）	WDPF；WDPF Ⅱ；WDPF Ⅲ
	罗斯蒙特（ROSRMONT）	SYSTEM 3
	里诺（LEEDS–NORTHRUP）	MAX-1；MAX-1000
	费希尔—波特（FISHER–PORTER）	DCI-4000；DCI SYSTEM6
	贝克曼（BACKMAN）	MV8000
	摩尔（MOORE）	MYCRO Ⅱ；MYCRO APACS
英国	BBC–KENT	P4000
	GEC	GEC80
	FERANT COMPUTER SYSTEM	PMS100

续表

国别	生产厂家	系统型号
德国	西门子（SIEMENS）	TELEPERM M
	哈特曼–布朗（H–B）	CONTRONIC-Z；CONTRONIC-P
	埃卡特（ECKARDT）	PLS-80
	维地俄（VDO）	MICON MDC-200
	ABB	ABB MASTER
瑞典	SATT CONTROL	SATTCON 90；SATTLINE
荷兰	PHILIPS	PCS 8000
瑞士	ASEA	ASEA MASTER
芬兰	VALMEL	DAMATIC

二 火气保护系统

火灾会给人类带来巨大的、难以弥补的生命财产的损失。每年全世界由于各种类型的火灾造成的直接经济损失高达数百亿美元，伤亡数十万人，间接经济损失更是难以计数。火灾的危害在其他灾难性事件中居首位，引起了各界的高度重视，尤其在石油、化工行业中。

海上采油、钻井平台由于空间相对狭小，人员设备高度集中，一旦发生火灾，后果将极为严重（见图 5–26）。

图 5–26 海上平台火灾倾覆

为保护平台操作人员及生产设施的安全，现代平台都配备了完善的火气保护系统，主要包括火气探测报警控制系统、现场探测设备、报警设备、自动 / 手动启动报警系统（包括启动 PA 广播系统）、消防系统、自动 / 手动执行火气关断逻辑控制系统，对控制网络、现场探测设备和系统进行诊断和报警。此外，在有人居住的中心平台的生活区值班室还设置了火灾控制盘，对生活区的火气进行监控，将状态信息传到中控室的 F&GS，并接收来自 F&GS 的控制信号。

在海洋油气工程中，常使用的火气探测器包括感温探测器、感烟探测器、火焰探测器、可燃气体探测器、易熔塞、平台状态灯等。这些探测器均由中央控制室的火灾控制盘控制，火灾控制盘有自检功能，当某个探测器出现问题时，会在控制盘上给予显示，以便人员检查。

1．感温探测器

感温探测器（见图 5–27）用于探测在空气中散发的热量的上升速度，其工作元件主要由热传感器和印刷电路板组成，正常情况下，触点常开，电子电路不导通，发生火灾时，周围环境温度迅速升高，热传感器响应温度发生变化，当温升速率达到某一标定值、温度达到某一标定值时，印刷电路板电子线路导通，向报警器输出火警信号。

图 5–27　感温探测器外形图

通常感温探测器可分为两种：定温型和温升速率型（温差型）。另外，也可根据实际需要进行组合使用。

1）定温型感温探测器

定温型感温探测器内部的探测元件达到标定温度时将产生报警动作。通常探测元件采用双金属片、圆盘或易熔金属链。双金属片的探测元件由两种具有不同膨胀系数的金属组成。当加热时，两种金属根据不同的膨胀系数膨胀，促使双金属元件形成弯转以控制触点动作。另一种定温型感温探测器是利用易熔金属链，当其暴露在热源中被加热时，易熔金属链在预定的温度下熔化，产生一个报警信号。易熔金属链通常由一种低熔点的合金做成。在海洋油气工程中通常采用的方式是在设备上方布置易熔塞回路，这种典型的安装方式是在探测区域上方布置连接在不锈钢环路的易熔塞。环路中充满仪表空气，当发生火灾，易熔塞被加热熔化后，环路中的空气被释放，相连的低压开关动作，从而引起报警或消防动作。定温型感温探测器报警时，它所处的环境温度通常要高于其标定温度，尤其是当它处于一个快速增强的火灾下，它的温度滞后报警会更大，而温升速率型感温探测器可以弥补这一缺点。

2）温升速率型感温探测器

温升速率型感温探测器的操作原理：当环境温度的上升速率超过预先设定的速率时，探测器将报警。温升速率型感温探测器的缺点是在一个缓慢增强的火灾下可能失误。为了克服这一缺点，可将温升速率型感温探测器同定温型感温探测器结合起来，变为组合式感温探测器。

3）组合式感温探测器

通常组合式感温探测器是由探测温升速率元件和探测定温元件两部分组成。它结合了这两者的探测原理，不管是对温度快速变化，还是缓慢升高的温度变化，都能正确探测到。因此，海洋油气工程常采用这种方式来提高探测的稳定性和准确性。

2. 感烟探测器

美国防火协会标准（NFPA 72）将烟定义为“空气中的可见或不可见的燃烧颗粒的全体”。燃烧产生的可见颗粒是由单位体积中含有的少量大的烟雾颗粒所组成。燃烧产生的不可见颗粒是由在单位体积中包含的大量小的烟雾颗粒所组成。感烟探测器将对这些可见或不可见颗粒的存在进行相应的探测。根据探测的不同原理，感烟探测器可以分为电离烟探测器和光电烟探测器。

1）电离烟探测器（离子式）

电离烟探测器（见图 5–28）是可对可见和不可见的燃烧产物产生反应，对不可见的燃烧颗粒则要更为敏感。它由两部分组成，一部分是具有电离特性的小室，小室由于镅 –241 的辐射使烟气电离，两个小室中一个是密闭的，其中充以纯空气（无烟），另一个是相对敞开的，烟能进入；另一部分是低压固体器件组成的电路。用于对信号进行处理和输出。有烟气时，由于电离作用使小室内电离浓度增加，从而使电桥失去平衡，输出信号至火灾控制盘，同时现场探头上有一发光二极管闪亮，表示报警，待火灭烟散后，火灾控制盘复位，发光二极管熄灭。采用内外电离室串联的目的是减少平时环境温度、湿度、气压等自然条件变换时对离子电流的影响，以提高其工作稳定性和可靠性。由于能在火灾的初始阶段较快地探测到火灾，因此海洋油气工程多采用电离烟探测器。

图 5–28　电离烟探测器（离子式）外形图

2）光电烟探测器

光电烟探测器主要由一个光电管和一个光源所组成。光电烟探测器通常用在可能发生的火灾会产生大量可见燃烧颗粒的地方。它的操作原理：当烟进入光电烟探测器中光源的光径时，烟会阻碍光照射光电管，或者是当烟与光束相干扰时将光反射到光电管。光电烟探测器按结构可以分为点测试和光束式。

3. 火焰探测器

火焰是在火灾燃烧中产生的可见或不可见的燃烧气体或蒸汽。火焰探测器是视线型装置，当这种装置暴露在火灾发出的辐射能下时，将发生反应。因为辐射能是以光速传播的，所以火焰探测器有快速反应的能力。根据探测火灾辐射能的波长的不同，火焰探测器可以分为紫外线火焰探测器、红外线火焰探测器、紫外 / 红外线火焰探测器和三频红外线火焰探测器。

1）紫外线火焰探测器

紫外线火焰探测器（见图 5–29）对于探测火灾十分灵敏且有效，是火焰探测器中最常用的一种。它的敏感元件是紫外光敏电子管，对阳光的辐射和闪烁热源的辐射不起作用，只对波长为 1850~2450Å 的紫外光起感应。因此，它能有效地探测出火焰而又不受可见光和红外线辐射的影响，特别适用于火灾初期不产生烟雾的场所。一个紫外线火焰探测器有一个独立的紫外光敏电子管，紫外光敏电子管受火焰放出紫外线的作用，在电极上射出电子，并在两极间的电场作用下加速，由于管内充有一定量的惰性气体，所以当这些被加速而又具有较大能量的电子同惰性气体分子碰撞时，便将惰性气体分子电离，而电离产生的正负离子又被加速，它们又会使更多的惰性气体分子电离，于是在一段时间内，造成雪崩式的放电过程，产生的瞬时电子流从阴极流向阳极，使电子管由截止状态变成导通状态，给电路系统一个触发脉冲信号，经转换成电压信号传送到报警器，发出报警信号。紫外线火焰探测器的一个缺点是能对 X 射线、弧焊作业及闪电作出反应，另一个缺点是烟雾能遮蔽探测器的动作。

图 5–29　紫外线火焰探测器

2）红外线火焰探测器

红外线火焰探测器利用一个带滤镜和透光系统的光电池或光敏电阻作为感应元件，对波长高于 7000Å 的不可见的辐射能作出反应。同紫外线火焰探测器相同，红外线火焰探测器也是快速动作型的探测器。由于红外线火焰探测器会对许多热源（特别是日光辐射的干扰）作出反应，即使装配有复杂的识别装置，也容易发生误报警。另外，红外线火焰探测器也受高湿度的影响，因此红外线火焰探测器在海洋油气的应用具有局限性。

3）紫外 / 红外线火焰探测器

紫外 / 红外线火焰探测器是同时具有探测紫外线和红外线感应元件的探测器，只有当这两部分元件都产生报警时，探测器才确认有火灾发生，并将信号送到火灾系统。紫外线感应元件只对波长在 1850~2450Å 的紫外线产生动作，红外线感应元件对波长在 41000~47000Å 的红外线产生动作，这就弥补了单独采用紫外线或红外线火焰探测器的缺陷。因为红外线火焰探测器只能探到碳氢混合物燃烧的火焰，而紫外线火焰探测器无法探测到非碳氢混合物燃烧的火焰，如氢气、氨和金属燃烧的火焰，所以在海上油气田中，紫外 / 红外线火焰探测器应用广泛。

4）三频红外线火焰探测器

三频红外线火焰探测器采用光电元件，有三种不同的波长。探测器内的电子元件自动比较测量波长与正常环境下的变化，以确认动作的发生。这种新型火焰探测器的优点是有很高的灵敏度和很好的稳定性，缺点是价格比较高。

4. 可燃气体探测器

可燃气体泄漏存在两个基本的危险：燃烧爆炸和火灾。当可燃气体同空气以特定的比例混合时，这两种危险都可能发生。

可燃气体探测器用于探测平台某一区域的可燃气体浓度，发出存在可燃气体泄漏的警报信号，与火灾控制盘组成可燃气体探测系统。

天然气探测由可燃气体探测器（COMBUSTIBLE GAS DETECTOR）完成，这些探测器的预报警值为最低爆炸浓度下限（LEL）的 20%，危险值为最低爆炸浓度下限的 60%。传感器的设计是探测在爆炸下限 0~100% 范围内的可燃气体。

可燃气体探测器有催化型和红外光学型两种，催化型可燃气体探测器是利用难熔金属铂丝加热后的电阻变化来测定可燃气体浓度，当可燃气体进入探测器时，在铂丝表面引起氧化反应（无焰燃烧），其产生的热量使铂丝的温度升高从而使电阻发生变化。红外光学型可燃气体探测器是利用红外传感器通过红外线光源的吸收原理来检测现场环境的烷烃类可燃气体。

5. 易熔塞

易熔塞安装在压力控制管线上，正常情况下，回路里充满压缩空气，压力达到 0.35MPa，当环境温度上升到某一设定值时，低熔点的金属塞熔化，回路里由于气体排出导致压力降低，这时低压信号传送到平台井口控制柜，转变为电信号再送到报警器，程序控制器发出火警关停指令。

只要有一回路易熔塞回路压力低于其设定压力，生产系统发生关停，消防泵启动，并在该路易熔塞管区喷淋。

易熔塞必须定期进行检查、清洁并每月对该系统进行一次功能实验。对于重复使用的热探测器，可用人工制造热源方法，如使用暖水瓶等定期检查其灵敏度，防止其表面有其他污物，影响其热传递效果。检查易熔金属片时，主要是防止其表面有其他污物。

6. 平台状态灯

平台状态灯分为隔爆、室外防雨和室内三种。第一种放在生产区，后两种放在生活楼上。每一组状态灯为四个，从下往上依次为绿色、黄色、红色和蓝色。平台正常情况下，状态灯是稳定的绿色；发生严重气体泄漏时，是闪烁的黄色；火灾时，是闪烁的红色；弃平台时，是闪烁的蓝色。

7. 火气探测报警系统工作原理

设置火气探测报警系统的目的是及时、准确地探测到可能发生或已经发生的火情和可燃气体泄漏事故，以便通过火气控制系统（或火气控制盘）采取一系列的安全措施，如通过报警、关断、消防来保持平台人员与设备的安全。

火气探测报警系统包括火气控制系统（或火气控制盘）和安装在现场的各种类型的探测设备，还包括与报警系统、应急关断系统、消防系统和空调通风系统（HVAC）的接口。

当现场的探测设备探测到火情或可燃气体时，位于中控室的火气控制系统连续监测这些现场设备，并采集这些火气信号，送到火气控制系统的逻辑单元，通过预先设定的逻辑关系进行处理，再通过与报警系统、应急关断系统、消防系统和HVAC等系统的接口实现相应的报警、关断、消防和控制功能，以及时控制火情。

三 紧急关断系统

由于海洋油气田人员、设备高度集中，又是处于易燃易爆的危险环境中，对于人员、设备的安全控制要求特别高，因此海洋油气田生产过程中都设置有专门的紧急关断系统。

设置紧急关断系统的目的是保护平台人员和设施的安全，防止环境污染，将事故损失降低到最小。

紧急关断系统随时监测海洋油气田的生产过程，一旦出现事故的危害性状况，系统将自动执行相应的应急关断逻辑，避免事故扩大或者灾难性事故的发生，从而有效保障海洋油气田人员、设备的安全。

1. 紧急关断系统的组成

紧急关断系统组成结构如图5–30所示。

1）PLC

PLC是一种数字运算操作的电子系统，专为在工业环境下的应用而设计，它采用一种可编程序的存储器，用于其内部存储程序，执行逻辑运算、顺序控制、定时、计数和算数操作等面向用户的指令，并通过数字式或模拟式输入和输出，控制各种类型的机械或生产过程。

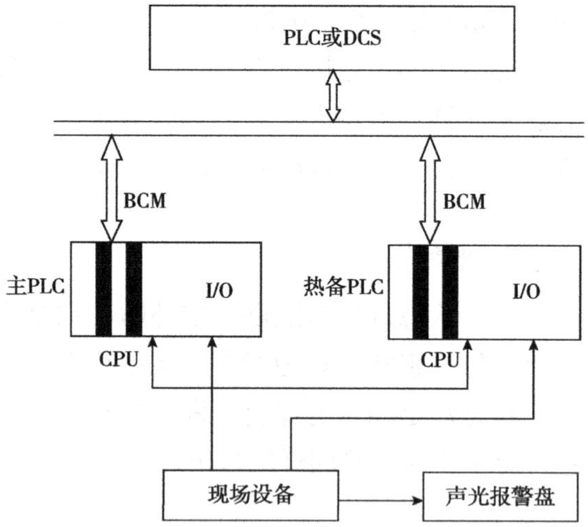

图5–30 紧急关断系统结构

为了保证紧急关断系统的安全可靠，一般ESD以及供电系统配置有两套简单的PLC，其中一个为主PLC，另一个为热备PLC。主PLC与热备PLC是通过通信板BCM来实现的。在正常情况下，主PLC接收现场的报警信号及关断信号，并输出系统保护性信号给现场设备。

PLC 主要模块的功能如下：

（1）PLC 处理器：主要用来集中监测和控制生产的运行，可接收开关信号和模拟信号。

（2）通信模块：PLC 系统通过网络进行过程控制数据和信息的传递交换。通信网络通常包括信息网络、控制网络、设备网络和卫星网络。在实际使用中，主 PLC 控制系统与操作站之间通常采用以太网进行通信，各个 PLC 之间通常采用 DH+ 网络进行通信，各就地控制 PLC 与各自的显示终端之间采用串行网络（RS-232、RS-485 等）进行通信。

（3）输入输出模块：PLC 用来接收（输入）和发送（输出）由 CPU 模块处理数据的工具。

（4）采用冗余系统配置：两套 PLC 互为热备，以准同步方式运行。其中一个是热备用机，处于离线状态，它主要靠 1785-BCM 模块进行高速通信，并在 DH+ 网络上及远程链上进行切换构成冗余系统，若主系统发生故障时，热备系统立即投入进行远程 I/O 控制。

（5）操作站：一种人机接口设备，一般采用性能稳定、寿命长的 PC 机。操作站通过配置操作软件（如 Intellution、RSView 等），建立通信网络与主要 PCL 相连，可以对平台的过程控制数据和信息进行管理和监控，并能对过程控制的参数和设定值进行调整。在操作站上可以进行画面组态、报警组态、历史趋势组态、打印机组态、报表组态等。

（6）报警系统：设有报警确认按钮、复位按钮和报警功能测试按钮。这些按钮安装在操纵台上，当有报警发生时，报警器上相应的报警窗口闪烁并伴有蜂鸣器（预报警）或电铃（关断报警）声响，如果语言报警装置工作，就会发生中英文语言报警。

（7）中控系统对外接口：与中控系统有接口的外部设备包括现场仪表、中控室内的火灾盘、主开关室中的高低压开关板、应急开关室内的开关板、弃平台站及井口平台的中控系统等。它们的通信可以采用 RS-232、RS-485 和 Modbus 等模式。

2）声光报警盘

接收现场生产装置故障信号、生产工艺参数达到危急性报警界限信号、易燃易爆气体泄漏信号或火灾信号等，报警信号均来自 PLC 的输入 / 输出模块，报警盘中每个报警光字牌均有仪表编号及描述。当有报警信号输入时，报警盘声音报警，同时报警灯闪烁，确认后声音消失，复位后报警灯稳定（若报警信号存在），或报警灯熄灭（若报警信号消失）。声光报警盘产生声光报警，便于操作人员及时准确地发现和判断产生 ESD 的输入信号及原因，快速使系统恢复正常。

手动按钮在报警显示盘面下，设有 1、2、3、3A、3B、3C 及 RESET、ACN 按钮，通过手动按钮可进行相应级别的关断。当系统执行紧急关断后，要求操作人员到现场检查设备和流程，确认故障排除，操作人员已处于安全位置后，方可进行手动复位；先复位中控室手动按钮，再复位现场关断阀上的手动复位开关。

3）与 PLC 或 DCS 系统的通信

ESD 与 PLC 或 DCS 的通信联络和相互的数据交换，便于油田控制系统的管理和操作。ESD 将应急关断报警输入及输出传送给 PLC 或 DCS，并在 PLC 或 DCS 上进行显示和报警。而在控制系统中，又能对 ESD 的应急关断报警输入输出信号进行旁通，使 ESD 报警输入信号不产生相应的应急关断，或者使已产生的某个关断信号无效。

2. 紧急关断系统的基本原理

设置 ESD（见图 5-31）是为了保护人员安全、保护平台工艺设备和防止环境污染。ESD 控制安全关断阀、井下安全阀、地面安全阀和放空阀在不超过工艺管线操作极限的状态下，实施平台的安全关闭。在许多海上平台，ESD 是带液控水下安全阀的气动关闭系统。而其他一些需要复杂 ESD 的平台，如北海大型生产平台，则采用具有可编程软件功能的电子系统。在需要高可靠性时，采用三重冗余系统或多数表决系统。

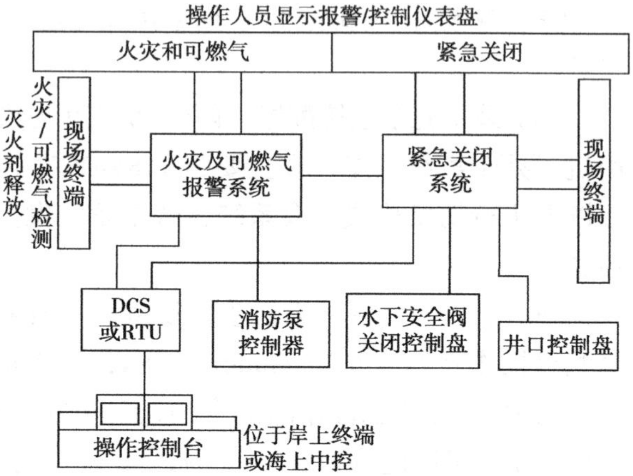

图 5-31　紧急关断系统

在异常操作条件下，某些自动设备对工艺流程加以保护，使工艺条件保持在安全生产条件允许的范围内，如将工作容器和管线封闭。自动设备可能包括泄放阀（如天然气排放至火炬）、压缩机循环系统等，还包括工作容器、工艺装置的自动关闭，甚至整个平台的关闭。

ESD 通过输入设备启动，输入设备为压力开关或者位于平台各关键部位的手动设备。关闭级别取决于输入条件和工艺设备设计，一组输入条件也许只会使一个局部工艺设备关闭，而其他设备仍在运行；或者关闭所有工艺设备而让发电供电设备运转；或者在火灾和可燃气报警或危及人员时采取更高级别的关闭；或者是除生命保障设备外的全平台关闭；或者是所有设备关停放弃平台的关闭。所有这些以危险程度升序排列的关闭措施，被设计成故障安全型，以满足 ESD 的要求。在各类关闭时，ESD 均在主控室和平台各处发出声音报警信号。在主控室，对关闭起因有可视显示（先指示初始关闭原因）。

3. 紧急关断系统工程设计

ESD 工程设计包括确立关闭策略和编制因果表的详细设计。表 5-7 是一张 ESD 因果关系表的一部分。在实际应用中，因果为矩阵形式，水平的为因，垂直的为果，用“×”将因果联系起来。每个工艺设备均有一张独立的图，而整个平台的全部因果关系就需要许多图。在所取例子中，分离器液位高高是因，它引起分离器出、入口阀门关闭，主油泵停车和使工艺设备关闭。由于分离器液位和压力高高信号的重要性，三个独立的输入通道连着两个独立的设备，三个中任意两个通道信号都会引起程序动作。

表 5–7　ESD 因果关系表（部分）

ESD 因果图 处理分离器	分离器入口阀 关闭	油出口阀 关闭	水出口阀 关闭	1 号主油泵 关闭	2 号主油泵 关闭	工艺设备 紧急关闭
分离器液位高高 1 分离器液位高高 2 分离器液位高高 3	×	×	×	×	×	×
分离器液位低低	×	×	×	×	×	×
分离器压力高高 1 分离器压力高高 2 分离器压力高高 3	×	×	×	×	×	×

4. 紧急关断系统逻辑框图

该图用来直接表示紧急关断系统的逻辑关系框架，由于目的不同，因此该图的表达方法不同于因果图，对原因和结果，只需列出装置（控制对象）而不用具体到每个相关仪表。该框图对较快了解紧急关断系统非常重要，是编制紧急关断系统因果图的基础。

5. 紧急关断系统的关断等级

紧急关断系统的设计满足故障安全型系统的要求，某一级别关断均不能引起较高级别的关断，只能启动本级和所有较低级别的关断。紧急关断发生后，操作人员只有在确认故障排除后才能手动复位。不同的海上油田或油气处理厂，ESD 的设计和组态都有所不同，其关断等级略有不同，但总体可归纳为以下四种：

ESD 1 级关断为弃平台关断，是平台的最高等级的关断。此级关断必须是在平台上发生不可抗拒的自然灾害等情况下，由油矿总监或油矿总监专门指定人员手动启动，平台上设备除应急支持系统延时关断外全部关停，同时平台状态灯弃平台蓝灯亮，启动广播系统。ESD 1 级启动按钮一般安装在中控室、井口区附近、生活楼的逃生口、救生艇登船处和直升机甲板等处，配以清楚的标志和防止误操作的外壳。

ESD 2 级关断为火灾关断。该级关断由火灾或可燃气体探测器探测到的异常情况自动地或经人工确认后手动启动。当执行 2 级关断任务时，平台状态灯火灾报警红灯亮，应急发电系统启动，同时广播系统发出火警警报。此级关断除执行本级关断的特殊功能外，还会引起 ESD 3 级、ESD 4 级关断。

ESD 3 级关断为生产 / 公用系统关断。该级关断由主电源、仪表风、热介质系统等公用系统故障或生产系统的重要环节故障引起，可手动和自动启动。除执行本级关断的特殊功能外，此级关断还将引起 ESD 4 级关断。

ESD 4 级关断为单元关断，是由单个设备或单井故障引起的关断。它只关断故障设备或井口本身，而不影响整个工艺流程的正常运行。ESD 4 级关断可手动或自动启动。

6. 紧急关断系统技术要求

1）独立设置原则

通常情况下，在开停工的生产过程中可能造成重大人身事故、重大设备事故和重大经济损失的工程设施，以及一旦发生事故会对环境有较大影响和破坏的工程设施，其紧急关断系统应能独立完成自动保护联锁的安全功能。

2）故障安全型原则

ESD 为故障安全型。ESD 的检测元件及最终执行元件在系统正常时应是励磁的，在系统不正常时应是非励磁的，即非励磁停车设计。

3）选择采用技术的原则

ESD 可采用电气、电子或可编程电子（E/E/PE）技术，也可以采用由它们组合的混合技术。

4）中间环节最少原则

ESD 的中间环节应是最少的。

7. 紧急关断系统技术

1）紧急关断系统的设备选用技术

紧急关断系统可用电气、电子或可编程电子技术以及它们组合（例如 PE 电气等）的混合技术方案，还可采用其他技术，如气动、液压等。

（1）用于紧急关断系统中的电气技术。

继电器一般用于为简单的逻辑功能提供必要的安全逻辑。继电器成熟的技术及继电器的非故障安全模式可定量化的特点，使得继电器在紧急关断系统领域中得到广泛的应用。

（2）用于紧急关断系统中的电子技术。

①固态继电器：可用于高负荷周期的应用场合，它具有可以识别和量化的非故障安全模式，在选用时要注意考虑采取适当的措施处理非故障安全模式。

②固态逻辑：金属氧化半导体（CMOS）晶体管家族成员，包括电阻 - 晶体管逻辑（RTL）、晶体管 - 晶体管逻辑（TTL）和高噪声免除逻辑（HNIL）。

③用于紧急关断系统中的 PES 技术：PES 是指可编程序控制器、分散控制系统控制器或专用的独立微处理器。由个人计算机构成的紧急关断系统不能满足紧急关断系统的安全度要求。使用 PES 构成紧急关断系统时，比较难以解决的问题是由于 PES 本身的许多故障模式难以识别，并且其中许多故障可能是非安全型的，为此在采用 PES 构成紧急关断系统时，宜选用降低 PES 非故障安全模式的技术。

2）结构选择

紧急关断系统结构的选择是进行系统设计的一项重要内容。紧急关断系统的结构主要影响整个紧急关断系统的安全性，同时也影响紧急关断系统的可靠性。

在设计紧急关断系统采用的结构时，应考虑以下内容：

（1）紧急关断系统的安全度等级。

（2）设备可靠性和故障模式。

（3）用户接口。

3）输入/输出设备

（1）输入设备。紧急关断系统的输入设备包括变送器和干接点（包括各种工艺开关、手动开关、火气监控系统和就地控制盘接点等）。变送器的信号为4~20mA，干接点等级为24V DC 2A或110V AC 5A。输入开关例如压力、液位、流量等开关的接点状态应根据工艺过程的安全需要，确定哪种接点形式能够满足最安全的条件选用NC（常闭）或NO（常开）。

为防止紧急关断系统受感应电压的影响，从现场来的接点信号都经过继电器隔离后接入紧急关断系统。

（2）输出设备。紧急关断系统的输出设备包括操作SDV、BDV的电磁阀，关断运转设备和报警用的继电器。正常情况下，电磁阀带电24V DC，干接点处于闭合状态；关断时，电磁阀失电，干接点处于断开状态。干接点等级为24V DC 2A或110V AC 5A。

为了提高应急关断系统和MCC质检的电气隔离，通常情况下，在应急关断系统和MCC之间设置隔离继电器。

4）紧急关断系统的动力源

（1）电源。紧急关断系统选用的电源应满足应用的安全性和可靠性要求，由不间断电源（UPS）系统提供110V AC或220V AC电源。

（2）气源。仪表空气（或其他气体）是典型的用于像控制阀（如调节阀和切断阀）等最终执行元件的能源。仪表空气应是滤净的、干燥的。

（3）液压动力。液压动力用于要求大动力的场所，例如极大的阀门。

5）用户界面

紧急关断系统的用户界面是操作员接口和维修/工程接口。

（1）操作员接口用于操作员和紧急关断系统之间的信息通信，包括显示器和开关的操作盘、报警器、打印机，以及任何以上设备的组合。

①显示器。显示器可同时有安全和过程控制功能。紧急关断系统的显示应清楚，不应使操作员在紧急状态下产生混淆。操作员易于访问与安全有关的显示，并设置键盘锁或触屏锁提供显示等级。操作员接口和相关的系统可提供与安全有关的事件记录和报警功能，记录包括紧急关断事件及对紧急关断系统访问程序修改和诊断的记录。

②操作盘。操作盘应布置在操作员便于访问的位置。操作盘上的按钮、灯、表头或

其他信息的布置应合理，使操作员不混淆。

③打印机。连接到紧急关断系统的打印机，如果打印机故障、切断电源、断线、没有纸或非正常状态，应不影响安全功能。

（2）维护 / 工程接口可对紧急关断系统进行编程、测试和维护。维护 / 工程接口应能显示所有紧急关断系统元件的操作和诊断状态（如输入 / 输出模块、处理器等），包括在它们之间的通信。

6）紧急关断系统需要注意的问题

（1）共模故障。共模故障对紧急关断系统的性能危害较大。单（非冗余）元件或有冗余元件的系统故障均可引起共模故障，因此在设计时应对共模故障进行分析，采用恰当的冗余结构，可以消除或减少故障源。

引起共模故障的原因主要有：硬件设计错误、软件设计错误、人机接口设计错误、环境过限（高 / 低温度、湿度、压力、腐蚀）、单元件（共用过程取压口、单能源、单现场设备共用穿线管等）、工艺腐蚀或污垢、振动、维护（如维修、编程、校验）、操作失去灵敏性、电源故障等。

（2）诊断。在线诊断可快速识别出模件的故障源，缩短平均故障诊断时间（MTDF），从而降低故障停车时间，因此在线诊断对于安全系统是重要的。

在紧急关断系统的应用中，诊断用来自动和周期性检测妨碍紧急关断系统的隐性故障。紧急关断系统中经常发生的各种故障（见表 5–8）。

表 5–8　故障类型

故障类型	举例
直接使紧急关断系统不能按要求响应（关键故障）	关键输出点卡在“ON”或“OFF”处
与其他故障组合在一起，使紧急关断系统不能按要求响应（潜在关键故障）	不执行关键输出点
故障引起紧急关断系统产生一个未申请的安全响应初始化	由于元件故障产生误跳车
故障不影响紧急关断系统要求响应的能力（良性故障）	烧脱，非关键的 LED

故障一般可以分为两类：随机故障、元件的自发故障；系统故障（或错误），在设计或安装时的隐性故障。硬件通常易发生随机故障，但也有系统故障。软件通常易出现随机故障，但是系统故障的可能性也很大。

诊断时可采用下面方法或组合运用：

①硬件集中监视。

②在紧急关断系统设备内提供自动测试功能（如输入 / 输出模块自测试）。

③通过输入点读回输出信号。

④通过监视器时钟进行信号比较。

⑤冗余信号的比较。

参考文献

［1］厉玉鸣．化工仪表及自动化（化工类专业适用）［M］．第4版．北京：化学工业出版社，2010.

［2］厉玉鸣．化工仪表及自动化（化学工程与工艺类专业适用）［M］．第5版．北京：化学工业出版社，2011.

［3］俞金寿，孙自强．过程自动化及仪表［M］．第2版．北京：化学工业出版社，2007.

［4］何道清，谌海云，张禾．仪表与自动化［M］．第2版．北京：化学工业出版社，2011.

［5］杨丽明，张光新．化工自动化及仪表［M］．北京：化学工业出版社，2004.

［6］张毅，张宝芬，等．自动检测技术及仪表控制系统［M］．第3版．北京：化学工业出版社，2012.

［7］张雪申，叶西宁．集散控制系统及其应用［M］．北京：机械工业出版社，2006.

［8］王慧．计算机控制系统［M］．第3版．北京：化学工业出版社，2011.

［9］周泽魁．控制仪表与计算机控制装置［M］．北京：化学工业出版社，2002.

［10］张宏建，黄志尧，等．自动检测技术与装置［M］．第2版．北京：化学工业出版社，2010.

［11］孟华，等．化工仪表及自动化［M］．北京：化学工业出版社，2009.

［12］刘玉梅，等．过程控制技术［M］．第2版．北京：化学工业出版社，2009.

［13］吴勤勤．控制仪表及装置［M］．第4版．北京：化学工业出版社，2013.

［14］丁炜．过程检测及仪表［M］．北京：北京理工大学出版社，2010.

［15］王永红．过程检测仪表［M］．第2版．北京：化学工业出版社，2009.

［16］金沙，耿惊涛．PLC应用技术［M］．北京：中国电力出版社，2010.

［17］李留格，刘慧敏．环境工程仪表及自动化［M］．北京：化学工业出版社，2013.